Springer-Lehrbuch

Springer

Berlin
Heidelberg
New York
Barcelona
Budapest
Hongkong
London
Mailand
Paris
Santa Clara
Singapur
Tokio

Jens Wittenburg

Schwingungslehre

Lineare Schwingungen,
Theorie und Anwendungen

Mit 102 Abbildungen

Springer

Prof. Dr.-Ing. Jens Wittenburg
Institut für Technische Mechanik
Universität Karlsruhe
Kaiserstraße 12
76128 Karlsruhe

ISBN 3-540-61004-9 Springer-Verlag Berlin Heidelberg New York

Die Deutsche Bibliothek – Cip-Einheitsaufnahme
Wittenburg, Jens: Schwingungslehre : lineare Schwingungen, Theorie und Anwendungen /
Jens Wittenburg. - Berlin ; Heidelberg ; New York ; Barcelona ; Budapest ; Hongkong ; London ;
Mailand ; Paris ; Santa Clara ; Singapur ; Tokio : Springer, 1996
  (Springer-Lehrbuch)
  ISBN 3-540-61004-9

Satz: Datenkonvertierung durch H. Schlegel, Berlin
SPIN: 10125234   60/3020 - 5 4 3 2 1 0 - Gedruckt auf säurefreiem Papier

Vorwort

Dieses Buch ist aus Vorlesungen des Verfassers für Studierende des Maschinenbaus, des Bauingenieurwesens und der Technomathematik an den Universitäten Hannover und Karlsruhe entstanden. In 4 Kapiteln wird die mathematische Theorie linearer Schwingungen entwickelt. Im Vordergrund der Betrachtung stehen mechanische Systeme. Lineare Systeme allgemeinerer Struktur aus anderen Wissenschaftsgebieten werden aber ausdrücklich genannt und einbezogen.

Das 1. Kapitel behandelt Schwinger mit einem Freiheitsgrad. Es enthält Abschnitte über erzwungene Schwingungen bei linear von der Zeit abhängiger Erregerkreisfrequenz und über stationäre Schwingungen infolge periodischer Stöße. Auch das nichtlineare Problem der geschwindigkeitsquadratproportionalen Dämpfung wird behandelt.

Das 2. Kapitel behandelt mechanische Systeme mit endlich vielen Freiheitsgraden und allgemeine – auch nichtmechanische – lineare Systeme. Das Kapitel unterscheidet sich von vielen anderen Lehrbüchern in den folgenden Abschnitten: Anwendung von graphentheoretischen Methoden bei der Formulierung von Bewegungsgleichungen, Verallgemeinerung des Begriffs reduzierte Masse, mehrfache Eigenwerte bei ungedämpften und bei gedämpften Eigenschwingungen, Rayleighquotienten für Biegestäbe, Berechnung von stationären erzwungenen Schwingungen mit Hilfe rekursiver Gleichungen, modale Entkopplung gedämpfter Systeme und Entkopplung beliebiger inhomogener Gleichungssysteme im Reellen. Viele Abschnitte betonen durch Verweise auf Kap. 1 die engen mathematischen Beziehungen zwischen Systemen mit $n > 1$ Freiheitsgraden und Systemen mit einem Freiheitsgrad.

Das 3. Kapitel über parametererregte Schwingungen enthält die Floquettheorie sowohl für Systeme mit einem als auch für solche mit endlich vielen Freiheitsgraden. Es behandelt auch die Kombination von parametererregten und erzwungenen Schwingungen. Die Stabilität von Lösungen wird numerisch und mit Methoden der Störungsrechnung untersucht. Als Beispiel nichtperiodischer Parametererregung werden Schwingungen des Pendels mit linear von t abhängiger Pendellänge betrachtet.

Das 4. Kapitel behandelt die eindimensionale Wellengleichung für schwingende Stäbe und Saiten und die Euler-Bernoulli-Theorie des schwingenden Biegestabes. An die kontinuierlichen Systeme dürfen diskrete Systeme mit endlich vielen Freiheitsgraden angekoppelt sein. Im Zusammenhang mit der

Wellengleichung werden die d'Alembertsche und die Bernoullische Lösungsmethode dargestellt. Alle Systeme werden bei freien und bei erzwungenen Schwingungen untersucht. Für Eigenschwingungen werden Rayleighquotienten und das Ritzsche Verfahren formuliert.

Alle Kapitel enthalten zahlreiche ausführlich durchgerechnete Beispiele, die Kapitel 1 und 2 außerdem Aufgaben mit Lösungen. Bei Zahlenrechnungen haben die Systeme ganzzahlige Parameterwerte, mit denen auch alle Zwischen- und Endergebnisse ganzzahlig ausfallen.

Der geringe Umfang des Buches war vorgegeben. Das schloß ausführliche Darstellungen technisch interessanter Detailprobleme aus. Es beschränkte auch die Anzahl praktischer Beispiele zur Illustration theoretischer Zusammenhänge. Ganz unerwähnt bleiben die wichtigen Kapitel Zufallsschwingungen und Parameteridentifikation mittels meßtechnischer Verfahren. Sie hätten den Rahmen gesprengt.

Ich danke meinem Kollegen Prof. L. Lilov aus Sofia für anregende Diskussionen während der Abfassung des Buches. Sie brachten ihn zur Formulierung der Entkopplungsbedingung Gl. (2.89). Meine Mitarbeiter Frau Dipl.-Math. techn. B. Dittmar und Herr Dipl.-Ing. T. Reif haben das Manuskript kritisch gelesen und wertvolle Anregungen gegeben. Herr cand. mach. F. Blaszyk hat aus meinen FORTRAN-Programmen die zahlreichen Diagramme erzeugt. Ihnen allen wird herzlich gedankt. Schließlich danke ich den Damen und Herren des Springer-Verlages für die erfreuliche Zusammenarbeit und für die Umsetzung des TₑX-Manuskripts und der Handzeichnungen in ein ansprechendes Buch.

Karlsruhe, 1. Mai 1996   J. Wittenburg

Inhaltsverzeichnis

Einleitung

Unter einer Schwingung versteht man einen Vorgang, bei dem physikalische Größen mehr oder weniger regelmäßig abwechselnd zu- und abnehmen. Schwingungen spielen in fast allen Bereichen des Ingenieurwesens und darüber hinaus eine wichtige Rolle. Starre Körper können schwingen, wenn sie elastisch gelagert sind. Alle elastisch deformierbaren Körper können schwingen. Beispiele für eindimensionale Körper sind Maschinenwellen, Stäbe in Bauwerken, schlanke Türme, Abspannseile sowie Luft- und Wassersäulen in Rohren. Beispiele für zweidimensionale Körper sind Decken in Bauwerken und flächige Maschinenteile wie z. B. Karosseriebleche und Kreissägeblätter. Beispiele für dreidimensionale Körper sind der Baugrund unter einem Gebäude, Luft- und Wassermassen in Leitungen, in Behältern und in Stauseen. Komplexe mechanische Systeme sind aus vielen starren oder deformierbaren Körpern zusammengesetzt. Man denke z. B. an ein Automobil, in dem der starre Motorblock, elastische Chassis- und Karosserieteile, Federn, Dämpfer, Reifen und andere Komponenten gelenkig miteinander verbunden sind und durch Kolbenbewegungen im Motor, durch Lenkbewegungen und durch Straßenunebenheiten zu Schwingungen angeregt werden. Schwingungen treten aber nicht nur in mechanischen Systemen auf. In elektrischen Netzwerken sind Stromstärke und Spannung schwingende Größen. Viele mechanische Systeme enthalten Regelkreise mit elektrischen, hydraulischen und anderen Komponenten. Schwingungen der elektrischen, hydraulischen und anderen Größen sind mit den Schwingungen des mechanischen Systems gekoppelt.

Schwingungen sind die Ursache von Belästigungen, Störungen und Schäden an Personen, an Maschinen und Bauwerken und bei technischen Prozessen. Hierzu einige Beispiele: Personen werden durch Lärm (Luftschwingungen) und durch Schwingungen von Gebäuden und Fahrzeugen belästigt. An Maschinenteilen und Gebäuden, die ständig schwingen, können Dauerbrüche auftreten. Schwingungen großer Intensität zerstören Anlagen in kurzer Zeit (z. B. Resonanzschwingungen in Maschinen und Bodenschwingungen infolge Erdbeben). Viele technische Prozesse (Meßvorgänge, Fertigungsverfahren u.a.) werden durch Schwingungen gestört oder sogar unmöglich gemacht.

Schwingungen sind andererseits die notwendige Voraussetzung für viele natürliche und technische Vorgänge. Auch hierzu einige Beispiele: Schwingungen sind die Voraussetzung für Hörempfindungen, für Verfahren zur Messung der Dauerfestigkeit von Werkstoffen und Bauteilen, für Verfahren der Bodenverdichtung durch Rüttelmaschinen, für die Funktion von Schlag- und Schwingwerkzeugen (Schlagbohrer, Preßlufthämmer usw.), für die Funktion von Schwingförderern, für Fertigungsverfahren (z. B. Ultraschallbohren) und vieles andere mehr. In technische Systeme werden Regelkreise eingebaut, damit bestimmte physikalische Größen (Drehzahlen, Drücke, Temperaturen usw.) auch bei Störungen des Systems nicht unzulässig stark von vorgegebenen Sollwerten abweichen, sondern allenfalls kleine Schwingungen um diese Sollwerte ausführen.

Der Grund dafür, daß man für Schwingungen so verschiedenartiger natürlicher und technischer Systeme eine allgemeingültige Theorie entwickeln kann, ist die Tatsache, daß alle Systeme durch Differentialgleichungen mit gemeinsamen Eigenschaften beschrieben werden. Dieses Buch beschränkt sich auf lineare Schwingungen. Das sind solche, die durch lineare Differentialgleichungen beschrieben werden.

Zur Schwingungslehre gehören die folgenden Aufgabengebiete. 1. Die Bildung eines *Ersatzsystems* oder *Modellsystems*. 2. Die Formulierung der Differentialgleichungen für das Modellsystem. 3. Die Lösung der Differentialgleichungen. 4. Die technische Interpretation der Lösung sowie die Formulierung und Lösung anschließender mathematischer Probleme, die sich erst aus der Interpretation ergeben.

Die Bildung von Modellsystemen ist Aufgabe der angewandten Mechanik und evtl. anderer Wissenschaftsgebiete. Ein Modellsystem für ein gegebenes technisches System hängt ganz wesentlich von der Problemstellung ab. Hierzu ein Beispiel: Das technische System sei ein Automobil. Für die Art des Modellsystems ist entscheidend, ob man sich für den Fahrkomfort beim Überfahren eines Schlagloches oder für das Schwingungsverhalten des Antriebsstranges Motor-Kupplung-Getriebe-Differential-Antriebsräder interessiert.

Die Formulierung von Differentialgleichungen für ein gewähltes Modellsystem ist ebenfalls Aufgabe der angewandten Mechanik und evtl. anderer Wissenschaftsgebiete.

Die Lösung von Differentialgleichungen ist Aufgabe der Mathematik, und zwar der Analysis, was Existenz, Eindeutigkeit und Lösungseigenschaften angeht, und der Numerik in der praktischen Durchführung.

An die Lösung des mathematischen Problems schließt sich die Prüfung an, ob die Lösung die technische Fragestellung überhaupt beantwortet, und wenn ja, ob mit ausreichender Genauigkeit. Gegebenenfalls muß man ein besser geeignetes Modellsystem bilden und die ganze mathematische Untersuchung wiederholen. In diesem Zusammenhang gilt: Ein Modellsystem sollte nicht komplizierter als nötig sein. Die Bildung von geeigneten Modellsystemen erfordert technisches Verständnis und Erfahrungen in Anwendungen der Schwingungslehre. Dies gilt auch für das letzte oben genannte Aufgabengebiet. An die Lösung anschließende Fragestellungen müssen problemspezifisch formuliert und mit geeigneten mathematischen Methoden bearbeitet werden.

Eine fast immer mögliche Frage lautet: Wie muß man bestimmte Parameter des technischen Systems oder wie muß man seine gesamte Struktur wählen, damit es sich nach einem gewissen Kriterium optimal verhält?

Das vorliegende Buch behandelt von diesen Aufgabengebieten die Modellbildung fast gar nicht und die Numerik überhaupt nicht. Es beschränkt sich im wesentlichen auf die Formulierung von Differentialgleichungen, auf ihre analytische Lösung und auf die Interpretation von Lösungen.

Komplexe Zahlen in der Schwingungslehre

Schwingungen von real existierenden Systemen werden durch reelle Funktionen beschrieben. Dennoch spielen bei der mathematischen Beschreibung komplexe Zahlen eine wichtige Rolle. Das liegt an der Eulerschen Beziehung

$$e^{i\omega t} = \cos \omega t + i \sin \omega t \tag{0.1}$$

zwischen der exponentiellen Darstellung und der Komponentendarstellung einer komplexen Zahl vom Betrag 1. Die Größe $\cos \omega t$ ist der Realteil von $e^{i\omega t}$. Folglich kann man jede Gleichung zwischen reellen Größen, die $\cos \omega t$ enthält, als den Realteil einer komplexen Gleichung auffassen, in der $e^{i\omega t}$ anstelle von $\cos \omega t$ steht. Ein Beispiel: Die Differentialgleichung $m\ddot{q} + d\dot{q} + kq = F \cos \omega t$ für die reelle Funktion $q(t)$ ist der Realteil der komplexen Differentialgleichung $m\ddot{q} + d\dot{q} + kq = F e^{i\omega t}$. Diese ist einfacher zu lösen als die reelle Gleichung. Ihre Lösung ist eine komplexe Funktion $q(t)$. Deren Realteil ist die gesuchte Lösung der reellen Differentialgleichung.

Die wesentlichen Vorteile der Exponentialfunktion sind die einfachen Rechenregeln für die Multiplikation und die Differentiation:

$$e^{at} e^{i\omega t} = e^{(a+i\omega)t}, \qquad \frac{d}{dt} e^{(a+i\omega)t} = (a + i\omega)e^{(a+i\omega)t}. \tag{0.2}$$

Wenn komplexe Zahlen addiert werden müssen, dann ist die Komponentendarstellung durch cos und sin vorzuziehen. Gl. (0.1) und ihre Auflösung nach $\cos \omega t$ und nach $\sin \omega t$ ermöglichen einen einfachen Wechsel von der einen in die andere Darstellung:

$$\cos \omega t = \tfrac{1}{2}\big(e^{i\omega t} + e^{-i\omega t}\big), \qquad \sin \omega t = -\tfrac{i}{2}\big(e^{i\omega t} - e^{-i\omega t}\big). \tag{0.3}$$

Diese Gleichungen stellen zwischen Kreis- und Hyperbelfunktionen die Beziehungen her:

$$\cos \omega t = \cosh i\omega t, \qquad \sin \omega t = -i \sinh i\omega t. \tag{0.4}$$

Im Zusammenhang mit Kreisfunktionen spielen Additionstheoreme eine große Rolle.

Beispiel 1. Das Additionstheorem $\cos\alpha\cos\varphi + \sin\alpha\sin\varphi = \cos(\alpha - \varphi)$. Man multipliziere mit C, setze $\alpha = \omega t$ und $C\cos\varphi = A$, $C\sin\varphi = B$. Dann ergibt sich die sehr häufig verwendete Formel

$$\left.\begin{array}{l} A\cos\omega t + B\sin\omega t = C\cos(\omega t - \varphi), \\[4pt] C = \sqrt{A^2 + B^2}, \qquad \cos\varphi = A/C, \qquad \sin\varphi = B/C. \end{array}\right\} \tag{0.5}$$

Ende des Beispiels.

Beispiel 2. Das Additionstheorem $\cos\alpha + \cos\beta = 2\cos\frac{\alpha-\beta}{2}\cos\frac{\alpha+\beta}{2}$. Man multipliziere mit A und setze $\alpha = \omega_1 t$, $\beta = \omega_2 t$. Dann entsteht die Gleichung

$$f(t) = A(\cos\omega_1 t + \cos\omega_2 t) = \underbrace{2A\cos\frac{\omega_1-\omega_2}{2}\,t}_{B(t)}\cos\frac{\omega_1+\omega_2}{2}\,t. \tag{0.6}$$

Man betrachte den Fall, daß ω_1 und ω_2 fast gleich sind. Mit anderen Worten: $\omega_1+\omega_2$ ist wesentlich größer als $\omega_1 - \omega_2$. Die Gleichung macht die Aussage, daß die Summe zweier cos-Schwingungen mit gleichen Amplituden und mit fast gleichen Kreisfrequenzen sich wie eine Schwingung mit der mittleren Kreisfrequenz $(\omega_1 + \omega_2)/2$ und mit einer Amplitude $B(t)$ darstellt, die mit der sehr viel kleineren Kreisfrequenz $(\omega_1 - \omega_2)/2$ harmonisch veränderlich ist. Man nennt die Summe eine *Schwebung*. Abb. 0.1 stellt den Fall $(\omega_1 + \omega_2) = 20(\omega_1 - \omega_2)$ dar. Ende des Beispiels.

Abb. 0.1. Schwebung

Stabilität und Instabilität

Gleichgewichtslagen und Bewegungen können *asymptotisch stabil, stabil* oder *instabil* sein. Im folgenden werden die Definitionen dieser Begriffe nach Ljapunov angegeben. Sie sind für ein beliebiges mechanisches oder nichtmechanisches System gültig, das durch lineare oder nichtlineare gewöhnliche Differentialgleichungen für generalisierte Koordinaten q_i $(i = 1, \ldots, n)$ beschrieben wird. Sei q die Spaltenmatrix $[q_1 \; \cdots \; q_n]^{\mathrm{T}}$ der generalisierten Koordinaten. Der Exponent ^{T} bedeutet Transposition. Sei ferner $q^*(t)$ die spezielle Lösung des Differentialgleichungssystems zu gegebenen Anfangsbedingungen $q(0) = q_0^*$ und $\dot{q}(0) = \dot{q}_0^*$. Im Fall $q^*(t) \neq$ const stellt die Lösung eine Bewegung dar und im Sonderfall $q^*(t) \equiv$ const eine Gleichgewichtslage. Zu anderen Anfangsbedingungen $q(0) = q_0$ und $\dot{q}(0) = \dot{q}_0$ gehört eine andere Lösung $q(t)$. Man nennt sie die gestörten Anfangsbedingungen bzw. die gestörte Lösung. Die Größen

$$y_i(t) = q_i(t) - q_i^*(t), \qquad \dot{y}_i(t) = \dot{q}_i(t) - \dot{q}_i^*(t) \tag{0.7}$$

heißen Störungen der Koordinaten bzw. der generalisierten Geschwindigkeiten. Als Maß für die Störung der Lösung $q^*(t)$ definiert man die skalare Größe

$$r(t) = \left\{ \sum_{i=1}^{n} \left[y_i^2(t) + \dot{y}_i^2(t) \right] \right\}^{1/2}. \tag{0.8}$$

Nach dieser Definition ist $r(0)$ die Störung der Anfangsbedingungen.

Definitionen Eine Bewegung oder Gleichgewichtslage $q^*(t)$ heißt stabil, wenn für jedes beliebig kleine $\varepsilon > 0$ ein $\delta > 0$ existiert, so daß für alle Bewegungen mit $r(0) < \delta$ dauernd $r(t) < \varepsilon$ ist. Andernfalls heißt die Bewegung instabil. Sie heißt insbesondere asymptotisch stabil, wenn sie stabil ist, und wenn außerdem $r(t)$ für $t \to \infty$ asymptotisch gegen null strebt.

Beispiel 3. Für die Differentialgleichung $m\ddot{q} + d\dot{q} + kq = 0$ mit konstanten Parametern m, d und k kann die exakte Lösung in der Form

$$q(t) = A_1 e^{\lambda_1 t} + A_2 e^{\lambda_2 t}, \qquad \dot{q}(t) = A_1 \lambda_1 e^{\lambda_1 t} + A_2 \lambda_2 e^{\lambda_2 t} \tag{0.9}$$

ausgedrückt werden. Darin sind $\lambda_{1,2} = \mu_{1,2} \pm i\omega$ konjugiert komplexe Zahlen, die von den Parametern m, d und k abhängen, und A_1, A_2 sind Integrationskonstanten, die ebenfalls komplex sein können. Man macht sich leicht klar, daß nach den Definitionen oben die Bewegung $q(t)$ asymptotisch stabil ist, wenn $\mu_{1,2} < 0$ ist, daß $q(t)$ stabil ist, wenn $\mu_1 < 0$, $\mu_2 = 0$ (oder $\mu_1 = 0$, $\mu_2 < 0$) und $\omega \neq 0$ ist, und daß $q(t)$ instabil ist, wenn $\mu_1 > 0$ und/oder $\mu_2 > 0$ ist. Ende des Beispiels.

Das Beispiel zeigt, daß die Eigenschaft stabil eine Grenze zwischen asymptotischer Stabilität und Instabilität darstellt. Man nennt deshalb in der Schwingungslehre stabile Lösungen häufig *grenzstabil*. Das wird auch in diesem Buch getan.

In der Statik nennt man eine Gleichgewichtslage indifferent, wenn es in jeder beliebig kleinen Umgebung dieser Lage weitere Gleichgewichtslagen gibt. Ein Beispiel ist die Gleichgewichtslage einer Kugel auf einer horizontalen Ebene. Nach den Definitionen von Ljapunov sind indifferente Gleichgewichtslagen als instabil zu bezeichnen. Es gibt nämlich keine von null verschiedene Anfangsgeschwindigkeit, mit der sich erreichen läßt, daß für alle t die Störung $r(t)$ kleiner als ein beliebig klein vorgegebenes ε bleibt.

Da in diesem Buch häufig von linearisierten Bewegungsgleichungen die Rede ist, muß eine Warnung ausgesprochen werden: Wenn die Lösungen einer linearisierten Bewegungsgleichung asymptotisch stabil oder instabil sind, dann sind auch die Lösungen des ursprünglichen nichtlinearen Problems asymptotisch stabil bzw. instabil. Wenn aber die Lösungen der linearisierten Bewegungsgleichung lediglich grenzstabil sind, dann macht dies *keine Aussage* über die Stabilität des ursprünglichen nichtlinearen Problems!

Im Zusammenhang mit linearen Schwingungen kommt man mit den angegebenen Definitionen aus. Für Einzelheiten der weit entwickelten Stabilitätstheorie nichtlinearer Systeme wird der Leser an [1, 2] verwiesen.

1 Systeme mit einem Freiheitsgrad

1.1 Ungedämpfte Eigenschwingungen

Mechanische Systeme mit einem Freiheitsgrad der Bewegung benötigen zur
Kennzeichnung ihrer Lage eine einzige generalisierte Koordinate q. Abb. 1.1
zeigt drei Beispiele. Alle drei sind konservativ, weil alle eingeprägten Kräfte

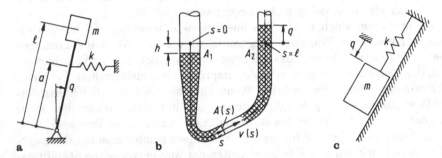

Abb. 1.1. Systeme mit einem Freiheitsgrad: **a)** Überkopfpendel mit Federstütze; **b)**
schwingender Flüssigkeitsfaden; $0 \le s \le \ell$ ist die Bogenlänge in der Gleichgewichtslage und $A(s)$ die Querschnittsfläche; **c)** reibungsfreier Feder-Masse-Schwinger

Potentialkräfte sind (Federkräfte oder Gewichtskräfte). Schwingungen von
konservativen Systemen nennt man *ungedämpfte Eigenschwingungen* oder
auch *ungedämpfte freie Schwingungen*. Der Begriff Eigenschwingung weist
daraufhin, daß die Schwingung nur von *Eigen*schaften des schwingenden
Systems bestimmt wird. Den Gegensatz zu Eigenschwingungen bilden
fremderregte Schwingungen. Sie treten auf, wenn am schwingenden System
Kräfte angreifen, die als Funktionen der Zeit vorgeschrieben sind. Sie werden
in Abschnitt 1.3 und in Kapitel 3 untersucht. Eigenschwingungen müssen
nicht ungedämpft sein. Sie können infolge Energieverlust allmählich zur Ruhe
kommen. Diesen Energieverlust bezeichnet man als Dämpfung. Gedämpfte
Eigenschwingungen werden in Abschnitt 1.2 untersucht.

In diesem Buch werden Eigenschaften von linearen Systemen untersucht,
d.h. von Systemen, die durch lineare Differentialgleichungen beschrieben werden. Kein wirklich existierendes System ist streng linear. Die Linearität ist
eine Idealisierung, die in vielen Fällen der Wirklichkeit sehr nahekommt. Viele

nichtlineare Systeme haben die Eigenschaft, daß Bewegungen in einer hinreichend kleinen Umgebung einer Gleichgewichtslage durch eine linearisierte Bewegungsgleichung gut beschreibbar sind.

1.1.1 Formulierung der Bewegungsgleichung

Im Zusammenhang mit einem konkreten mechanischen System besteht die erste Aufgabe darin, die lineare oder ggf. die linearisierte Bewegungsgleichung für die gewählte Koordinate q zu formulieren. Man verwendet dazu entweder das Schnittprinzip in Verbindung mit dem Newtonschen Axiom für Translationsbewegungen und dem Eulerschen Axiom (dem Drallsatz) für Drehbewegungen oder die Lagrangesche Gleichung 2. Art. Zur Aufdeckung grundsätzlicher Zusammenhänge ist die Lagrangesche Gleichung am besten geeignet. Für ein konservatives System mit einer Koordinate q lautet sie

$$\frac{\mathrm{d}}{\mathrm{dt}} \frac{\partial T}{\partial \dot{q}} - \frac{\partial T}{\partial q} + \frac{\partial V}{\partial q} = 0. \tag{1.1}$$

T und V sind die kinetische bzw. die potentielle Energie des Systems. Die potentielle Energie ist nur von q abhängig, die kinetische auch von $\dot{q}$. Die allgemeinsten Energieausdrücke, die zu einer linearen Bewegungsgleichung freier Schwingungen führen, sind die quadratischen Formen

$$T = \tfrac{1}{2}(m\dot{q}^2 + aq^2) + bq + T_0, \qquad V = \tfrac{1}{2}kq^2 + cq + V_0 \tag{1.2}$$

mit Konstanten m, a, b, T_0, k, c und V_0. Die Bewegungsgleichung ist

$$m\ddot{q} + (k - a)q = b - c. \tag{1.3}$$

Die Konstanten T_0 und V_0 treten nicht in Erscheinung. Im Fall $k - a \neq 0$ besitzt das System die Gleichgewichtslage $q_0 = (b-c)/(k-a)$. Man definiert die neue Koordinate $z = q - q_0$. Sie zeichnet sich dadurch aus, daß in der Gleichgewichtslage $z = 0$ ist. Substitution in (1.3) erzeugt für z die Gleichung $m\ddot{z} + (k-a)z = 0$. Sie ist homogen und daher einfacher. Die Koordinate z wird wieder in q umbenannt.

Bei vielen mechanischen Systemen ist die Gleichgewichtslage ohne Rechnung bekannt. In komplizierteren Fällen muß man sie entweder mit Mitteln der Statik oder in der beschriebenen Weise aus (1.3) bestimmen. In jedem Fall wird vereinbart, daß die Koordinate q entweder von vornherein oder nachträglich durch Umbenennung so definiert wird, daß in der Gleichgewichtslage $q = 0$ ist. Dann ist die Bewegungsgleichung homogen. Außerdem hat diese Vereinbarung den folgenden praktischen Vorteil. In (1.3) und in (1.2) ist $b = c$. Man braucht also in den Energieausdrücken die linearen Glieder $bq + T_0$ und $cq + V_0$ gar nicht erst zu bilden, da sie auf die homogene Gleichung keinen Einfluß haben.

Beispiel 1.1. In Abb. 1.2 kann sich die Masse m reibungsfrei aber federgefesselt (Federkonstante k) entlang einer geraden Führung bewegen, die in einer horizontalen Ebene mit der konstanten Winkelgeschwindigkeit Ω um den Punkt A gedreht wird. Die Feder ist entspannt, wenn sich die Masse bei $\xi = \hat{\xi}$ befindet. Man verwende als Koordinate zunächst ξ selbst und formuliere Gl. (1.3). Dann berechne man die Gleichgewichtslage ξ_0 und definiere $q = \xi - \xi_0$. Für q gebe man die homogene Bewegungsgleichung an.

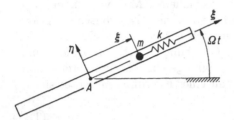

Abb. 1.2.

Lösung: Die absolute Geschwindigkeit von m hat die Koordinaten $v_\xi = \dot{\xi}$ und $v_\eta = \Omega\xi$. Folglich ist $T = \frac{1}{2}m(v_\xi^2 + v_\eta^2) = \frac{1}{2}m(\dot{\xi}^2 + \Omega^2\xi^2)$. Die potentielle Energie ist $V = \frac{1}{2}k(\xi - \hat{\xi})^2$. Das sind die Formen (1.2) mit $a = m\Omega^2$, $b = T_0 = 0$, $c = -k\hat{\xi}$ und $V_0 = \frac{1}{2}k\hat{\xi}^2$. Die gesuchte Bewegungsgleichung (1.3) lautet $m\ddot{\xi} + (k - m\Omega^2)\xi = k\hat{\xi}$. Eine Gleichgewichtslage existiert nur im Fall $k \neq m\Omega^2$, und zwar die Lage $\xi_0 = k\hat{\xi}/(k - m\Omega^2)$. Für die Koordinate $q = \xi - \xi_0$ erhält man ohne neue Rechnung die homogene Gleichung $m\ddot{q} + (k - m\Omega^2)q = 0$.

Anmerkung: Zum Antrieb der Führung mit konstanter Winkelgeschwindigkeit Ω ist ein zeitlich veränderliches Zwangsmoment erforderlich. Dieses tritt in der Bewegungsgleichung nicht auf, weil die Führung keine virtuelle Drehung zuläßt. Das d'Alembertsche Prinzip schreibt nämlich vor, daß virtuelle Verschiebungen alle Bindungen bei $t = $ const erfüllen müssen. Ende des Beispiels.

Bei den meisten mechanischen Systemen ist in (1.2) $a = b = 0$. Dann ist bei der vereinbarten Definition von q auch $c = 0$, und die kinetische Energie, die potentielle Energie und die Bewegungsgleichung haben die einfachen Formen:

$$T = \tfrac{1}{2}m\dot{q}^2, \quad V = \tfrac{1}{2}kq^2 \quad \rightarrow \quad m\ddot{q} + kq = 0. \tag{1.4}$$

Sie werden im folgenden vorausgesetzt. Der Koeffizient m ist je nach der physikalischen Bedeutung von q entweder eine Masse oder ein Trägheitsmoment, auf jeden Fall eine positive Größe, weil die kinetische Energie definitionsgemäß eine *positiv definite* Funktion von $\dot{q}$ ist. Mit diesem Ausdruck bezeichnet man die Eigenschaft, daß $T > 0$ für $\dot{q} \neq 0$ und $T = 0$ nur für $\dot{q} = 0$ ist. Der Koeffizient k kann positiv, negativ oder null sein (s. das Beispiel zu Abb. 1.1a unten). Im Fall $k > 0$ ist die Funktion $V(q)$ positiv definit. Dann hat sie bei $q = 0$ ein Minimum. Im Fall $k < 0$ ist sie *negativ definit*. Dann hat sie bei $q = 0$ ein Maximum. Im Fall $k = 0$ ist $V(q) \equiv 0$. Nach dem Satz von Lagrange/Dirichlet ist die Gleichgewichtslage eines linearen oder nicht-linearen Systems stabil im Fall eines isolierten Minimums. Die Umkehrung dieses Satzes wurde von Ljapunov bewiesen: Im Fall eines Maximums ist die Gleichgewichtslage instabil. Bei einem linearen System ist sie also stabil im Fall $k > 0$ und instabil im Fall $k < 0$. In der Statik nennt man eine Gleichgewichtslage *indifferent*, wenn $V(q) \equiv 0$ ist (z. B. das Gleichgewicht einer zylindrischen Walze auf einer horizontalen Ebene). Nach der Definition von Ljapunov in Abschnitt 0.2 ist auch dieses Gleichgewicht instabil, weil es keine Anfangsgeschwindigkeit $\dot{q}_0 \neq 0$ gibt, mit der für ein beliebig kleines $\varepsilon > 0$ und für alle $t > 0$ $|q(t)| < \varepsilon$ ist.

Wie schon gesagt sind viele Systeme nichtlinear, aber durch Reihenentwicklung linearisierbar. Eine linearisierte Bewegungsgleichung erhält man am einfachsten, indem man T und V bis zum jeweils quadratischen Glied $\frac{1}{2}m\dot{q}^2$ bzw. $\frac{1}{2}kq^2$ in Taylorreihen entwickelt. Die konstanten Koeffizienten m und k dieser Glieder bestimmen die linearisierte Bewegungsgleichung.

Beispiel 1.2. In Abb. 1.1a ist die Feder entspannt, wenn das Pendel in der vertikalen Lage ist. Die vertikale Lage ist also eine Gleichgewichtslage. Die Koordinate q ist der Winkel gegen die Vertikale. Die kinetische Energie ist eine quadratische Form von $\dot{q}$, nämlich $T = \frac{1}{2}J\dot{q}^2$. Die potentielle Energie ist aber keine quadratische Form von q. Sie ist $V = \frac{1}{2}k(a\sin q)^2 + mg\ell\cos q$. Das System ist daher nichtlinear. Das quadratische Glied der Taylorreihe von V ist $\frac{1}{2}(ka^2 - mg\ell)q^2$. Die linearisierte Bewegungsgleichung ist also

$$J\ddot{q} + (ka^2 - mg\ell)q = 0. \tag{1.5}$$

Der Koeffizient $(ka^2 - mg\ell)$ kann positiv, null oder negativ sein. Der Zusammenhang zwischen dem Vorzeichen und den Stabilitätseigenschaften stabil, indifferent, instabil der Gleichgewichtslage ist bei diesem System sehr anschaulich. Ende des Beispiels.

Beispiel 1.3. Der schwingende Wasserkörper in Abb. 1.1b hat im Bereich $0 \leq s \leq \ell$ der Bogenlänge s eine stetige Querschnittsfläche $A(s)$ und insbesondere in den Umgebungen von $s = 0$ und von $s = \ell$ konstante Querschnittsflächen A_1 bzw. A_2. Als Koordinate q wird die Anhebung des rechten Wasserspiegels über die Gleichgewichtslage verwendet. Die Kontinuitätsgleichung $A(s)v(s) = A_2\dot{q}$ liefert einerseits für die Geschwindigkeitsverteilung den Ausdruck $v(s) = [A_2/A(s)]\dot{q}$ und andererseits für die linke Spiegelabsenkung den Ausdruck $h = (A_2/A_1)q$. Sei ϱ die Dichte des Wassers. In der Gleichgewichtslage $q = 0$ sei die potentielle Energie $V = 0$. Die gesamte potentielle Energie ist dann die Summe der potentiellen Energien der rechts angehobenen Masse $\varrho A_2 q$ und der links abgesenkten, betragsgleichen, aber negativen Masse $-\varrho A_2 q$:

$$V = \varrho A_2 q g(q/2) - \varrho A_2 q g(-h/2) = \frac{1}{2}\frac{A_2}{A_1}(A_1 + A_2)\varrho g q^2.$$

$V(q)$ ist eine positiv definite quadratische Form von q (stabiles Gleichgewicht). Die gesamte kinetische Energie ist

$$T = \frac{1}{2} \int_h^{\ell+q} v^2(s)\,\mathrm{d}m = \frac{1}{2} \int_h^{\ell+q} \frac{A_2^2}{A^2(s)}\, \dot{q}^2 \varrho A(s)\,\mathrm{d}s = \frac{1}{2}\dot{q}^2 A_2^2 \varrho \int_h^{\ell+q} \frac{\mathrm{d}s}{A(s)}$$

$$= \frac{1}{2}\dot{q}^2 A_2^2 \varrho \left[\int_0^\ell \frac{\mathrm{d}s}{A(s)} + \frac{q}{A_2} - \frac{h}{A_1} \right] = \frac{1}{2}\dot{q}^2 A_2^2 \varrho \left[\int_0^\ell \frac{\mathrm{d}s}{A(s)} + \left(1 - \frac{A_2^2}{A_1^2}\right)\frac{q}{A_2} \right].$$

T ist nur im Fall $A_2 = A_1$ eine quadratische Form von $\dot{q}$ mit einem konstanten Koeffizienten. Im Fall $A_2 \neq A_1$ muß man das Glied mit q in der Klammer streichen, um die linearisierte Bewegungsgleichung zu erhalten. Diese lautet

$$\ddot{q} + \omega_0^2 q = 0 \quad \text{mit} \quad \omega_0^2 = g\,\frac{A_1 + A_2}{A_1 A_2} \Big/ \int_0^\ell \frac{\mathrm{d}s}{A(s)}. \tag{1.6}$$

Im Sonderfall eines Rohres mit konstantem Querschnitt ist $\omega_0^2 = 2g/\ell$. Ende des Beispiels.

Beispiel 1.4. Die Bewegungsgleichung für die reibungsfrei gleitende Masse in Abb. 1.1c wird am einfachsten gewonnen, indem man die Masse von der Feder freischneidet. In der Gleichgewichtslage ist $q = 0$. In einer beliebigen Lage q greift zusätzlich zu den Gewichts- und Federkräften, die schon in der Gleichgewichtslage angreifen, und die sich das Gleichgewicht halten, nur die Kraft $-kq$ an. Die Newtonsche Bewegungsgleichung lautet also $m\ddot{q} + kq = 0$. Das ist Gl. (1.4) mit $k > 0$ (stabiles Gleichgewicht). Die Gleichung ist unabhängig vom Neigungswinkel der schiefen Ebene. Sie beschreibt sowohl die Schwingung auf einer horizontalen Ebene als auch die Schwingung der frei hängenden Masse. Ende des Beispiels.

Die Beispiele zeigen, daß alle linearen bzw. linearisierten, konservativen Systeme mit einem Freiheitsgrad durch dieselbe Bewegungsgleichung $m\ddot{q} + kq = 0$ beschrieben werden, wobei lediglich die Fälle $k > 0$, $k = 0$ und $k < 0$ zu unterscheiden sind. Insbesondere kann als Beispiel eines stabilen Systems immer der Schwinger von Abb. 1.1c verwendet werden.

1.1.2 Lösung der Bewegungsgleichung

Je nach der Größe des Koeffizienten k der potentiellen Energie hat die Bewegungsgleichung (1.4) eine der Formen

$$\ddot{q} + \omega_0^2 q = 0 \quad (\omega_0^2 = k/m > 0;\ \text{stabiles Gleichgewicht}), \tag{1.7}$$

$$\ddot{q} - \mu^2 q = 0 \quad (\mu^2 = -k/m > 0;\ \text{instabiles Gleichgewicht}), \tag{1.8}$$

$$\ddot{q} = 0 \quad (k = 0;\ \text{indifferent/instabiles Gleichgewicht}). \tag{1.9}$$

Für die ersten beiden Formen macht man den Lösungsansatz $q(t) = Ae^{\lambda t}$ mit unbekannten Konstanten A und λ, die komplex sein dürfen. Einsetzen liefert die Gleichung $(\lambda^2 + \omega_0^2)Ae^{\lambda t} = 0$ bzw. $(\lambda^2 - \mu^2)Ae^{\lambda t} = 0$. Daraus ergibt sich $\lambda_{1,2} = \pm i\omega_0$ bzw. $\lambda_{1,2} = \pm\mu$. Da das Superpositionsprinzip gilt, sind die Lösungen der Differentialgleichungen

$$q(t) = \begin{cases} A_1 e^{i\omega_0 t} + A_2 e^{-i\omega_0 t} = A\cos\omega_0 t + B\sin\omega_0 t & \text{(stabil)}, \\ A_1 e^{\mu t} + A_2 e^{-\mu t} = A\cosh\mu t + B\sinh\mu t & \text{(instabil)}, \\ A + Bt & \text{(ind./inst.).} \end{cases} \tag{1.10}$$

In der ersten Gleichung wurde die Eulersche Formel (0.1) verwendet. Die Lösung zur Gleichung $\ddot{q} = 0$ ist offensichtlich. Die Integrationskonstanten A_1 und A_2 bzw. A und B ergeben sich in allen drei Fällen aus Anfangsbedingungen für $q(0) = q_0$ und $\dot{q}(0) = \dot{q}_0$.

Die Lösungen drücken das Stabilitätsverhalten der Gleichgewichtslage deutlich aus. Die Lösung der Gleichung mit $\omega_0^2 > 0$ ist eine *harmonische Schwingung* um die Gleichgewichtslage. Wie eingangs schon gesagt, nennt man sie Eigenschwingung oder freie Schwingung des konservativen Systems. Das schwingungsfähige System selbst nennt man einen harmonischen Schwinger oder harmonischen Oszillator. Seine Lösung kann man mit Gl. (0.4) in den beiden Formen darstellen:

$$\left.\begin{array}{c} q(t) = A\cos\omega_0 t + B\sin\omega_0 t = C\cos(\omega_0 t - \varphi), \\ C = \sqrt{A^2 + B^2}, \quad \cos\varphi = A/C, \quad \sin\varphi = B/C. \end{array}\right\} \tag{1.11}$$

C heißt *Amplitude* der Schwingung und φ heißt *Nullphasenwinkel*. Ebenso wie A und B sind auch C und φ Integrationskonstanten. Sie hängen von den Anfangsbedingungen der Bewegung ab. Die Größe ω_0 heißt *Eigenkreisfrequenz* der Schwingung. Der Name drückt aus, daß sie eine *Eigen*schaft des Schwingers ist, daß sie also nicht von den Anfangsbedingungen der Bewegung abhängt. Die physikalische Dimension von ω_0 ist Zeit^{-1}, und die Einheit ist $1\,\text{s}^{-1}$. Die Eigenkreisfrequenz legt die *Periode T* der Schwingung fest (nicht zu verwechseln mit der kinetischen Energie T). Sie ist die Zeitspanne, in der das Argument der Kreisfunktionen um 2π zunimmt. Der Zusammenhang ist also

$$\omega_0 T = 2\pi. \tag{1.12}$$

Außer der Kreisfrequenz benutzt man in der Technik den Begriff *Frequenz f*. Sie hat die Definition

$$f = 1/T = \omega_0/(2\pi). \tag{1.13}$$

Die Einheit ist 1 Hertz (1 Hz) = Frequenz einer Schwingung mit der Periode 1 s.

Die Lösung (1.10) mit $\mu^2 > 0$ beschreibt eine Bewegung, bei der $q(t)$ exponentiell wächst. Auch bei indifferent/instabilem Gleichgewicht wächst $q(t)$ unbeschränkt.

1.1.3 Phasenkurven

Mit Gl. (1.4) hat der Energieerhaltungssatz die Form $\frac{1}{2}m\dot{q}^2 + \frac{1}{2}kq^2 = \text{const}$. Er stellt eine Beziehung zwischen $\dot{q}(t)$ und $q(t)$ her. In den drei unterschiedenen Fällen kann man ihm die Formen geben:

$$\dot{q}^2 + \omega_0^2 q^2 = \text{const} \geq 0, \tag{1.14}$$

$$\dot{q}^2 - \mu^2 q^2 = \text{const} > 0, \; < 0 \text{ oder } = 0, \tag{1.15}$$

$$\dot{q}^2 = \text{const} \geq 0. \tag{1.16}$$

Die Konstante wird durch die Anfangsbedingungen festgelegt. Die Diagramme in Abb. 1.3a, b stellen die Abhängigkeit $\dot{q}(q)$ für den harmonischen Schwinger und für den Fall mit $\mu^2 > 0$ dar. Mit den angegebenen Achsenbezeichnungen erhält man Kreise bzw. Hyperbeln mit den Winkelhalbierenden der Quadranten als Asymptoten. Im nicht dargestellten Sonderfall $\dot{q}^2 = \text{const}$ sind die Kurven Parallelen zur q-Achse. Zu bestimmten Anfangsbedingungen q_0, $\dot{q}_0$ gehört jeweils eine bestimmte Kurve, die man *Phasenkurve* nennt. Die Gesamtheit aller Phasenkurven eines Systems nennt man das *Phasenporträt* des Systems. Alle Phasenkurven sind symmetrisch zur q-Achse, weil die Auflösung der Gleichung nach $\dot{q}$ die positive und die negative Wurzel liefert. Bei jeder Phasenkurve gehört zu jedem Zeitpunkt ein bestimmter Punkt $(q, \dot{q})$ der Kurve, so daß den Kurven ein Richtungssinn zugeordnet ist, in dem t zunimmt. Für alle (nicht nur für die hier diskutierten) Phasenkurven gilt: Im Bereich $\dot{q} > 0$ nimmt q mit wachsendem t zu, und im Bereich $\dot{q} < 0$ nimmt q mit wachsendem t ab. Das erklärt die Pfeilrichtungen.

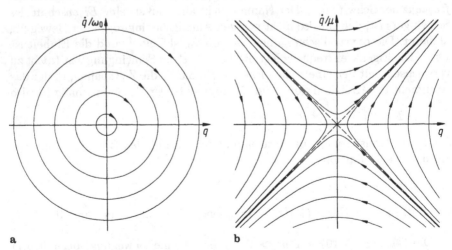

a   b

Abb. 1.3. Phasenporträts des harmonischen Schwingers (a) und des instabilen Systems mit der Bewegungsgleichung $\ddot{q} - \mu^2 q = 0$ (b)

1.2 Gedämpfte Eigenschwingungen

Mit dem Wort *Dämpfung* bezeichnet man alle Arten von Energieverlust bei Schwingungssystemen. Typische Ursachen sind Reibung zwischen festen Körpern und Reibung in Flüssigkeiten und Gasen, die schwingende Körper umgeben. Bei allen deformierbaren Körpern – man denke z. B. an einen schwingenden Biegestab – tritt sog. Werkstoffdämpfung auf, denn Dehnungsänderungen $d\varepsilon/dt$ sind mit internen Bewegungen und folglich mit Reibung verbunden. Zum Thema Dämpfungsmechanismen s. [3, 4]. Im folgenden werden drei Dämpfungsmechanismen betrachtet. Die Dämpfungskraft am Körper wird nach Abb. 1.4 mit R bezeichnet. Sie ist (a) eine Coulombsche Reibkraft (Reibkoeffizient μ und Haftkoeffizient μ_0) (b) eine viskose, d.h. geschwindigkeitsproportionale Dämpfungskraft, und (c) ein dem Geschwindigkeitsquadrat proportionaler Luftwiderstand. Mit Konstanten c und d ist

$$R = \begin{cases} -\mu mg \, \text{sign} \, \dot{q} & \text{Fall a: Coulomb} \\ -d\dot{q} & \text{Fall b: Viskos} \\ -c\dot{q}^2 \, \text{sign} \, \dot{q} & \text{Fall c: } \dot{q}^2\text{-proportional.} \end{cases} \qquad (1.17)$$

Die Differentialgleichung des Schwingers ist in allen drei Fällen

$$m\ddot{q} - R + kq = 0. \qquad (1.18)$$

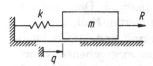

Abb. 1.4. Schwinger mit Dämpfungskraft R

1.2.1 Coulombsche Dämpfung

Bei Coulombscher Dämpfung (im Fall a von Gl. (1.17)) ist R stückweise konstant. Gl. (1.18) hat die einfache Form

$$m\ddot{q} + kq = \begin{cases} -\mu mg & (\dot{q} > 0) \\ +\mu mg & (\dot{q} < 0). \end{cases} \qquad (1.19)$$

In jeder Bewegungsphase von einem Umkehrpunkt mit $\dot{q} = 0$ bis zum nächsten beschreibt sie eine ungedämpfte Eigenschwingung um eine Ruhelage q_0, die abwechselnd $-\mu mg/k$ und $+\mu mg/k$ ist. Man kann die Gleichung nämlich wie folgt schreiben:

$$m\ddot{x} + kx = 0, \qquad x = \begin{cases} q + \mu mg/k & (\dot{q} > 0) \\ q - \mu mg/k & (\dot{q} < 0). \end{cases} \qquad (1.20)$$

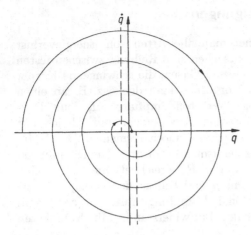

Abb. 1.5. Phasenkurve eines Schwingers mit Coulombscher Dämpfung. Die Halbkreise oberhalb und unterhalb der q-Achse sind symmetrisch zu den eingezeichneten Geraden $q = -\mu mg/k$ bzw. $q = +\mu mg/k$.

Phasenkurven im $q, \dot{q}$-Diagramm setzen sich aus Halbkreisen mit alternierenden Mittelpunkten zusammen. Abb. 1.5 zeigt eine Phasenkurve und die Geraden $q = -\mu mg/k$ und $q = +\mu mg/k$. Die Schwingung kommt zur Ruhe, sobald in einem Umkehrpunkt die Federkraft kleiner ist als die maximal mögliche Haftkraft $\mu_0 mg$. Das ist die Bedingung $\dot{q} = 0$, $|q| < \mu_0 mg/k$. Das bedeutet: Ein Schwinger mit trockener Reibung hat keinen definierten Nullpunkt.

Wenn auf den Körper in Abb. 1.4 außer der Federkraft und der Coulombschen Reibungskraft noch eine äußere Kraft $F(t)$ von vorgegebener Form – z. B. $F(t) = F_0 \cos \Omega t$ – wirkt, dann muß man diese Funktion in Gl. (1.19) auf der rechten Seite hinzufügen. Auch dann ist die Lösung möglich, und zwar durch Anstückelung.

1.2.2 Geschwindigkeitsproportionale Dämpfung

Bei geschwindigkeitsproportionaler Dämpfung (im Fall b von (1.17)) ist Gl. (1.18) die lineare Differentialgleichung mit konstanten Koeffizienten:

$$m\ddot{q} + d\dot{q} + kq = 0. \tag{1.21}$$

Auch diese Gleichung ist einfach lösbar. Sie ist sogar dann in geschlossener Form lösbar, wenn ihre rechte Seite durch eine vorgegebene Funktion $F(t)$ ersetzt wird. Deshalb wird dieser Fall in der Literatur – auch in diesem Buch – besonders ausführlich und meistens sogar ausschließlich behandelt. Das darf nicht zu dem Fehlschluß verleiten, daß diese Beschreibung der Dämpfungskraft stets zulässig ist. Als Symbol für einen geschwindigkeitsproportionalen

Dämpfer wird das Bild eines Kolbens in einem Zylinder nach Abb. 1.6 verwendet, weil eine laminare Strömung im Schmierspalt diese Art Dämpfung erzeugt.

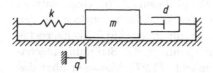

Abb. 1.6. Schwinger mit Dämpfer und Feder

Wenn man Gl. (1.21) nicht auf den Fall $k > 0$ beschränkt, sondern auch die Fälle $k < 0$ und $k = 0$ zuläßt, dann beschreibt die Gleichung auch gedämpfte Systeme mit einer instabilen Gleichgewichtslage. Ein Beispiel ist der Schwinger von Abb. 1.1a, wenn man einen viskosen Dämpfer hinzufügt, der ein der Winkelgeschwindigkeit $\dot{q}$ proportionales Bremsmoment erzeugt. Zur Unterscheidung der drei Fälle werden die Gleichungen in den Formen geschrieben:

$$\ddot{q} + (d/m)\,\dot{q} + \omega_0^2 q = 0 \qquad (\omega_0^2 = k/m > 0), \tag{1.22}$$

$$\ddot{q} + (d/m)\,\dot{q} - \mu^2 q = 0 \qquad (\mu^2 = -k/m > 0), \tag{1.23}$$

$$\ddot{q} + (d/m)\,\dot{q} \qquad\quad = 0 \qquad (k = 0). \tag{1.24}$$

Sie sind Verallgemeinerungen der Gln.(1.7) bis (1.9). Gl.(1.22) für positive Rückstellkräfte ist für die Schwingungslehre am wichtigsten.

Auch die Konstante d kann negativ sein. Dann spricht man von negativer Dämpfung oder Anfachung. Sie ist ein ziemlich akademischer Fall. Es ist nämlich schwierig, eine Vorrichtung zu konstruieren, die eine zu $\dot{q}$ proportionale, anfachende Kraft erzeugt. Man braucht dazu eine Energiequelle, denn Anfachung bedeutet Energiezufuhr, und eine Vorrichtung, die die Energiezufuhr geeignet dosiert.

Schwinger mit positiver Rückstellkraft

Im folgenden wird Gl.(1.22) untersucht. Die Größe ω_0 ist die Eigenkreisfrequenz des ungedämpften Schwingers. Es ist zweckmäßig, die dimensionslose, normierte Zeit

$$\tau = \omega_0 t \tag{1.25}$$

einzuführen. Sie nimmt beim ungedämpften Schwinger in jeder Periode um 2π zu. Zwischen den Ableitungen nach t und nach τ bestehen die Beziehungen

$$\dot{q} = \frac{dq}{d\tau}\frac{d\tau}{dt} = \omega_0\frac{dq}{d\tau}, \qquad \ddot{q} = \omega_0^2\frac{d^2q}{d\tau^2}. \tag{1.26}$$

Die Ableitung nach τ wird mit dem Strich $'$ kennzeichnet: $dq/d\tau = q'$. Mit (1.26) nimmt (1.22) die Form $\omega_0^2 q'' + (d/m)\omega_0 q' + \omega_0^2 q = 0$ an oder

$$q'' + 2Dq' + q = 0. \tag{1.27}$$

Darin ist

$$D = \frac{d}{2m\omega_0} = \frac{d\omega_0}{2k} = \frac{d}{2\sqrt{mk}}. \tag{1.28}$$

D heißt *Dämpfungsgrad* (auch Lehrsches Dämpfungsmaß). Im Gegensatz zu d/m bietet D den Vorteil, daß es dimensionslos ist. Dimensionslose Größen sind grundsätzlich anzustreben, weil man nur mit ihnen Ähnlichkeitsgesetze formulieren kann (man denke an die Reynoldszahl in der Strömungsmechanik). Durch die Einführung von D und τ macht (1.27) Aussagen über das Abklingverhalten der Schwingung bezogen auf die Periode des ungedämpften Schwingers. Dabei ist es gleichgültig, ob die Periode lang oder kurz ist; man denke z. B. an die langsamen Schwingungen einer großen Brücke und an hochfrequente Schwingungen in der Elektrotechnik.

Der Lösungsansatz für Gl. (1.27) ist $q = Ce^{\lambda\tau}$ mit unbestimmten Konstanten C und λ, die komplex sein dürfen. Man bildet $q' = \lambda Ce^{\lambda\tau}$, $q'' = \lambda^2 Ce^{\lambda\tau}$ und setzt alles in (1.27) ein:

$$(\lambda^2 + 2D\lambda + 1)Ce^{\lambda\tau} = 0.$$

Daraus erhält man für λ die beiden Lösungen

$$\lambda_{1,2} = -D \pm \sqrt{D^2 - 1}. \tag{1.29}$$

Beim Einsetzen in den Ansatz wird das Superpositionsprinzip angewandt. Man muß die beiden wichtigen Fälle $|D| > 1$ (λ_1, λ_2 reell und verschieden) und $|D| < 1$ (λ_1, λ_2 konjugiert komplex) sowie den praktisch unwichtigen Sonderfall $|D| = 1$ (Doppelwurzel $-D$) unterscheiden. Die Lösungen sind:

$$|D| > 1: \qquad q(\tau) = Ae^{\lambda_1\tau} + Be^{\lambda_2\tau}, \tag{1.30}$$

$$|D| = 1: \qquad q(\tau) = e^{-D\tau}(A\tau + B), \tag{1.31}$$

$$|D| < 1: \qquad \begin{cases} q(\tau) = e^{-D\tau}\left(A_1 e^{i\nu\tau} + A_2 e^{-i\nu\tau}\right) \\ \qquad = e^{-D\tau}(A\cos\nu\tau + B\sin\nu\tau), \\ \qquad\qquad \nu = \sqrt{1 - D^2}. \end{cases} \tag{1.32}$$

Bei der Formulierung von (1.32) wurde die Eulersche Formel (0.1) verwendet. Die Integrationskonstanten A und B sind stets reell und durch Anfangsbedingungen für q und q' bestimmt. In jedem der drei Fälle muß man unterscheiden, ob D positiv oder negativ ist. Gl.(1.32) enthält auch den Sonderfall $D = 0$: $q(\tau) = A\cos\tau + B\sin\tau$. Das ist die normierte Form von Gl. (1.11).

Abb. 1.7 zeigt Verläufe von Lösungen $q(\tau)$ der Form (1.30) mit $D > 1$ in Abb.a und mit $D < -1$ in Abb.b, und zwar je zwei Kurven mit verschiedenen Anfangsgeschwindigkeiten $q'(0)$ und gleichen Anfangslagen $q(0)$. Es handelt sich gar nicht um Schwingungen. Trotzdem nennt man das mechanische System einen Schwinger, und zwar einen überkritisch gedämpften im Fall

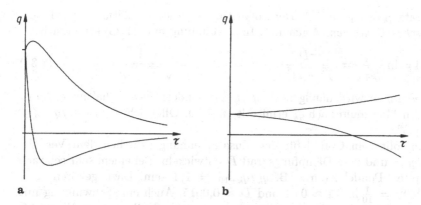

Abb. 1.7. Verläufe $q(\tau)$ bei $D > 1$ (a) und bei $D < -1$ (b)

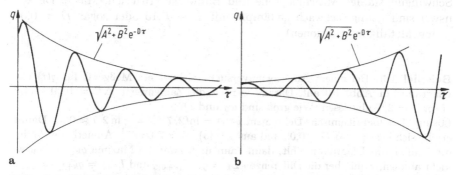

Abb. 1.8. Verläufe $q(\tau)$ bei $0 < D < 1$ (a) und bei $-1 < D < 0$ (b)

$D > 1$ und einen überkritisch angefachten im Fall $D < -1$. Ein wesentliches Merkmal ist, daß höchstens ein Vorzeichenwechsel stattfindet.

Lösungen $q(\tau)$ der Form (1.32) sind gedämpfte Schwingungen im Fall $0 < D < 1$ (Abb. 1.8a) und angefachte Schwingungen im Fall $-1 < D < 0$ (Abb. 1.8b). Sie verlaufen zwischen den Hüllkurven $\pm\sqrt{A^2 + B^2}\,e^{-D\tau}$. Gleichsinnig durchlaufene Nullstellen liegen im Abstand

$$\Delta\tau = \omega_0\Delta T = \frac{2\pi}{\nu} = \frac{2\pi}{\sqrt{1 - D^2}}. \tag{1.33}$$

Bei sehr schwacher Dämpfung ($0 < D \ll 1$) ist $\Delta T = \Delta\tau/\omega_0$ sehr wenig von der Periode ungedämpfter Schwingungen verschieden. Für beliebige $|D| < 1$ gilt: ΔT ist auch der zeitliche Abstand von aufeinanderfolgenden Maxima von q. Das sieht man sofort, wenn man $q'(\tau)$ bildet. Der Klammerausdruck $(A\cos\nu\tau + B\sin\nu\tau)$ in $q(\tau)$ hat bei allen Maxima denselben Wert. Das Verhältnis zweier aufeinanderfolgender Maxima q_k und q_{k+1} ist deshalb die

Konstante $q_k/q_{k+1} = e^{D\Delta\tau}$. Der Logarithmus dieses Verhältnisses wird *logarithmisches Dekrement* Λ genannt. In Verbindung mit (1.33) ergibt sich

$$\Lambda = \ln\frac{q_k}{q_{k+1}} = \frac{2\pi D}{\sqrt{1-D^2}} \qquad \text{bzw.} \qquad D = \frac{\Lambda}{\sqrt{4\pi^2 + \Lambda^2}}. \qquad (1.34)$$

Bei Messungen wird häufig nicht q_k/q_{k+1}, sondern das Verhältnis q_k/q_{k+n} zum $n$ten Maximum nach q_k ermittelt ($n \geq 1$). Offensichtlich ist $q_k/q_{k+n} = (q_k/q_{k+1})^n$.

Man sollte ein Gefühl für den Zusammenhang zwischen dem Verhältnis q_k/q_{k+1} und dem Dämpfungsgrad D entwickeln. Bei einem sehr schwach gedämpften Pendel kann z. B. $q_k/q_{k+10} = 1,1$ sein. Dazu gehören $\Lambda = \ln(1,1^{1/10}) = \frac{1}{10}\ln 1,1 \approx 0,01$ und $D \approx 0,0015$. Auch eine Schwingung mit $q_k/q_{k+1} = 2$ ist als schwach gedämpft anzusehen. Zu ihr gehört $D \approx 0,11$. Stark gedämpft ist eine Schwingung mit $D = 0,3$. Bei ihr ist $q_k/q_{k+1} \approx 7,2$. Schwingungsfähige Maschinenteile und Bauwerke (Brücken, Maste, Decken usw.) sind i. allg. schwach gedämpft mit $D < 0,15$ oder sogar $D < 0,05$ (reine Metallkonstruktionen).

Beispiel 1.5. Bei einem Ausschwingversuch zeichnet ein Meßgerät für $q(t)$ das Diagramm in Abb. 1.9 auf. Daraus werden die Zahlenwerte $\Delta T = 0,90$ s und $q_k/q_{k+3} = 2,7$ abgelesen. Wie groß sind ω_0 und D?
Lösung: Das logarithmische Dekrement ist $\Lambda = \ln(2,7^{1/3}) = \frac{1}{3}\ln 2,7 \approx 0,33$. Damit ergibt sich aus (1.34) $D \approx 0,05$ und aus (1.33) $\omega_0 \approx 7,00$ s^{-1}. Anmerkung: Wenn die Nullinie im Diagramm fehlt, dann kann man zwar die Maxima q_k, q_{k+1} usw. nicht ablesen, wohl aber die Differenzen $L_k = q_k - q_{k+0,5}$ und $L_{k+1} = q_{k+1} - q_{k+1,5}$. Das Verhältnis ist

$$\frac{L_k}{L_{k+1}} = \frac{q_k(1 - q_{k+0,5}/q_k)}{q_{k+1}(1 - q_{k+1,5}/q_{k+1})} = \frac{q_k}{q_{k+1}}.$$

Das logarithmische Dekrement wird also auch durch dieses Verhältnis bestimmt, so daß man die Nullinie nicht braucht. Ende des Beispiels.

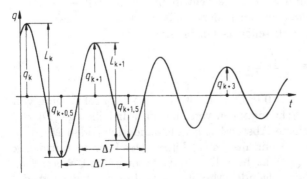

Abb. 1.9. Meßschrieb eines Ausschwingversuchs

Phasenporträt

Für Phasenkurven im q, q'-Diagramm kann man eine Parameterdarstellung angeben. Aus (1.30) und (1.32) ergibt sich

$$|D| < 1 : \quad \begin{cases} q(\tau) = e^{-D\tau}(A\cos\nu\tau + B\sin\nu\tau), \\ q'(\tau) = e^{-D\tau}[(-DA + \nu B)\cos\nu\tau - (\nu A + DB)\sin\nu\tau], \end{cases}$$

$$|D| > 1 : \quad \begin{cases} q(\tau) = Ae^{\lambda_1\tau} + Be^{\lambda_2\tau}, \\ q'(\tau) = \lambda_1 Ae^{\lambda_1\tau} + \lambda_2 Be^{\lambda_2\tau}. \end{cases} \qquad (1.35)$$

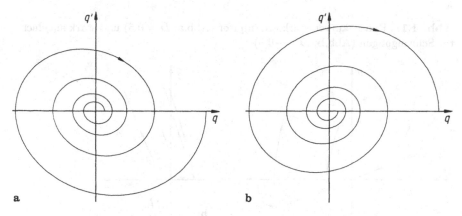

a   b

Abb. 1.10. Phasenkurven schwach gedämpfter (Abb.a; $D = 0{,}1$) und schwach angefachter Schwingungen (Abb.b; $D = -0{,}1$)

In Abb. 1.10a, b bis Abb. 1.12a, b sind berechnete Phasenporträts für die Dämpfungsgrade $D = 0{,}1$ und $D = -0{,}1$ (Abb. 1.10a, b), $D = 1/2$ und $D = -1/2$ (Abb. 1.11a, b) sowie $D = 1{,}5$ und $D = -1{,}5$ (Abb. 1.12a, b) gezeichnet. In den Abbn. 1.11, 1.12 sind je 5 Phasenkurven mit unterschiedlichen Anfangsbedingungen eingezeichnet. Alle 5 Anfangspunkte (q_0, q'_0) liegen auf dem Einheitskreis um den Ursprung, sind also Punkte gleicher Gesamtenergie: $(q_0^2 + q'^2_0)/2 = \text{const}$. Phasenkurven werden im Bereich $q' > 0$ nach rechts und im Bereich $q' < 0$ nach links durchlaufen, weil im ersten Fall $dq > 0$ und im zweiten $dq < 0$ ist. Phasenkurven zu $|D| < 1$ sind Spiralen. Phasenkurven zu $D > 1$ konvergieren im Ursprung gegen die Gerade $\lim_{\tau\to\infty}[q'(\tau)/q(\tau)] = \text{Max}(\lambda_1, \lambda_2)$.

Systeme mit negativer oder gar keiner Rückstellkraft

In diesem Abschnitt werden die Lösungen für die Gln.(1.23) und (1.24) angegeben. Zunächst die Gleichung $\ddot{q} + (d/m)\dot{q} - \mu^2 q = 0$: Entsprechend den Gln. (1.25) bis (1.28) definiert man $\tau = \mu t$, $q' = d/d\tau$ und $D = d/(2m\mu) = d/(2\sqrt{-mk})$. An die Stelle von (1.27) tritt die Gleichung $q'' + 2Dq' - q = 0$.

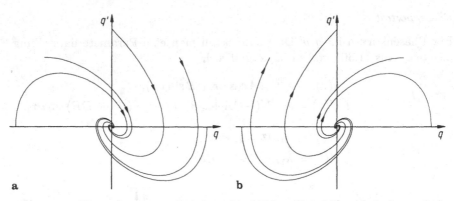

Abb. 1.11. Phasenkurven stark gedämpfter (Abb.a; $D = 0{,}5$) und stark angefachter Schwingungen (Abb.b; $D = -0{,}5$)

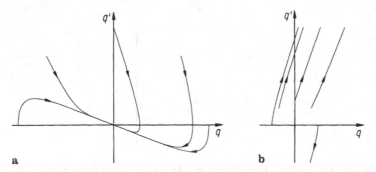

Abb. 1.12. Phasenkurven eines überkritisch gedämpften Schwingers (Abb.a; $D = 1,5$) und eines überkritisch angefachten Schwingers (Abb.b; $D = -1,5$)

Der Lösungsansatz $q = Ce^{\lambda\tau}$ liefert anstelle von (1.29) $\lambda_{1,2} = -D\pm\sqrt{1 + D^2}$. Für beliebige D sind beide Wurzeln reell. Im Fall $D < 0$ sind beide positiv, im Fall $D > 0$ ist eine positiv. In jedem Fall streben alle Lösungen $q(\tau) = Ae^{\lambda_1\tau} + Be^{\lambda_2\tau}$ ohne Schwingung gegen unendlich, denn unvermeidliche Störungen führen zu $A, B \neq 0$. Wie im Fall $D = 0$ ist also auch im Fall $D \neq 0$ die Gleichgewichtslage instabil, wenn $k < 0$ ist.

Beispiel 1.6. In einem ganz in Wasser untergetauchten Behälter ist Luft eingeschlossen. Durch Öffnungen im Behälterboden eindringendes Wasser komprimiert die Luft mit dem der Tauchtiefe h entsprechenden Druck. In einer bestimmten Tauchtiefe h_0 sind bei geeigneter Luftmenge das Gewicht mg des Behälters einschließlich Luft und der Auftrieb $F(h_0)$ im Gleichgewicht. Man formuliere für diesen Fall eine Bewegungsgleichung für die Abweichung q aus der Gleichgewichtslage. Lösung: Laut Aufgabe ist $h = h_0 + q$. Der Auftrieb $F(h_0 + q)$ ist gleich dem Gewicht einer Wassermenge, die das vom Behälter einschließlich der komprimierten Luft verdrängte Volumen hat. Das Volumen und folglich der Auftrieb nehmen mit zunehmender Tauchtiefe ab. Linearisiert gilt also $F(h_0 + q) = F(h_0) + kq$ mit $k = F'(h_0) < 0$. Langsame Bewegungen des Behälters sind viskos gedämpft. Die linearisierte Newtonsche Bewegungsgleichung ist $m\ddot{q} = -d\dot{q} + mg - [F(h_0) + kq]$. Laut Voraussetzung ist $mg - F(h_0) = 0$. Die Gleichung hat daher die hier diskutierte Form $m\ddot{q} + d\dot{q} + kq = 0$ mit $k < 0$. Die Gleichgewichtslage ist instabil. Je nach Anfangsstörung sinkt der Behälter entweder zu Boden oder er taucht auf. Ende des Beispiels.

Abschließend wird Gl.(1.24) gelöst: $\ddot{q} + (d/m)\dot{q} = 0$. Der Lösungsansatz $q(t) = Ae^{\lambda t}$ führt zu $\lambda(\lambda + d/m) = 0$, also zu den Wurzeln $\lambda = -d/m$ und $\lambda = 0$. Damit ergibt sich die allgemeine Lösung $q(t) = Ae^{-(d/m)t} + B$ mit Integrationskonstanten A und B. Nach den Definitionen in Abschnitt 3.2.2 ist die Lösung im Fall $d > 0$ stabil und im Fall $d < 0$ instabil.

1.2.3 Geschwindigkeitsquadrat-proportionale Dämpfung

Auch bei $\dot{q}^2$-proportionaler Dämpfung (das ist der Fall c von Gl. (1.17)) liefert (1.18) zwei durch ein Vorzeichen verschiedene Differentialgleichungen, nämlich die Gleichungen $m\ddot{q} \pm c\dot{q}^2 + kq = 0$ (oberes Vorzeichen für $\dot{q} > 0$). Mit den Abkürzungen $\omega_0^2 = k/m$ und $a = c/m$ (Dimension Länge^{-1}) haben sie die Form

$$\ddot{q} \pm a\dot{q}^2 + \omega_0^2 q = 0 \qquad \text{(oberes Vorzeichen für } \dot{q} > 0\text{)}.$$

Sie sind nicht in geschlossener Form lösbar. Aber die Phasenkurven sind explizit darstellbar. Das wird im folgenden gezeigt. Man führt die dimensionslose Variable $z = aq$ ein. Mit ihr ist $\ddot{q} = \ddot{z}/a$, $a\dot{q}^2 = \dot{z}^2/a$. Die Differentialgleichung nimmt daher die Form an:

$$\ddot{z} \pm \dot{z}^2 + \omega_0^2 z = 0 \qquad \text{(oberes Vorzeichen für } \dot{z} > 0\text{)}. \tag{1.36}$$

Darin erscheint der Parameter a nicht mehr. Weil für sehr kleine Werte von a Schwingungen auftreten, kann man deshalb die Aussage machen, daß unabhängig von der Größe von a immer Schwingungen auftreten. Mit anderen Worten: Kriechvorgänge ohne Richtungsumkehr kommen nicht vor. In diesem Punkt ist die Situation also einfacher als bei viskoser Dämpfung, wo man zwischen unterkritischer und überkritischer Dämpfung unterscheiden muß.

Auch der Parameter ω_0 wird eliminiert. Zu diesem Zweck wird wieder die Variable $\tau = \omega_0 t$ eingeführt. Mit den Gln. (1.26) für z anstelle von q und mit der Abkürzung $' = d/d\tau$ erhält man die dimensionslose und völlig parameterfreie Differentialgleichung

$$z'' \pm z'^2 + z = 0 \qquad \text{(oberes Vorzeichen für } z' > 0\text{)}. \tag{1.37}$$

z'' wird wie folgt dargestellt:

$$z'' = \frac{dz'}{d\tau} = \frac{dz'}{dz}\frac{dz}{d\tau} = z'\frac{dz'}{dz} = \frac{1}{2}\frac{d}{dz}z'^2. \tag{1.38}$$

Damit nimmt die Differentialgleichung die Form an:

$$\frac{d}{dz} z'^2 \pm 2z'^2 = -2z \quad \text{(oberes Vorzeichen für } z' > 0). \tag{1.39}$$

Für jedes der beiden Vorzeichen ist sie eine lineare, inhomogene Differentialgleichung mit konstanten Koeffizienten für die Funktion $z'^2(z)$, d.h. für die (normierten) Phasenkurven. Ihre allgemeine Lösung ist die Summe aus der Lösung der homogenen Gleichung und einer partikulären Lösung der inhomogenen Gleichung. Die homogene Gleichung hat die Lösung $z'^2(z) = Ce^{\mp 2z}$ mit einer Integrationskonstanten C. Der Ansatz für die partikuläre Lösung ist $z'^2 = c_1 + c_2 z$ mit unbestimmten Konstanten c_1 und c_2. Wenn man das und $dz'^2/dz = c_2$ in die Differentialgleichung einsetzt, ergibt sich $c_2 \pm 2(c_1 + c_2 z) = -2z$. Der Koeffizientenvergleich führt zu $c_1 = 1/2$ und $c_2 = \mp 1$. Damit erhält man als allgemeine Lösung:

$$z'^2(z) = Ce^{\mp 2z} - \tfrac{1}{2}(\pm 2z - 1) \quad \text{(oberes Vorzeichen für } z' > 0). \tag{1.40}$$

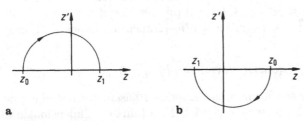

a   **b**

Abb. 1.13. Abschnitte von Phasenkurven mit $z' > 0$ (a) und $z' < 0$ (b)

Wir bestimmen die Lösung zu den speziellen Anfangsbedingungen $z(0) = z_0$ und $z'(0) = 0$ und unterscheiden die beiden Fälle $z_0 < 0$ (Abb. 1.13a; oberes Vorzeichen) und $z_0 > 0$ (Abb. 1.13b; unteres Vorzeichen). Mit den Anfangsbedingungen ergibt sich aus (1.40) die Integrationskonstante C:

$$C = \tfrac{1}{2}(\pm 2z_0 - 1)e^{\pm 2z_0} \quad \text{(oberes Vorzeichen für Abb.a).}$$

Damit ist

$$z'^2(z) = \tfrac{1}{2}\left[(\pm 2z_0 - 1)e^{\pm 2z_0} - (\pm 2z - 1)e^{\pm 2z}\right]e^{\mp 2z}$$

(oberes Vorzeichen für Abb.a). Die Geschwindigkeit ist die positive Wurzel (Abb.a) bzw. die negative Wurzel (Abb.b):

$$z'(z) = \pm \tfrac{\sqrt{2}}{2} e^{\mp z} \sqrt{(\pm 2z_0 - 1)e^{\pm 2z_0} - (\pm 2z - 1)e^{\pm 2z}} \tag{1.41}$$

(oberes Vorzeichen für Abb.a). Jede dieser beiden Lösungen ist gültig, solange sich das Vorzeichen von z' nicht ändert. In beiden Abb. 1.13 ist $z = z_1$ die Stelle der Vorzeichenumkehr. Zwischen z_0 und z_1 besteht die Beziehung

$$(\pm 2z_0 - 1)e^{\pm 2z_0} = (\pm 2z_1 - 1)e^{\pm 2z_1} \quad \text{(oberes Vorzeichen für Abb.a)}$$

oder

$$(x - 1)e^x = (y - 1)e^y \tag{1.42}$$

mit den Abkürzungen

$$x = \pm 2z_0, \quad y = \pm 2z_1 \qquad \text{(oberes Vorzeichen für Abb.a)}.$$

Gl. (1.42) ist nicht explizit nach y auflösbar. Abb. 1.14 zeigt den Graph der Funktion $f(x) = (x - 1)e^x$. Bei $x = 0$ hat er ein absolutes Minimum. Sowohl im Fall $z_0 < 0$ (oberes Vorzeichen) als auch im Fall $z_0 > 0$ (unteres Vorzeichen) ist $x < 0$. Gl. (1.42) hat deshalb genau eine Lösung y, und zwar im Intervall $0 < y < 1$. Daraus folgt, daß z_1 und z_0 entgegengesetzte Vorzeichen haben. Das bestätigt die bereits im Zusammenhang mit (1.36) gemachte Aussage, daß stets Schwingungen auftreten. Die Schranke $y < 1$ bedeutet, daß das 2. Extremum z_1 einer Schwingung unabhängig von der Größe z_0 des 1. Extremums die Schranke $|z_1| < 1/2$ hat.

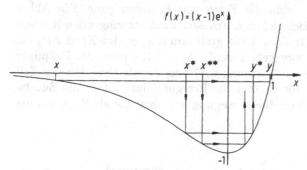

Abb. 1.14. Graph der Funktion $f(x) = (x - 1)e^x$

Abb. 1.14 zeigt die Größen aufeinanderfolgender Extrema bei einer Schwingung, die mit einem gegebenen 1. Extremum z_0 aus der Ruhe heraus beginnt. Sei konkret $z_0 = 2$. Zu z_0 gehört $x = -4$. Nach Abb. 1.14 ergibt sich daraus $y \approx 0{,}965$ und daraus $z_1 = -y/2$. Für die nächste Halbschwingung hat z_1 die Bedeutung von z_0. Dazu gehört $x^* = -y$. In Abb. 1.14 sind die Punkte x, y und x^* markiert. Aus x^* ergeben sich nach demselben Verfahren y^*, x^{**} usw. Die Pfeile deuten die Fortsetzung an. Die Zahlenfolge $-x/2$, $+x^*/2$, $-x^{**}/2$, $\pm \ldots$ ist die Folge der Nullstellen der Phasenkurve $z'(z)$. In Abb. 1.15 ist diese Phasenkurve zu den genannten Anfangsbedingungen $z_0 = 2$, $z'(0) = 0$ mit berechneten Werten gezeichnet.

Gl. (1.41) hat die Form $dz/d\tau = \sqrt{A \exp(\pm 2z) + Bz + C}$ mit Konstanten A, B und C. Durch Trennung der Veränderlichen und Integration ergibt sich daraus die Lösung $z(\tau)$ in der impliziten Form

$$\int_{z_0}^{z(\tau)} \frac{d\bar{z}}{\sqrt{A \exp(\pm 2\bar{z}) + B\bar{z} + C}} = \int_0^\tau d\bar{\tau} = \tau. \tag{1.43}$$

Das Integral ist nicht in geschlossener Form darstellbar.

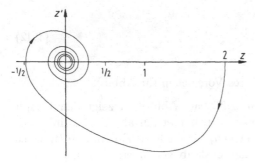

Abb. 1.15. Normierte Phasenkurve $z'(z)$ zu den Anfangsbedingungen $z(0) = 2$, $z'(0) = 0$

1.3   Erzwungene Schwingungen

Erzwungene Schwingungen sind die Folge von *Fremderregung*. Die Abbn. 1.16a, b und c zeigen am Beispiel eines translatorisch schwingenden Körpers drei Typen von Erregung. In Abb. 1.16a greift am Körper eine Kraft $F(t)$ an, die als Funktion der Zeit vorgegeben ist. In Abb. 1.16b führt der Fußpunkt von Feder und Dämpfer eine Bewegung $u(t)$ aus, die als Funktion der Zeit vorgegeben ist. In Abb. 1.16c besteht die Erregung darin, daß eine Zusatzmasse m_r relativ zum Körper eine Bewegung ausführt, die als Funktion der Zeit vorgegeben ist.

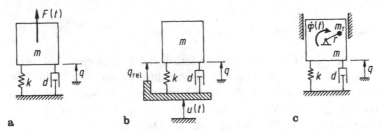

Abb. 1.16. a) Krafterregung, **b)** Fußpunkterregung und **c)** Unwuchterregung eines Schwingers

Der Schwinger muß nicht translatorisch schwingen. Er kann auch ein Drehschwinger sein. Die Fußpunktbewegung in Abb. 1.16b kann sich auf die Feder oder auf den Dämpfer beschränken. Die vorgegebene Relativbewegung von Zusatzmassen kann beliebig sein. Die in allen drei Fällen vorgeschriebene Funktion der Zeit kann beliebig sein. Sie kann z. B. eine kurzzeitige oder langzeitige, eine periodische oder nichtperiodische Erregung beschreiben. Diese Vielfalt der Möglichkeiten erfaßt eine große Menge technischer Schwingungsprobleme des Maschinenbaus und des Bauingenieurwesens. Eine Erregung durch relativ bewegte Zusatzmassen, nämlich Kurbelwelle, Pleuel und Kolben, liegt bei einer federnd gelagerten Kolbenmaschine vor. Fußpunkterregung tritt bei allen Geräten auf schwingender Unterlage und bei Gebäuden auf, deren Fundamente durch Straßenverkehr oder Erdbeben erregt werden.

Für den Schwinger von Abb. 1.16a hat die Differentialgleichung der Absolutkoordinate q offensichtlich die Form

$$m\ddot{q} + d\dot{q} + kq = F(t). \tag{1.44}$$

Man nennt sie die Gleichung erzwungener Schwingungen. Dieselbe Form hat sie bei vielen anderen Schwingern mit einem Freiheitsgrad der Bewegung. Die konstanten Parameter m, d und k und die sog. *Erregerkraft* $F(t)$ haben allerdings von Fall zu Fall verschiedene Bedeutungen. Beispiele werden weiter unten ausgeführt.

Fremderregung kann auch bewirken, daß die Parameter m, d und k in expliziter Form von der Zeit t abhängen. Dann spricht man von parametererregten Schwingungen. Sie werden in Kapitel 3 untersucht.

Gl. (1.44) unterscheidet sich von der Differentialgleichung (1.21) der freien Schwingung nur durch die vorgegebene Erregerkraft $F(t)$. Die Gleichung wird auf dieselbe Weise normiert (s. (1.25) bis (1.28)). Mit den Größen

$$\omega_0^2 = \frac{k}{m}, \quad D = \frac{d}{2\sqrt{mk}}, \quad \tau = \omega_0 t, \quad f(\tau) = \frac{1}{m\omega_0^2} F(\tau/\omega_0) \tag{1.45}$$

nimmt sie die Form an ($' = \mathrm{d}/\mathrm{d}\tau$):

$$q'' + 2Dq' + q = f(\tau). \tag{1.46}$$

$f(\tau)$ wird (normierte) *Erregerfunktion* genannt. Die allgemeine Lösung $q(\tau)$ ist die Summe aus der Lösung $q_{\mathrm{h}}(\tau)$ der homogenen Gleichung und einer partikulären Lösung $q_{\mathrm{part}}(\tau)$ der inhomogenen Gleichung:

$$q(\tau) = q_{\mathrm{h}}(\tau) + q_{\mathrm{part}}(\tau). \tag{1.47}$$

$q_{\mathrm{h}}(\tau)$ hat je nach der Größe von D eine der Formen (1.30) bis (1.32). Im Normalfall $0 < D < 1$ ist $q_{\mathrm{h}}(\tau)$ die gedämpfte Schwingung

$$q_{\mathrm{h}}(\tau) = \mathrm{e}^{-D\tau}(A\cos\nu\tau + B\sin\nu\tau), \quad \nu = \sqrt{1 - D^2}. \tag{1.48}$$

Die gedämpfte Schwingung ist nach einiger Zeit soweit abgeklungen, daß man sie gegen $q_{\mathrm{part}}(\tau)$ vernachlässigen kann. Sie ist nur dann von Bedeutung, wenn man sich für den Beginn eines Schwingungsvorgangs interessiert. Wenn man z. B. den größten überhaupt auftretenden Schwingungsausschlag bestimmen will, muß man die vollständige Lösung $q(t)$ untersuchen. Dagegen ist $q_{\mathrm{h}}(\tau)$ bedeutungslos, wenn $D > 0$ ist, und wenn man sich nur für das Langzeitverhalten des Schwingers interessiert.

In den folgenden Abschnitten werden partikuläre Lösungen $q_{\mathrm{part}}(\tau)$ für spezielle Erregerfunktionen $f(\tau)$ und eine Lösungsmethode für beliebige Erregerfunktionen angegeben.

Zuvor werden die Erregerkraft $F(t)$ und die normierte Erregerfunktion $f(\tau)$ für zwei technisch wichtige Schwingertypen entwickelt.

Schwinger mit Fußpunkterregung

Bei dem System in Abb. 1.16b interessiert man sich sowohl für die Bewegung $q(t)$ im Inertialsystem als auch für die Bewegung $q_{rel}(t)$ relativ zum bewegten Fundament. Der Nullpunkt $q = 0$ wird so definiert, daß er im Fall $u \equiv 0$ die Gleichgewichtslage ist. Die Relativkoordinate hat die Definition

$$q_{rel}(t) = q(t) - u(t). \tag{1.49}$$

Die Bewegungsgleichung für q ergibt sich durch Freischneiden der Masse zu $m\ddot{q} = -d(\dot{q} - \dot{u}) - k(q - u)$ oder

$$m\ddot{q} + d\dot{q} + kq = d\dot{u}(t) + ku(t). \tag{1.50}$$

Aus der ersten Formulierung erhält man mit (1.49) die Differentialgleichung für q_{rel}:

$$m\ddot{q}_{rel} + d\dot{q}_{rel} + kq_{rel} = -m\ddot{u}(t). \tag{1.51}$$

Beide Gleichungen haben die Form von (1.44) mit verschiedenen Erregerkräften $F(t)$. Diese Funktionen sind besonders einfach, wenn $u(t)$ die harmonische Funktion $u(t) = u_0 \cos \Omega t$ ist (bei der folgenden Umformung wird Gl. (0.5) angewandt):

$$m\ddot{q} + d\dot{q} + kq = u_0(-d\Omega \sin \Omega t + k \cos \Omega t)$$

$$= u_0 \sqrt{k^2 + d^2\Omega^2} \cos(\Omega t + \psi), \tag{1.52}$$

$$\psi = \arctan(d\Omega/k),$$

$$m\ddot{q}_{rel} + d\dot{q}_{rel} + kq_{rel} = -mu_0\Omega^2 \cos \Omega t. \tag{1.53}$$

In beiden Gleichungen ist die Erregerkraft harmonisch veränderlich. Die Größe Ω wird *Erregerkreisfrequenz* genannt. Ein wesentlicher Parameter ist das Verhältnis der Erregerkreisfrequenz zur Eigenkreisfrequenz ω_0 des ungedämpften Schwingers. Es wird mit dem Symbol η abgekürzt:

$$\eta = \Omega/\omega_0. \tag{1.54}$$

Für die Gln.(1.52) und (1.53) werden im folgenden die Erregerfunktionen $f(\tau)$ von (1.45) angegeben. Zunächst Gl.(1.52): Wenn man beachtet, daß $m\omega_0^2 = k$ ist, erhält man für $f(\tau)$ den Ausdruck

$$f(\tau) = \frac{u_0\sqrt{k^2 + d^2\Omega^2}}{m\omega_0^2} \cos(\eta\tau + \psi) = u_0 \sqrt{1 + \frac{d^2}{m^2\omega_0^2} \frac{\Omega^2}{\omega_0^2}} \cos(\eta\tau + \psi)$$

$$= u_0\sqrt{1 + 4D^2\eta^2} \cos(\eta\tau + \psi), \tag{1.55}$$

$$\psi = \arctan\left(\frac{d}{m\omega_0} \frac{\Omega}{\omega_0}\right) = \arctan(2D\eta). \tag{1.56}$$

Zur Erregerkraft in Gl.(1.53) erhält man unmittelbar die Funktion

$$f(\tau) = -u_0\eta^2 \cos \eta\tau. \tag{1.57}$$

Schwinger mit rotierender Unwucht

In Abb. 1.16c sind m_r und r die Masse eines statisch nicht perfekt ausgewuchteten Rotors bzw. die sehr kleine Entfernung seines Schwerpunkts von der Drehachse. Das Produkt $m_r r$ ist ein Maß für die Unwucht. Die veränderliche Rotorwinkelgeschwindigkeit ist eine vorgegebene Funktion $\dot\varphi(t)$. Zur Formulierung der Bewegungsgleichung für die Absolutkoordinate q der Schwingermasse m wird die Rotormasse freigeschnitten (Abb. 1.17). Die Größen Y und Z sind Komponenten der Schnittkraft. Die Rotormasse hat in positiver q-Richtung die absolute Beschleunigung $\ddot q - r\dot\varphi^2(t)\cos\varphi(t) - r\ddot\varphi(t)\sin\varphi(t)$.

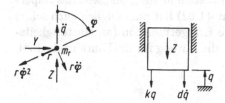

Abb. 1.17. Der freigeschnittene Rotor des Systems von Abb. 1.16c (links) und Kräfte an der Masse m (rechts)

Ihre Bewegungsgleichung ist folglich

$$m_r\{\ddot q - r[\dot\varphi^2(t)\cos\varphi(t) + \ddot\varphi(t)\sin\varphi(t)]\} = Z.$$

Die Bewegungsgleichung der Schwingermasse ist $m\ddot q = -d\dot q - kq - Z$ oder mit dem Ausdruck für Z aus der ersten Gleichung

$$(m + m_r)\ddot q + d\dot q + kq = m_r r[\dot\varphi^2(t)\cos\varphi(t) + \ddot\varphi(t)\sin\varphi(t)]. \tag{1.58}$$

Das ist Gl. (1.44). Das Eigenkreisfrequenzquadrat ω_0^2 und der Dämpfungsgrad D sind nach Gl. (1.45)

$$\omega_0^2 = \frac{k}{m + m_r}, \qquad D = \frac{d}{2\sqrt{(m + m_r)k}}. \tag{1.59}$$

Im Sonderfall konstanter Winkelgeschwindigkeit $\dot\varphi \equiv \Omega = $ const vereinfacht sich (1.58) zu

$$(m + m_r)\ddot q + d\dot q + kq = m_r r\Omega^2\cos\Omega t. \tag{1.60}$$

Diese Erregerkraft ist harmonisch. Für sie ergibt sich aus (1.45)

$$f(\tau) = \frac{m_r r\Omega^2}{(m + m_r)\omega_0^2}\cos(\Omega\tau/\omega_0) = \frac{m_r}{m + m_r}\,r\,\eta^2\cos\eta\tau. \tag{1.61}$$

1.3.1 Harmonische Erregung

In den oben untersuchten Beispielen treten als Sonderfälle Differentialgleichungen mit harmonischen Erregerfunktionen auf. Sie haben die allgemeine Form

$$q'' + 2Dq' + q = q_0 \cos(\eta\tau + \psi). \tag{1.62}$$

q_0 und ψ sind von Fall zu Fall verschiedene, i. allg. von η und D abhängige Konstanten. Tabelle 1.1 stellt die wesentlichen Informationen zusammen. Harmonische Erregerfunktionen haben weit über diese Sonderfälle hinaus Bedeutung, weil periodische Erregerfunktionen als Fourierreihen, d.h. als Überlagerung von harmonischen Funktionen darstellbar sind, und weil das Superpositionsprinzip gilt. Mit der Lösung von (1.62) hat man folglich auch schon die Lösung für jede beliebige periodische Erregerfunktion (an Unstetigkeitsstellen einer Erregerfunktion konvergiert die Lösung für die Fourierreihe evtl. nicht gegen die wahre Lösung; s. [5]).

Tabelle 1.1. Erzwungene Schwingungen

Abb. 1.16	Schw.-Ursache	$q_0(\eta, D)$	$\psi(\eta, D)$	Gl.
a	$F(t) = F_0 \cos\Omega t$	F_0/k	0	(1.44)
b	$u(t) = u_0 \cos\Omega t$	$u_0\sqrt{1 + 4D^2\eta^2}$	$\arctan(2D\eta)$	(1.55)
b	$u(t) = u_0 \cos\Omega t$	$-u_0\eta^2$	0	(1.57)
c	$\dot{\varphi}(t) \equiv \Omega$	$\frac{m_r}{m+m_r}\, r\, \eta^2$	0	(1.61)

Ein geeigneter Ansatz für die partikuläre Lösung von (1.62) ist

$$q(\tau) = Vq_0 \cos(\eta\tau + \psi - \varphi) \tag{1.63}$$

mit unbekannten Konstanten V und φ. Er bedeutet, daß man nach dem Abklingen der gedämpften Schwingung $q_h(\tau)$ (s. (1.48)) eine stationäre Schwingung mit der Erregerkreisfrequenz Ω, mit einer unbekannten Amplitude Vq_0 und mit einem unbekannten Phasenwinkel φ gegen die Erregung erwartet. Wenn man den Ansatz in die Differentialgleichung einsetzt und Additionstheoreme für Kreisfunktionen anwendet, erhält man nach einigen Umformungen eine Gleichung vom Typ $[\cdots\cdots]\cos(\eta\tau+\psi) + [\cdots\cdots]\sin(\eta\tau+\psi) = 0$. Die durch Punkte angedeuteten Ausdrücke sind von V und φ abhängig. Beide Ausdrücke müssen gleich null sein. Daraus ergeben sich zwei lineare Gleichungen für V und φ, die man lösen muß.

Die Bestimmung von V und φ wird viel einfacher, wenn man die Erregerfunktion in der Differentialgleichung und den Lösungsansatz um Imaginärteile erweitert und die Rechnung im Komplexen durchführt. An die Stelle von (1.62) und (1.63) treten

$$q'' + 2Dq' + q = q_0 e^{i(\eta\tau+\psi)} \qquad \text{bzw.} \qquad q(\tau) = Vq_0 e^{i(\eta\tau+\psi-\varphi)}. \tag{1.64}$$

Einsetzen liefert unmittelbar die Gleichung $(-\eta^2 + 2D\eta i + 1)Ve^{-i\varphi} = 1$ oder

$$V(1 - \eta^2 + i2D\eta) = e^{i\varphi}.$$

Auf beiden Seiten der Gleichung steht dieselbe komplexe Zahl vom Betrag 1 in Komponenten- bzw in Exponentialdarstellung. Aus Abb. 1.18 liest man die Ergebnisse ab:

$$V(\eta, D) = \frac{1}{\sqrt{(1 - \eta^2)^2 + 4D^2\eta^2}}, \tag{1.65}$$

$$\varphi(\eta, D) = \arctan \frac{2D\eta}{1 - \eta^2} \qquad (0 \le \varphi \le \pi). \tag{1.66}$$

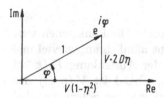

Abb. 1.18.

Die Gln. (1.62) und (1.63) zeigen, daß $\varphi(\eta, D)$ bei allen Schwingertypen der Phasenwinkel zwischen dem Ausschlag $q(\tau)$ und der Erregerfunktion $q_0 \cos(\eta\tau + \psi)$ ist. In Abb. 1.19 ist $\varphi(\eta, D)$ für verschiedene Parameterwerte D über η aufgetragen. Im Fall $D > 0$ wächst φ monoton vom Wert 0 bei $\eta = 0$ gegen π mit $\eta \to \infty$. Bei $\eta = 1$ (Erregerkreisfrequenz Ω gleich Eigenkreisfrequenz ω_0) spricht man von *Resonanz*. In diesem Zustand ist $\varphi = \pi/2$ unabhängig von der Größe von D. Zum dämpfungsfreien Schwinger $(D = 0)$ gehört der gestrichelte Verlauf ohne bestimmten Funktionswert bei $\eta = 1$. Ein sehr einfaches Experiment zeigt dieses Verhalten deutlich. Man nehme einen ungedämpften Feder-Masse-Schwinger in die Hand und bewege seinen Aufhängepunkt harmonisch auf und ab (Fußpunkterregung; Gl.(1.55) mit $D = 0$, $\psi = 0$). Unterhalb der Resonanz sind Handbewegung und Schwingungsausschlag in Phase $(\varphi = 0)$ und oberhalb der Resonanz in Gegenphase $(\varphi = \pi)$.

Im folgenden werden die Schwingungsamplituden $V(\eta, D) \cdot q_0(\eta, D)$ untersucht. Im Zusammenhang mit den Beispielen in Tabelle 1.1 spielen die folgenden drei Funktionen eine Rolle:

$$V(\eta, D) = \frac{1}{\sqrt{(1 - \eta^2)^2 + 4D^2\eta^2}}, \tag{1.67}$$

$$V_2(\eta, D) = \frac{\sqrt{1 + 4D^2\eta^2}}{\sqrt{(1 - \eta^2)^2 + 4D^2\eta^2}}, \tag{1.68}$$

$$V_3(\eta, D) = \frac{\eta^2}{\sqrt{(1 - \eta^2)^2 + 4D^2\eta^2}}. \tag{1.69}$$

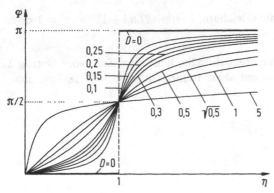

Abb. 1.19. Phasenwinkel $\varphi(\eta, D)$

Die Numerierung ist in der Literatur nicht einheitlich. Die Funktionen werden *Vergrößerungsfunktionen* genannt. $V(\eta, D)$ gibt nämlich an, wieviel mal größer die Schwingungsamplitude verglichen mit der Auslenkung F_0/k bei statischer Belastung mit der Kraft F_0 ist. Entspechend ist $V_2(\eta, D)$ das Verhältnis der Schwingungsamplitude zur Auslenkung des Schwingers bei konstanter Fußpunktverschiebung u_0, und $V_3(\eta, D)$ ist das Verhältnis der Schwingungsamplitude zur Länge $r m_{\mathrm{r}}/(m + m_{\mathrm{r}})$.

In Abb. 1.20 und Abb. 1.21 sind $V_2(\eta, D)$ bzw. $V_3(\eta, D)$ für jeweils mehrere feste Parameterwerte D in Diagrammen über η aufgetragen. Eine Darstellung von $V(\eta, D)$ ist unnötig, weil die leicht nachprüfbare Identität besteht:

$$V(\eta, D) \equiv V_3(1/\eta, D). \tag{1.70}$$

Außer der Amplitude der Koordinate $q(\tau)$ sind auch die Amplituden der Geschwindigkeit $q'(\tau)$ und der Beschleunigung $q''(\tau)$ wichtige Größen, insbesondere in der Schwingungsmeßtechnik. Diese Amplituden haben die Größen $\eta V q_0$ bzw. $\eta^2 V q_0$.

Kurvendiskussion: Zunächst wird nur der Normalfall $D \neq 0$ betrachtet. Die Funktionen V, V_2 und V_3 haben Maxima, die stark von D abhängen. Sie werden $V_{\max}(D)$, $V_{2\max}(D)$ und $V_{3\max}(D)$ genannt. Diese Maxima treten nicht bei Resonanz auf ($\eta = 1$), sondern bei normierten Erregerkreisfrequenzen, die selbst von D abhängen. Sie werden $\eta_{\max}$, $\eta_{2\max}$ und $\eta_{3\max}$ genannt. Als Beispiel werden $\eta_{\max}$ und $V_{\max}$ aus (1.67) berechnet: An der Stelle $\eta_{\max}$ hat $(1 - \eta^2)^2 + 4D^2\eta^2$ ein Minimum. Differentiation liefert die Bestimmungsgleichung $4\eta_{\max}(1 - \eta_{\max}^2 - 2D^2) = 0$ mit den Lösungen $\eta_{\max} = 0$ und $\eta_{\max} = \sqrt{1 - 2D^2}$. An diesen Stellen hat $V(\eta, D)$ die Funktionswerte 1 bzw. $1/(2D\sqrt{1 - D^2})$. Daraus erhält man das gesuchte Ergebnis

$$V_{\max}(D) = \frac{1}{2D\sqrt{1 - D^2}} \quad \text{bei} \quad \eta_{\max}(D) = \sqrt{1 - 2D^2} \quad (D \leq \sqrt{1/2}).$$

Damit liefert (1.70) auch die Ergebnisse für die Funktion V_3:

$$V_{3\max}(D) = \frac{1}{2D\sqrt{1 - D^2}} \quad \text{bei} \quad \eta_{3\max}(D) = \frac{1}{\sqrt{1 - 2D^2}} \quad (D \leq \sqrt{1/2}).$$

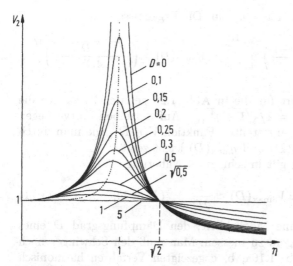

Abb. 1.20. Vergrößerungsfunktion $V_2(\eta, D)$

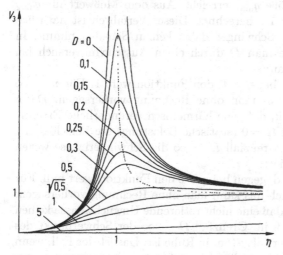

Abb. 1.21. Vergrößerungsfunktion $V_3(\eta, D)$

Das ist eine Parameterdarstellung des in Abb. 1.21 gestrichelt gezeichneten geometrischen Ortes aller Maxima. Elimination des Parameters D erlaubt die explizite Darstellung dieser Kurve:

$$V_{3\text{max}} = \eta_{3\text{max}}^2 \Big/ \sqrt{\eta_{3\text{max}}^4 - 1} \;.$$

Für $V_2(\eta, D)$ ist die entsprechende Rechnung etwas aufwendiger. Man suche Maxima der Funktion $V_2^2(\eta, D)$ und führe vorübergehend die Abkürzungen $a = 4D^2$ und $x = \eta^2$ ein. Die Ergebnisse sind:

$$V_{2max}(D) = \left[1 - \left(\frac{\sqrt{1 + 8D^2} - 1}{4D^2}\right)^2\right]^{-1/2}, \quad \eta_{2max}(D) = \left(\frac{\sqrt{1 + 8D^2} - 1}{4D^2}\right)^{1/2}.$$

Die Elimination von D liefert für die in Abb. 1.20 gestrichelte Kurve die explizite Darstellung $V_{2max} = 1/\sqrt{1 - \eta_{2max}^4}$. Auf derselben Kurve liegen auch die Maxima der nicht dargestellten Funktion $V(\eta, D)$, wie man durch Elimination von D aus $V_{max}(D)$ und $\eta_{max}(D)$ leicht zeigt.

Bei schwacher Dämpfung gilt in sehr guter Näherung

$$V_{max}(D) \approx V_{2max}(D) \approx V_{3max}(D) \approx \frac{1}{2D} \quad (D \ll 1). \tag{1.71}$$

Diese Gleichungen bieten eine Möglichkeit, den Dämpfungsgrad D eines schwach gedämpften Schwingers zu messen. Man muß den Schwinger nach irgendeinem der drei in Abb. 1.16a, b, c gezeigten Verfahren harmonisch erregen und die Erregerkreisfrequenz so einstellen, daß der Schwingungsausschlag seine maximale Größe q_{max} erreicht. Aus dem Meßwert für q_{max} wird D mit Hilfe von Tabelle 1.1 berechnet. Dieses Verfahren ist natürlich nur dann geeignet, wenn der Schwinger dabei keinen Schaden nimmt. In Beisp. 1.5 wurde gezeigt, wie man D durch einen Ausschwingversuch bei Eigenschwingungen messen kann.

Die Funktion $V(\eta, D)$ hat bei $\eta = 0$ den Funktionswert 1. Für $\eta \to \infty$ strebt sie gegen null. Das kann man ohne Rechnung vorhersagen. Darin kommt nämlich zum Ausdruck, daß eine harmonisch veränderliche Erregerkraft $F(t) = F_0 \cos \Omega t$ im Fall $\Omega = 0$ (statische Belastung) die Verschiebung F_0/k verursacht, und daß im Grenzfall $\Omega \to \infty$ die Schwingermasse wegen ihrer Trägheit gar nicht reagiert.

Die Funktion $V_3(\eta, D)$ hat dagegen bei $\eta = 0$ den Funktionswert null. Für $\eta \to \infty$ strebt sie gegen 1. Auch das kann man ohne Rechnung vorhersagen. Darin kommt zum Ausdruck, daß eine nicht rotierende Unwuchtmasse keinen Ausschlag verursacht, und daß im Grenzfall $\Omega \to \infty$ der Schwerpunkt des Gesamtsystems $m + m_r$ im Inertialsystem in Ruhe ist. Das ist der Fall, wenn q die in Tabelle 1.1 angegebene Amplitude $rm_r/(m + m_r)$ hat.

Die Funktion $V_2(\eta, D)$ hat bei $\eta = \sqrt{2}$ den Fixpunkt $V_2(\sqrt{2}, D) \equiv 1$. Dieses Ergebnis ist nicht offensichtlich.

Abschließend wird der Sonderfall $D = 0$ erläutert. Die Vergrößerungsfunktionen haben dann die Formen

$$V(\eta, 0) = V_2(\eta, 0) = \frac{1}{|1 - \eta^2|}, \quad V_3(\eta, 0) = \frac{\eta^2}{|1 - \eta^2|}.$$

Für $\eta \neq 1$ geben sie die Ergebnisse richtig an, nicht aber für den Resonanzfall $\eta = 1$. Gl. (1.62) hat dann die spezielle Form $q'' + q = q_0 \cos \tau$. Die Erregerfunktion $q_0 \cos \tau$ ist selbst eine Lösung der homogenen Differentialgleichung. Die partikuläre Lösung hat dann nicht die Form $q(\tau) = V q_0 \cos \tau$, sondern die Form $q(\tau) = \frac{1}{2} q_0 \tau \sin \tau$, wie man durch Einsetzen sofort nachweisen kann (zur Lösungsmethode s. Abschnitt 1.3.4). Diese Lösung sagt aus, daß sich kein stationärer Schwingungszustand einstellt, sondern daß die Amplitude der Schwingung unbegrenzt wächst.

In den folgenden Unterabschnitten werden praktische Anwendungen der Vergrößerungsfunktionen und anderer, mit ihnen gebildeter Funktionen erklärt. Zuvor werden aber noch einmal die komplexe Differentialgleichung (1.64) und ihre komplexe Lösung $q(\tau)$ betrachtet. Die komplexe Größe

$$\frac{q(\tau)}{q_0 e^{i(\eta\tau+\psi)}} = V(\eta, D)\, e^{-i\varphi(\eta,D)} \qquad (1.72)$$

ist das Verhältnis zwischen Ausschlag und (normierter) Erregerkraft. Bei statischer Belastung eines linear elastischen Körpers nennt man das Verhältnis zwischen Ausschlag und Kraft die Nachgiebigkeit. Sie ist der Kehrwert der Steifigkeit. Indem man diese Begriffe für den linearen Masse-Feder-Dämpfer-Schwinger unter harmonisch veränderlicher Belastung verallgemeinert, nennt man das Verhältnis (1.72) dynamische Nachgiebigkeit des Schwingers und ihren Kehrwert dynamische Steifigkeit. Um die Abhängigkeit von der Erregerkreisfrequenz zu betonen, nennt man die dynamische Nachgiebigkeit auch den *komplexen Frequenzgang* des Schwingers. Wie Gl. (1.72) zeigt, ist er nicht nur von τ unabhängig, sondern auch von $q_0(\eta, D)$ und von $\psi(\eta, D)$. Er ist also für alle betrachteten Schwingertypen gleich. Abb. 1.22 zeigt Frequenzgänge in der komplexen Ebene für mehrere jeweils feste Werte des Parameters D als Funktion von η. Der Betrag ist $V(\eta, D)$. Die Abbildung zeigt in anderer

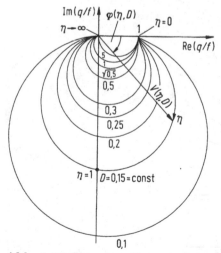

Abb. 1.22. Komplexe Frequenzgänge für mehrere Parameterwerte D

Darstellung die bereits bekannten Eigenschaften von $V(\eta, D)$ und $\varphi(\eta, D)$. Jede Kurve beginnt mit $\eta = 0$ im Punkt 1 ($V = 1$, $\varphi = 0$) und strebt mit

$\eta \to \infty$ gegen den Punkt 0 ($V \to 0$, $\varphi \to \pi$). Bei $\eta = 1$ (Resonanz) ist $\varphi = \pi/2$ und $V(1, D) = 1/(2D)$.

Passive Schwingungsisolierung

Von passiver Schwingungsisolierung spricht man bei Maßnahmen, die einen Schwinger vor Belastungen schützen, die durch Fußpunkterregung entstehen. Ein Maß für die Belastung ist die absolute Beschleunigung des Schwingers: $\ddot{q}(t) = \omega_0^2 q''(\tau) = \omega_0^2 \eta^2 q(\tau)$. Bei harmonischer Fußpunkterregung nach Abb. 1.16b hat die Amplitude der Beschleunigung die Größe (s.Tabelle 1.1)

$$a_0 = u_0 \, \omega_0^2 \, \eta^2 V_2(\eta, D). \tag{1.73}$$

Abb. 1.23 stellt die Funktion $\eta^2 V_2(\eta, D)$ durch eine Kurvenschar für mehrere Parameterwerte D dar. Man will erreichen, daß sowohl $\eta^2 V_2$ als auch die Amplitude von $q(\tau)$ selbst, d.h. V_2, klein ist. Wenn man η und D frei wählen kann, ist $\eta \ll 1$ günstig. Dann kommt es auf die Größe von D nicht an. Im Bereich $\eta \approx 1$ muß D möglichst groß sein. Im Bereich $\eta \approx \sqrt{2}$ ist sowohl $\eta^2 V_2$ als auch V_2 wenig von D abhängig und ungefähr 1. Im Bereich η deutlich größer als $\sqrt{2}$ ist V_2 unabhängig von D klein. Damit auch $\eta^2 V_2$ klein ist, sollte D möglichst klein sein. Dabei ist aber zu bedenken, daß das System beim Anfahren aus der Ruhe durch die Resonanz kommt. Das muß bei schwacher Dämpfung entweder so schnell gehen, daß sich die hier berechnete stationäre Schwingung gar nicht erst ausbilden kann (alle Ergebnisse dieses Kapitels setzen $\Omega = $ const voraus!) oder man muß während der Anlaufphase eine später abschaltbare, zusätzliche Dämpfung vorsehen.

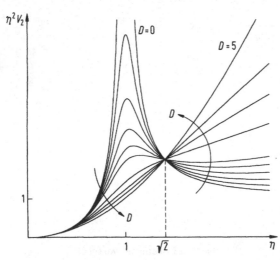

Abb. 1.23. Die Funktion $\eta^2 V_2(\eta, D)$

Aktive Schwingungsisolierung

Wir betrachten noch einmal den Schwinger mit umlaufender Unwucht in Abb. 1.16c. Seine Bewegung im Inertialsystem wird durch die Gleichung

$$q(\tau) = \frac{m_{\mathrm{r}}}{m + m_{\mathrm{r}}} \, r \, V_3(\eta, D) \cos(\eta\tau - \varphi(\eta, D)) \qquad (1.74)$$

beschrieben (s.Tabelle 1.1). Der Schwinger wirkt mit einer resultierenden, harmonischen Feder-Dämpfer-Kraft $R(\tau) = kq + d\dot{q}$ auf das Fundament. Da in Wirklichkeit kein Fundament im Inertialraum völlig unbeweglich ist, wirkt $R(\tau)$ u. U. störend auf Personen oder auf empfindliche Meßgeräte in der Umgebung. Durch eine geeignete Abstimmung der Parameter des Schwingers kann man die Amplitude von $R(\tau)$ klein machen. Derartige Maßnahmen nennt man aktive Schwingungsisolierung.

Der Übergang von Gl. (1.44) zu (1.46) zeigt, daß $R(\tau) = k(q + 2Dq')$ ist. Aus (1.74) ergibt sich

$$R(\tau) = \frac{m_{\mathrm{r}}}{m + m_{\mathrm{r}}} \, kr \, V_3(\eta, D) \big[\cos(\eta\tau - \varphi) - 2D\eta \sin(\eta\tau - \varphi) \big].$$

Das ist eine harmonische Funktion mit der Amplitude (s. Gl. (0.5))

$$R_0 = \frac{m_{\mathrm{r}}}{m + m_{\mathrm{r}}} \, kr \, V_3(\eta, D) \sqrt{1 + 4D^2\eta^2} = \frac{m_{\mathrm{r}}}{m + m_{\mathrm{r}}} \, kr \, \eta^2 \, V_2(\eta, D).$$

Bei der letzten Umformung wurden die Gln.(1.68) und (1.69) verwendet. Man vergleiche R_0 mit dem Ausdruck in (1.73). Wie dort muß $\eta^2 V_2$ klein sein. Während dort außerdem V_2 klein sein mußte, muß jetzt außerdem V_3 klein sein. Dieser Unterschied ändert nichts an den Schlußfolgerungen für die Wahl der Parameter η und D. Also sind dieselben Maßnahmen erforderlich, wie bei der passiven Isolierung eines Schwingers mit Fußpunkterregung von Feder und Dämpfer.

1.3.2 Arbeit und Leistung von Erregerkräften

Abschnitt 1.3.1 begann mit der Lösung der normierten Differentialgleichung

$$q'' + 2Dq' + q = f(\tau) = q_0 \cos(\eta\tau + \psi) \qquad (1.75)$$

eines gedämpften Schwingers mit harmonischer Erregung. Als stationäre Lösung wurde die harmonische Schwingung

$$q(\tau) = V q_0 \cos(\eta\tau + \psi - \varphi) \qquad (1.76)$$

mit den Konstanten $V(\eta, D)$ und $\varphi(\eta, D)$ nach Gl.(1.65) und (1.66) gefunden. Im folgenden werden diese Ergebnisse noch einmal unter dem Aspekt Arbeit und Leistung von Erregerkräften betrachtet.

Die stationäre Schwingung stellt sich nach einem Anlaufvorgang so ein, daß die Energiebilanz ausgeglichen ist. Das bedeutet folgendes. Während jeder Periode verrichtet die Erregerkraft am Körper eine gewisse Arbeit

$W_E > 0$, während die Dämpferkraft eine Arbeit $W_D < 0$ verrichtet. Der stationäre Zustand zeichnet sich dadurch aus, daß $W_E + W_D = 0$ ist. Wir berechnen die beiden Arbeiten.

Der Periode T in der Variablen t entspricht die Periode $2\pi/\eta$ in der Variablen $\tau = \omega_0 t$. Die Arbeit einer beliebigen Kraft $F(t)$ während einer Periode ist bei Beachtung von (1.76)

$$\int_0^T F(t)\,dq = \int_0^{2\pi/\eta} F(\tau/\omega_0)q'(\tau)\,d\tau$$

$$= -\eta V q_0 \int_0^{2\pi/\eta} F(\tau/\omega_0)\sin(\eta\tau + \psi - \varphi)\,d\tau.$$

Die Erregerkraft ist nach Gl. (1.45) und (1.75) $F(\tau/\omega_0) = m\omega_0^2 f(\tau) = m\omega_0^2 q_0 \cos(\eta\tau + \psi)$. Ihre Arbeit während einer Periode ist

$$W_E = -m\omega_0^2 \eta V q_0^2 \int_0^{2\pi/\eta} \cos(\eta\tau + \psi)\sin(\eta\tau + \psi - \varphi)\,d\tau.$$

Der Integrand ist

$$\cos(\eta\tau + \psi)\sin(\eta\tau + \psi - \varphi) = \tfrac{1}{2}[\sin 2(\eta\tau + \psi - \varphi/2) - \sin\varphi]. \quad (1.77)$$

Das Integral über den ersten Ausdruck ist null und das über den zweiten $-(\pi/\eta)\sin\varphi$. Folglich ist

$$W_E = m\omega_0^2 \pi V q_0^2 \sin\varphi.$$

Die Dämpferkraft ist mit (1.76) $-d\dot{q} = -d\omega_0 q'(\tau) = d\omega_0 \eta V q_0 \sin(\eta\tau + \psi - \varphi)$. Ihre Arbeit während einer Periode ist

$$W_D = -d\omega_0 \eta^2 V^2 q_0^2 \int_0^{2\pi/\eta} \sin^2(\eta\tau + \psi - \varphi)\,d\tau.$$

Der Integrand ist $\sin^2(\eta\tau + \psi - \varphi) = \tfrac{1}{2}[1 - \cos 2(\eta\tau + \psi - \varphi)]$. Das Integral über den zweiten Ausdruck ist null und das über den ersten π/η. Folglich ist

$$W_D = -\pi d\omega_0 \eta V^2 q_0^2.$$

Aus der Energiebilanz $W_E + W_D = 0$ ergibt sich $m\omega_0 \sin\varphi = d\eta V$ oder bei Beachtung von (1.45)

$$\sin\varphi = 2D\eta V. \tag{1.78}$$

Diese Gleichung wird von den früher gefundenen Ergebnissen (1.65) und (1.66) für V und φ erfüllt, wie man unmittelbar an Abb. 1.18 erkennt.

Die Arbeit W_E wird von der Erregerkraft nicht mit konstanter Leistung verrichtet. Die Leistung ist das Produkt Erregerkraft × Geschwindigkeit:

$$P(\tau) = m\omega_0^2 f(\tau)\dot{q} = m\omega_0^3 f(\tau)q'(\tau)$$

$$= -m\omega_0^3 \eta V q_0^2 \cos(\eta\tau + \psi)\sin(\eta\tau + \psi - \varphi)$$

$$= \tfrac{1}{2}m\omega_0^3 q_0^2 \eta V[\sin\varphi - \sin 2(\eta\tau + \psi - \varphi/2)] \tag{1.79}$$

(vgl. (1.77)). Die Leistung schwingt mit dem Doppelten der Erregerkreisfrequenz Ω. Sie nimmt in jeder Periode positive und negative Werte an, wenn $\sin\varphi < 1$ ist. Nur im Resonanzzustand findet kein Vorzeichenwechsel statt, denn nur dann ist $\sin\varphi = 1$. Der Mittelwert der Leistung wird *Wirkleistung* P_W genannt, und die Amplitude der Leistungsschwingung um diesen Mittelwert *Scheinleistung* P_S. Mit dem Ausdruck (1.78) für $\sin\varphi$ ist

$$P_W = m\omega_0^3 q_0^2 \cdot D\eta^2 V^2(\eta, D), \qquad P_S = m\omega_0^3 q_0^2 \cdot \frac{\eta}{2} V(\eta, D). \qquad (1.80)$$

Abb. 1.24 stellt die beiden Funktionen $D\eta^2 V^2(\eta, D)$ und $\frac{\eta}{2} V(\eta, D)$ dar. Sie sind null für $\eta = 0$ und für $\eta \to \infty$. Ihre Maxima liegen bei $\eta = 1$. Bei beiden Funktionen hat das Maximum in Abhängigkeit von D die Größe $1/(4D)$, falls $D > 0$ ist. Im Fall $D = 0$ ist die Wirkleistung dagegen für $\eta \neq 1$ identisch gleich null, während die Scheinleistung $\neq 0$ ist und bei Resonanz sogar gegen unendlich strebt.

Diese Zusammenhänge muß man beachten, wenn man einen Motor auswählt, um mit ihm stationäre erzwungene Schwingungen zu erzeugen. Wenn ein System in Resonanz betrieben werden soll (z. B. ein Schwingförderer oder eine Versuchseinrichtung zur Messung der Dauerfestigkeit von Bauteilen) dann ist die benötigte mittlere Leistung P_W bei vorgegebenen Größen m, ω_0 und q_0 umso größer, je kleiner die Dämpfung ist.

1.3.3 Periodische Erregung

In diesem Abschnitt wird der Fall untersucht, daß in der normierten Differentialgleichung

$$q'' + 2Dq' + q = f(\tau) \qquad (1.81)$$

die Erregerfunktion $f(\tau)$ eine periodische Funktion mit einer Periode τ_p ist. Sie kann als Fourierreihe in der Form dargestellt werden:

$$f(\tau) = \sum_{k=0}^{\infty} \left(A_k \cos k\eta\tau + B_k \sin k\eta\tau \right)$$

$$= \sum_{k=0}^{\infty} C_k \cos(k\eta\tau + \psi_k) \qquad \text{mit} \qquad (1.82)$$

$$\eta = 2\pi/\tau_p, \quad C_k = \sqrt{A_k^2 + B_k^2}, \quad \psi_k = -\arctan B_k/A_k.$$

Zur Berechnung der Koeffizienten A_k und B_k s. [6]. Jedes Glied der Reihe hat die Form der Erregerfunktion in Gl. (1.62). Das Kreisfrequenzverhältnis des k ten Fouriergliedes ist $k\eta$. Die partikuläre Lösung zum k ten Fourierglied ist nach (1.63) die Funktion

$$q_k(\tau) = C_k V(k\eta, D) \cos[k\eta\tau + \psi_k - \varphi(k\eta, D)].$$

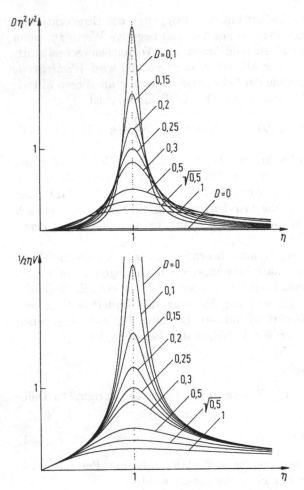

Abb. 1.24. Die Funktionen $D\eta^2 V^2(\eta, D)$ und $\frac{\eta}{2}V(\eta, D)$ im Zusammenhang mit Wirkleistung und Scheinleistung

Nach dem Superpositionsprinzip ist die stationäre Lösung der Differential-gleichung (1.81) die Fourierreihe

$$q(\tau) = \sum_{k=0}^{\infty} C_k V(k\eta, D) \cos[k\eta\tau + \psi_k - \varphi(k\eta, D)]. \tag{1.83}$$

Aus dieser Gleichung ergeben sich folgende Aussagen. 1. Nicht nur das erste, sondern jedes Fourierglied kann zu Resonanz mit gefährlich großen Aus-schlägen führen. Der Maximalausschlag wird im wesentlichen durch dasjenige Fourierglied bestimmt, für das $C_k V(k\eta, D)$ maximal ist. 2. Weil die Größen $V(k\eta, D)$ und $\varphi(k\eta, D)$ für die einzelnen Reihenglieder sehr unterschiedlich groß sind, ist die Fourierreihe (1.83) von der Fourierreihe (1.82) stark verschieden. 3. Der Schwinger hat die Wirkung eines Filters, weil $V(k\eta, D)$ für bestimmte Fourierglieder groß und für alle anderen klein ist.

Beispiel 1.7. Abb. 1.25 zeigt die Rahmenkonstruktion eines Gebäudes, in dem eine Maschine mit konstanter Winkelgeschwindigkeit $\dot\varphi = \Omega$ einen Kolben der Masse m_1 periodisch hin- und herbewegt. Die Kurbel (Länge r) und die Pleuelstange (Länge ℓ) werden als masselos vorausgesetzt. Die Gebäudedecke und die unbeweglichen Teile der Maschine haben zusammen die Masse m_0. Die Kolbenbewegung versetzt die Masse m_0 in horizontale Schwingungen. Ihre absolute horizontale Verschiebung aus der Gleichgewichtslage wird q genannt. Die als masselos angesehenen, biegsamen, vertikalen Stützen üben zusammen auf die Masse eine horizontale Federkraft der Größe $-kq$ aus. Der Dämpfungsgrad wird mit $D = 0{,}05$ geschätzt. Man formuliere die Differentialgleichung (1.81) und bestimme die stationäre Schwingung (1.83).

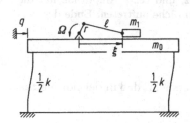 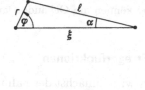

Abb. 1.25. Rahmen mit periodischer Schwingungserregung

Lösung: Sei ξ die eingezeichnete Koordinate des Kolbens relativ zur Gebäudedecke. Nach dem Sinussatz ist $\sin\alpha / \sin\varphi = r/\ell$. Damit ist

$$\xi = r\cos\varphi + \ell\cos\alpha = r\cos\varphi + \ell\sqrt{1 - \left(\tfrac{r}{\ell}\right)^2 \sin^2\varphi}$$
$$= r\cos\varphi + \ell\left[1 - \tfrac{1}{2}\left(\tfrac{r}{\ell}\right)^2 \sin^2\varphi - \dots\right]$$
$$= r\left(\cos\varphi + \text{const} + \tfrac{1}{4}\tfrac{r}{\ell}\cos 2\varphi - \dots\right).$$

Der Einfachheit halber wird vorausgesetzt, daß r/ℓ so klein ist, daß die mit Punkten angedeuteten Glieder der Reihe vernachlässigbar sind. Differentiation liefert bei Beachtung der Beziehung $\varphi = \Omega t$ für die Beschleunigung des Kolbens relativ zur Decke den Ausdruck

$$\ddot\xi = -r\Omega^2\left(\cos\Omega t + \tfrac{r}{\ell}\cos 2\Omega t\right).$$

Seine absolute Beschleunigung ist $\ddot q + \ddot\xi$. Am Kolben greift daher die Kraft $F = m_1(\ddot q + \ddot\xi)$ an. An der Masse m_0 greifen die Federkraft der Stützen, die Dämpferkraft und die Kraft $-F$ an. Ihre Bewegungsgleichung ist folglich $m_0\ddot q = -kq - d\dot q - m_1(\ddot q + \ddot\xi)$ oder

$$(m_0 + m_1)\ddot q + d\dot q + kq = m_1 r\Omega^2\left(\cos\Omega t + \tfrac{r}{\ell}\cos 2\Omega t\right).$$

Diese Gleichung wird in der üblichen Weise normiert. Mit $m = m_0 + m_1$, $\omega_0^2 = k/m$, $\eta = \Omega/\omega_0$, $D = 0{,}05$ und $\tau = \omega_0 t$ nimmt sie die Form an:

$$q'' + \tfrac{1}{10}q' + q = \tfrac{m_1}{m} r \left[\eta^2 \cos \eta\tau + \tfrac{1}{4}\tfrac{r}{\ell}(2\eta)^2 \cos 2\eta\tau\right].$$

Das ist die gesuchte Gl. (1.81), wobei die Erregerfunktion bereits als zweigliedrige Fourierreihe vorliegt. Die stationäre Lösung (1.83) ist bei Beachtung der Beziehung $\eta^2 V(\eta, D) = V_3(\eta, D)$

$$q_{\mathrm{stat}}(\tau) = \tfrac{m_1}{m} r \left[V_3(\eta, D)\cos(\eta\tau - \varphi_1) + \tfrac{1}{4}\tfrac{r}{\ell} V_3(2\eta, D)\cos(2\eta\tau - \varphi_2)\right].$$

Zahlenbeispiel: Sei $\eta = 0{,}49$, $m_1/m = 10^{-3}$, $r = 200$ mm und $r/\ell = 1/4$. Mit diesen Größen ergibt sich $\tfrac{m_1}{m} r = 0{,}2$ mm und aus (1.69) $V_3(\eta, D) = 0{,}32$ und $\tfrac{1}{4}\tfrac{r}{\ell} V_3(2\eta, D) = 0{,}57$. Die beiden Glieder der Fourierreihe (1.83) haben die Amplituden 0,06 mm und 0,1 mm. Sie stellen für das Gebäude keine Gefahr dar, können aber für Personen im Gebäude unangenehm sein. Wenn Ω um 2 % zunimmt, dann ist das zweite Glied der Fourierreihe in Resonanz, und seine Amplitude hat die Größe 0,6 mm. Dabei können am Gebäude Dauerbrüche auftreten. Ende des Beispiels.

1.3.4 Spezielle Erregerfunktionen

In diesem Abschnitt wird zunächst der Fall untersucht, daß in der normierten Differentialgleichung

$$q'' + 2Dq' + q = f(\tau) \tag{1.84}$$

die Erregerfunktion $f(\tau)$ das Polynom

$$f(\tau) = a_m \tau^m + a_{m-1}\tau^{m-1} + \ldots + a_1 \tau + a_0 \qquad (m \geq 0) \tag{1.85}$$

ist. Der Ansatz für die partikuläre Lösung ist vom selben Typ:

$$q_{\mathrm{part}}(\tau) = c_m \tau^m + c_{m-1}\tau^{m-1} + \ldots + c_1 \tau + c_0. \tag{1.86}$$

Die Koeffizienten $c_m, \ldots, c_0$ werden bestimmt, indem man $q_{\mathrm{part}}(\tau)$ sowie die Ableitungen q'_{part} und q''_{part} in (1.84) einsetzt und einen Koeffizientenvergleich vornimmt. Er liefert das Gleichungssystem

$$\left.\begin{aligned} c_m &= a_m \\ c_{m-1} &= a_{m-1} - m \cdot 2Dc_m \\ c_{m-k} &= a_{m-k} - (m-k+1)[2Dc_{m-k+1} + (m-k+2)c_{m-k+2}] \\ &\qquad\qquad\qquad\qquad\qquad (k = 2, \ldots, m). \end{aligned}\right\} \tag{1.87}$$

Die Gleichungen werden in der angegebenen Reihenfolge rekursiv gelöst.

In derselben Weise findet man auch eine partikuläre Lösung für die allgemeinere Erregerfunktion

$$f(\tau) = \left(a_m \tau^m + a_{m-1}\tau^{m-1} + \ldots + a_1 \tau + a_0\right)e^{(\alpha + i\beta)\tau} \tag{1.88}$$

mit demselben Polynom wie oben und mit beliebigen Konstanten α und β.
Der Ansatz ist

$$q_{\text{part}}(\tau) = \left(c_m \tau^m + c_{m-1}\tau^{m-1} + \ldots + c_1\tau + c_0\right)e^{(\alpha+i\beta)\tau}.$$

Er muß noch mit τ (mit τ^2) multipliziert werden, wenn $\alpha + i\beta$ eine Wurzel
(bzw. eine Doppelwurzel) der charakteristischen Gleichung $\lambda^2 + 2D\lambda + 1 = 0$
zur homogenen Differentialgleichung ist. Die Koeffizienten $c_m, \ldots, c_0$ werden
wie im Zusammenhang mit (1.86) bestimmt, indem man $q_{\text{part}}(\tau)$ und die
Ableitungen $q'_{\text{part}}(\tau)$, $q''_{\text{part}}(\tau)$ in (1.84) einsetzt und einen Koeffizientenvergleich vornimmt.

Mit der partikulären Lösung zur Erregerfunktion (1.88) hat man auch die
Lösungen zu Erregerfunktionen, in denen anstelle von $e^{(\alpha+i\beta)\tau}$ der Ausdruck
$e^{\alpha\tau}\cos\beta\tau$ oder $e^{\alpha\tau}\sin\beta\tau$ steht, denn beide sind Linearkombinationen von
$e^{(\alpha+i\beta)\tau}$ und $e^{(\alpha-i\beta)\tau}$.

Beispiel 1.8 Man gebe eine partikuläre Lösung $q(\tau)$ der Differentialgleichung $q'' +
q = a\cos\tau + b\sin\tau$ an.
Lösung: Die Erregerfunktion ist vom Typ (1.88) mit $\alpha = 0$. Sie ist selbst eine
Lösung der homogenen Differentialgleichung. Da deren charakteristische Gleichung
$\lambda^2 + 1 = 0$ keine Doppelwurzel hat, enthält die Ansatzfunktion den Faktor τ in 1.
Potenz. Weil $\alpha = 0$ ist, empfiehlt sich der reelle Ansatz $q(\tau) = \tau(A\cos\tau + B\sin\tau)$.
Wenn man ihn in die Differentialgleichung einsetzt, liefert der Koeffizientenvergleich
$A = -b/2$, $B = a/2$ und damit die Lösung $q(\tau) = \frac{1}{2}\tau(a\sin\tau - b\cos\tau)$. Ende des
Beispiels.

Beispiel 1.9. In (1.84) sind $0 < D < 1$ und $f(\tau) = a_0 + a_1\tau$ gegeben. Man
berechne die Lösung $q(\tau)$ zu den Anfangsbedingungen $q(0) = 0$ und $q'(0) = 0$.
Lösung: Die Lösung der homogenen Gleichung wird aus Gl.(1.32) übernommen. Die
partikuläre Lösung hat die Form (1.86) mit $m = 1$. Die Koeffizienten ergeben sich
aus (1.87): $c_1 = a_1$, $c_0 = a_0 - 2Db_1 = a_0 - 2Da_1$. Die allgemeine Lösung mit noch
unbestimmten Integrationskonstanten A und B ist also

$$q(\tau) = e^{-D\tau}(A\cos\nu\tau + B\sin\nu\tau) + a_1\tau + a_0 - 2Da_1.$$

Für die 2. Anfangsbedingung berechnet man

$$q'(\tau) = e^{-D\tau}\left[(-DA + \nu B)\cos\nu\tau - (DB + \nu A)\sin\nu\tau\right] + a_1.$$

Die Anfangsbedingungen fordern $A + a_0 - 2Da_1 = 0$ und $-DA + \nu B + a_1 = 0$.
Daraus folgt $A = 2Da_1 - a_0$, $B = (DA - a_1)/\nu$. Wenn man das einsetzt, ergibt
sich die Lösung

$$q(\tau) = \frac{1}{\nu}e^{-D\tau}\left\{\nu(2Da_1 - a_0)\cos\nu\tau + \left[(2D^2 - 1)a_1 - Da_0\right]\sin\nu\tau\right\}$$

$$+ a_1(\tau - 2D) + a_0.$$

Darin kann man mit Hilfe von Gl. (0.5) noch die folgenden Vereinfachungen vornehmen (man beachte, daß $\nu^2 + D^2 = 1$ ist):

$$a_0(\nu \cos \nu\tau + D \sin \nu\tau) = a_0 \cos(\nu\tau - \varphi_0),$$

$$a_1 \left[2\nu D \cos \nu\tau + (2D^2 - 1) \sin \nu\tau \right] = a_1 \cos(\nu\tau - \varphi_1)$$

$$\text{mit} \quad \varphi_0 = \arctan \frac{D}{\nu}, \qquad \varphi_1 = \arctan \frac{2D^2 - 1}{2\nu D}. \tag{1.89}$$

Damit nimmt die Lösung die endgültige Form an:

$$q(\tau) = a_0 \left[1 - \frac{1}{\nu} e^{-D\tau} \cos(\nu\tau - \varphi_0) \right]$$
$$+ a_1 \left[\tau - 2D + \frac{1}{\nu} e^{-D\tau} \cos(\nu\tau - \varphi_1) \right]. \tag{1.90}$$

Ende des Beispiels.

Beispiel 1.10. Welche Lösung $q(\tau)$ hat Gl. (1.84) mit den Anfangsbedingungen $q(0) = 0$, $q'(0) = 0$, wenn $f(\tau)$ die Funktion mit dem Graph von Abb. 1.26 ist?

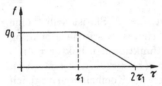

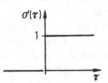

Abb. 1.26. Erregerfunktion $f(\tau)$ **Abb. 1.27.** Einheitssprungfunktion

Lösung: In jedem der drei Intervalle $0 \le \tau \le \tau_1$, $\tau_1 \le \tau \le 2\tau_1$ und $2\tau_1 \le \tau$ ist $f(\tau)$ eine bestimmte Funktion des Typs (1.85). Eine Lösungsmethode besteht darin, jede dieser Funktionen explizit anzugeben, jeweils die allgemeine Lösung $q(\tau)$ mit 2 Integrationskonstanten zu berechnen und dann die insgesamt 6 Integrationskonstanten aus den Bedingungen zu bestimmen, daß $q(\tau)$ und $q'(\tau)$ am Anfang jedes Intervalls dieselben Größen haben, wie am Ende des voraufgegangenen Intervalls. Die Durchführung dieser Methode ist mühevoll. Viel einfacher ist die folgende Methode.

Man definiert zunächst die Einheitssprungfunktion (auch Heaviside-Funktion genannt)

$$\sigma(\tau) = \begin{cases} 0 & (\tau < 0) \\ 1 & (\tau \ge 0). \end{cases} \tag{1.91}$$

Sie ist in Abb. 1.27 dargestellt. Mit ihrer Hilfe läßt sich $f(\tau)$ durch die für beliebige Werte τ gültige Gleichung darstellen:

$$f(\tau) = \frac{q_0}{\tau_1} \left[\tau_1 \, \sigma(\tau) - (\tau - \tau_1) \, \sigma(\tau - \tau_1) + (\tau - 2\tau_1) \, \sigma(\tau - 2\tau_1) \right].$$

Abb. 1.28 zeigt die Graphen der drei Funktionen dieses Ausdrucks. Mit den in der Abbildung erklärten neuen Variablen $\hat{\tau} = \tau - \tau_1$ und $\check{\tau} = \tau - 2\tau_1$ nimmt der Ausdruck die Form an:

$$f = \frac{q_0}{\tau_1} \left[\tau_1 \, \sigma(\tau) - \hat{\tau} \, \sigma(\hat{\tau}) + \check{\tau} \, \sigma(\check{\tau}) \right].$$

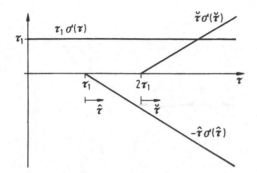

Abb. 1.28. $f(\tau)$ ist die Summe der drei abgebildeten Funktionen

Die gesuchte Lösung $q(\tau)$ wird nach dem Superpositionsprinzip ermittelt, indem man für jede der drei Funktionen in der jeweiligen Variablen die Lösung der Differentialgleichung zu den Anfangsbedingungen $q(0) = 0$, $q'(0) = 0$ berechnet. Dabei sind die Heavisidefunktionen als Konstanten zu behandeln. Die Koeffizienten τ_1, $-\hat{\tau}$ und $\check{\tau}$ sind konstant oder linear in der jeweiligen Variablen, so daß alle drei Lösungen durch (1.90) mit speziellen Größen a_0 und a_1 angegeben werden. Und zwar ist in der 1. Funktion $a_0 = \tau_1$, $a_1 = 0$, in der 2. Funktion ist $a_0 = 0$, $a_1 = -1$, und in der 3. Funktion ist $a_0 = 0$, $a_1 = 1$. Wenn man das einsetzt, ergibt sich für die gesuchte Lösung die Funktion

$$q(\tau) = \frac{q_0}{\tau_1} \left\{ \tau_1 \left[1 - \frac{1}{\nu} e^{-D\tau} \cos(\nu\tau - \varphi_0) \right] \sigma(\tau) \right.$$
$$- \left[\hat{\tau} - 2D + \frac{1}{\nu} e^{-D\hat{\tau}} \cos(\nu\hat{\tau} - \varphi_1) \right] \sigma(\hat{\tau})$$
$$\left. + \left[\check{\tau} - 2D + \frac{1}{\nu} e^{-D\check{\tau}} \cos(\nu\check{\tau} - \varphi_1) \right] \sigma(\check{\tau}) \right\}. \tag{1.92}$$

Darin sind $\hat{\tau}$ und $\check{\tau}$ die oben angegebenen Funktionen von τ, und φ_0 und φ_1 sind die nur von D abhängigen Winkel von Gl.(1.89).

Die Diagramme in Abb. 1.29a, b zeigen Verläufe von $q(\tau)$ für 4 verschiedene Parameterkombinationen. In Abb.a ist $\tau_1 = 1{,}5\pi$ (3/4 Periode des ungedämpften Schwingers). In Abb.b ist $\tau_1 = 5\pi$ (2,5 Perioden). Beide Diagramme zeigen Verläufe für einen sehr schwach gedämpften und für einen stärker gedämpften Schwinger ($D = 0{,}05$ und $D = 0.2$). Die gestrichelten Linien stellen die Erregerfunktion $f(\tau)$ dar. Ende des Beispiels.

1.3.5 Variation der Konstanten. Faltungsintegrale

Wir betrachten wieder die normierte Differentialgleichung des gedämpften Schwingers:

$$q'' + 2Dq' + q = f(\tau). \tag{1.93}$$

Jetzt soll $f(\tau)$ eine beliebige Funktion sein. Die vollständige Lösung der inhomogenen Differentialgleichung findet man durch Variation der Konstanten

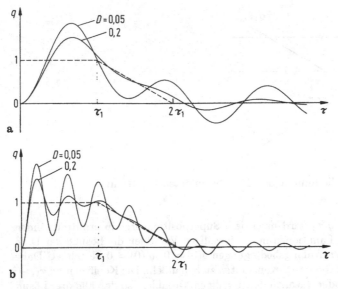

Abb. 1.29. Lösungen $q(\tau)$ für 4 verschiedene Parameterkombinationen. a) $\tau_1 = 1{,}5\pi$, $D = 0{,}05$ und $D = 0{,}2$; b) $\tau_1 = 5\pi$, $D = 0{,}05$ und $D = 0{,}2$. Gestrichelt: Die Erregerfunktion $f(\tau)$

wie folgt. Die homogene Differentialgleichung hat nach (1.30) bis (1.32) die Lösung

$$q(\tau) = Aq_1(\tau) + Bq_2(\tau) \quad \text{mit} \quad q_{1,2}(\tau) = e^{\lambda_{1,2}\tau}, \tag{1.94}$$

wobei λ_1 und λ_2 je nach der Größe von D entweder reell oder konjugiert komplex sind. Der Sonderfall $\lambda_1 = \lambda_2$, d.h. der Fall $|D| = 1$, ist hierbei und im folgenden ausgeschlossen. Variation der Konstanten bedeutet, daß die vollständige Lösung der inhomogenen Gleichung in der Form

$$q(\tau) = A(\tau)q_1(\tau) + B(\tau)q_2(\tau) \tag{1.95}$$

mit unbekannten Funktionen $A(\tau)$ und $B(\tau)$ gesucht wird. Daraus berechnet man

$$q' = Aq_1' + Bq_2' + (A'q_1 + B'q_2), \tag{1.96}$$

$$q'' = Aq_1'' + Bq_2'' + A'q_1' + B'q_2' + \frac{\mathrm{d}}{\mathrm{d}\tau}(A'q_1 + B'q_2).$$

Einsetzen in die Differentialgleichung liefert

$$A(q_1'' + 2Dq_1' + q_1) + B(q_2'' + 2Dq_2' + q_2)$$

$$+\frac{\mathrm{d}}{\mathrm{d}\tau}(A'q_1 + B'q_2) + 2D(A'q_1 + B'q_2) + A'q_1' + B'q_2' = f.$$

Die beiden Klammerausdrücke in der ersten Zeile sind null, weil q_1 und q_2 Lösungen der homogenen Gleichung sind. Der zweimal auftretende Klammerausdruck in der zweiten Zeile wird willkürlich gleich null gesetzt. Dann hat man für A' und B' die beiden linearen Gleichungen:

$$A'q_1 + B'q_2 = 0, \qquad A'q_1' + B'q_2' = f. \tag{1.97}$$

Sie haben die Lösungen

$$A' = \frac{-fq_2}{q_1q_2' - q_1'q_2}, \qquad B' = \frac{fq_1}{q_1q_2' - q_1'q_2}. \tag{1.98}$$

Aus (1.94) berechnet man für den Nenner den Ausdruck

$$q_1q_2' - q_1'q_2 = (\lambda_2 - \lambda_1)e^{(\lambda_1+\lambda_2)\tau}.$$

Damit ergibt sich aus (1.98)

$$A(\tau) = \frac{1}{\lambda_1 - \lambda_2} \int_0^\tau f(\bar{\tau})e^{-\lambda_1\bar{\tau}}\,d\bar{\tau} + A_0, \quad B(\tau) = \frac{-1}{\lambda_1 - \lambda_2} \int_0^\tau f(\bar{\tau})e^{-\lambda_2\bar{\tau}}\,d\bar{\tau} + B_0$$

mit Integrationskonstanten A_0 und B_0. Das liefert mit (1.94) und (1.95) die vollständige Lösung der Differentialgleichung in der Form

$$q(\tau) = \frac{1}{\lambda_1 - \lambda_2}\left[\int_0^\tau f(\bar{\tau})e^{\lambda_1(\tau-\bar{\tau})}\,d\bar{\tau} - \int_0^\tau f(\bar{\tau})e^{\lambda_2(\tau-\bar{\tau})}\,d\bar{\tau}\right]$$
$$+ A_0e^{\lambda_1\tau} + B_0e^{\lambda_2\tau}. \tag{1.99}$$

Die Integrale sind vom Typ $\int_0^\tau f(\bar{\tau})g(\tau-\bar{\tau})\,d\bar{\tau}$ mit der Funktion $g(\tau) = e^{\lambda\tau}$. Mit beliebigen Funktionen $f(\tau)$ und $g(\tau)$ nennt man dieses Integral *Faltungsintegral* oder auch Faltung der Funktionen $f(\tau)$ und $g(\tau)$.

Die Reduktion der Differentialgleichung 2. Ordnung auf Integrale ist eine bedeutende Vereinfachung. Im nächsten Abschnitt wird die Auswertung im Fall einer komplizierten Funktion $f(\tau)$ gezeigt. In diesem Zusammenhang ist eine Empfehlung angebracht: Die Berechnung der Integrale ist sogar bei Funktionen $f(\tau)$ von einfachem Typ ziemlich aufwendig. Wenn $f(\tau)$ die Anwendung der Methode von Abschnitt 1.3.4 erlaubt, dann sollte man daher unbedingt diese Methode verwenden.

Die Integrationskonstanten A_0 und B_0 in (1.99) werden durch Anfangsbedingungen $q(0)$ und $q'(0)$ bestimmt. Aus (1.99) und (1.96) ergibt sich bei Beachtung der zweiten Gl. (1.97)

$$q(0) = A_0 + B_0, \qquad q'(0) = A_0q_1'(0) + B_0q_2'(0) = A_0\lambda_1 + B_0\lambda_2.$$

Daraus folgt, daß $A_0 = B_0 = 0$ ist, wenn $q(0) = q'(0) = 0$ ist.

1.3.6 Anlauf eines unwuchterregten Schwingers

Wir untersuchen wieder den unwuchterregten Schwinger von Abb. 1.16c, nun aber bei einem instationären Vorgang, bei dem die Motorwinkelgeschwindigkeit $\dot{\varphi}(t)$ von null auf einen Wert ansteigt, der größer als die Eigenkreisfrequenz ω_0 des ungedämpften freien Schwingers ist. Beim Durchfahren der Resonanz treten vorübergehend große Schwingungsausschläge auf. Der Schwingungsverlauf $q(t)$ ist vom Verlauf der Winkelbeschleunigung $\ddot{\varphi}(t)$ und von der Dämpfung abhängig. Er wird für einen Anlauf mit konstanter Winkelbeschleunigung berechnet. Die Differentialgleichung des Schwingers für einen beliebigen vorgegebenen Verlauf $\dot{\varphi}(t)$ wird aus (1.58) übernommen:

$$(m + m_r)\ddot{q} + d\dot{q} + kq = m_r r[\dot{\varphi}^2(t)\cos\varphi(t) + \ddot{\varphi}(t)\sin\varphi(t)].$$

Sie wird in der üblichen Weise normiert. Mit den Konstanten

$$\omega_0^2 = \frac{k}{m + m_r}, \quad D = \frac{d}{2\sqrt{(m + m_r)k}}, \quad q_0 = \frac{m_r}{m + m_r}\,r$$

und mit der normierten Zeit $\tau = \omega_0 t$ sowie den Beziehungen $\dot{\varphi} = \omega_0\varphi'$, $\ddot{\varphi} = \omega_0^2\varphi''$ nimmt sie die Form an ($' = \mathrm{d}/\mathrm{d}\tau$):

$$\begin{aligned}
q'' + 2Dq' + q &= q_0\left[\varphi'^2(\tau)\cos\varphi(\tau) + \varphi''(\tau)\sin\varphi(\tau)\right]\\
&= \frac{q_0}{2}\left[(\varphi'^2 - \mathrm{i}\varphi'')\mathrm{e}^{\mathrm{i}\varphi} + (\varphi'^2 + \mathrm{i}\varphi'')\mathrm{e}^{-\mathrm{i}\varphi}\right].
\end{aligned}$$

Der zweite Ausdruck in eckigen Klammern ist konjugiert komplex (k.k.) zum ersten. Ein sinnvoller Lösungsansatz ist

$$q(\tau) = \frac{q_0}{2}\left[H(\tau)\mathrm{e}^{\mathrm{i}\varphi(\tau)} + \text{k.k.}\right]. \tag{1.100}$$

Einsetzen in die Differentialgleichung liefert für $H(\tau)$ eine lineare, inhomogene Differentialgleichung mit variablen Koeffizienten. Ihre Lösung bereitet große Schwierigkeiten. Viel einfacher, wenn auch mit einigem Aufwand, findet man die Funktion $H(\tau)$ durch Auswertung der Faltungsintegrale in Gl. (1.99). Für die vorgeschriebenen Anfangsbedingungen $q(0) = 0$, $q'(0) = 0$ ist $A_0 = B_0 = 0$. Mit $\lambda_1 = -D + \mathrm{i}\nu$, $\lambda_2 = -D - \mathrm{i}\nu$ und $\nu = \sqrt{1 - D^2}$ ist

$$q(\tau) = \frac{\mathrm{i}}{2\nu}\left[\mathrm{e}^{-(D+\mathrm{i}\nu)\tau}\int_0^\tau \mathrm{e}^{(D+\mathrm{i}\nu)\bar{\tau}}f(\bar{\tau})\,\mathrm{d}\bar{\tau} - \mathrm{e}^{-(D-\mathrm{i}\nu)\tau}\int_0^\tau \mathrm{e}^{(D-\mathrm{i}\nu)\bar{\tau}}f(\bar{\tau})\,\mathrm{d}\bar{\tau}\right].$$

Darin ist $f(\tau)$ die Funktion auf der rechten Seite der Differentialgleichung für q. Beim Einsetzen und Ausmultiplizieren entstehen vier Ausdrücke, von denen je zwei konjugiert komplex sind:

$$\frac{q(\tau)}{q_0} = \frac{1}{4\nu}\left[I_1(\tau) - I_2(\tau)\right] + \text{k.k.} \quad \text{mit} \tag{1.101}$$

$$I_{1,2}(\tau) = \mathrm{e}^{-(D\pm\mathrm{i}\nu)\tau}\int_0^\tau \left[\mathrm{i}\varphi'^2(\bar{\tau}) + \varphi''(\bar{\tau})\right]\mathrm{e}^{(D\pm\mathrm{i}\nu)\bar{\tau}+\mathrm{i}\varphi(\bar{\tau})}\,\mathrm{d}\bar{\tau}.$$

Bei konstanter Winkelbeschleunigung aus dem Zustand der Ruhe heraus ist

$$\varphi(\tau) = \lambda\tau^2/2 + \varphi_0, \quad \varphi'(\tau) = \lambda\tau, \quad \varphi''(\tau) = \lambda \quad (\tau \geq 0) \tag{1.102}$$

$(\lambda, \varphi_0 = \text{const.})$. Ein geeignetes Maß für λ ist die Anzahl c der Perioden ungedämpfter Eigenschwingungen in der Zeitspanne zwischen dem Einschalten des Motors und dem Durchgang durch die Resonanz. Beim Resonanzdurchgang ist $\varphi' = \lambda\tau = 1$. Diese Größe von τ soll das c-fache der Periode 2π sein. Folglich ist $\lambda \cdot 2\pi c = 1$ oder

$$\lambda = 1/(2\pi c). \tag{1.103}$$

Beim Durchgang durch die Resonanz ist $\varphi = \lambda(2\pi c)^2/2 + \varphi_0 = 2\pi c/2 + \varphi_0$. Die Anzahl der Umdrehungen des Motors bis zum Durchgang durch die Resonanz ist also $c/2$. Gl. (1.103) für λ wird erst später im Zusammenhang mit numerischen Rechnungen verwendet. Mit (1.102) ergibt sich

$$I_{1,2}(\tau) = \lambda e^{-(D\pm i\nu)\tau + i\varphi_0} \int_0^\tau \left(1 + i\lambda\bar{\tau}^2\right) e^{i\lambda\bar{\tau}^2/2 + (D\pm i\nu)\bar{\tau}}\, d\bar{\tau}.$$

I_1 und I_2 unterscheiden sich nur durch das Vorzeichen von ν. Im folgenden wird I_1 umgeformt. Der Exponent im Integranden ist

$$\begin{aligned}
i\lambda\bar{\tau}^2/2 + (D + i\nu)\bar{\tau} &= \frac{i}{2\lambda}\left[\lambda^2\bar{\tau}^2 + 2(\nu - iD)\lambda\bar{\tau}\right] \\
&= \frac{i}{2\lambda}\left[(\lambda\bar{\tau} + \nu - iD)^2 - (\nu - iD)^2\right] \\
&= -\bar{u}^2 + u_0^2 \tag{1.104}
\end{aligned}$$

mit den hierdurch definierten Größen

$$\bar{u} = \sqrt{\frac{-i}{2\lambda}}(\lambda\bar{\tau} + \nu - iD) \tag{1.105}$$

$$= \frac{\pm 1}{2\sqrt{\lambda}}\left[-(\lambda\bar{\tau} + \nu - D) + i(\lambda\bar{\tau} + \nu + D)\right] \tag{1.106}$$

und $u_0 = \bar{u}(\bar{\tau} = 0)$. Im folgenden wird das positive Vorzeichen verwendet. Abb. 1.30 stellt u als Funktion von τ in der komplexen Zahlenebene dar. Die Größe $\bar{u}$ wird als neue Variable verwendet. Aus (1.105) folgt $\bar{u} = \sqrt{-i/(2\lambda)}\lambda\bar{\tau} + \bar{u}_0$ und daraus die erste der beiden folgenden Gleichungen. Die zweite ergibt sich aus (1.106).

$$i\lambda\bar{\tau}^2 = -2(\bar{u} - u_0)^2, \qquad d\bar{\tau} = -\frac{1+i}{\sqrt{\lambda}}\, d\bar{u}.$$

Damit ist

$$\begin{aligned}
I_1(\tau) &= -(1+i)\sqrt{\lambda}\, e^{-(D+i\nu)\tau + i\varphi_0} \int_{u_0}^u \left[1 - 2(\bar{u} - u_0)^2\right] e^{u_0^2 - \bar{u}^2}\, d\bar{u} \\
&= -(1+i)\sqrt{\lambda}\, e^{-(D+i\nu)\tau + i\varphi_0 + u_0^2}\left[(1 - 2u_0^2)\int_{u_0}^u e^{-\bar{u}^2}\, d\bar{u} \right. \\
&\qquad \left. + 4u_0 \int_{u_0}^u \bar{u}e^{-\bar{u}^2}\, d\bar{u} - 2\int_{u_0}^u \bar{u}^2 e^{-\bar{u}^2}\, d\bar{u}\right].
\end{aligned}$$

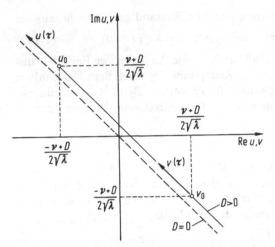

Abb. 1.30. Die komplexen Variablen $u(\tau)$ und $v(\tau)$

Integration bzw. partielle Integration liefert die Ausdrücke

$$\int_{u_0}^{u} \bar{u}e^{-\bar{u}^2}d\bar{u} = -\frac{1}{2}\left(e^{-u^2} - e^{-u_0^2}\right),$$

$$\int_{u_0}^{u} \bar{u}^2 e^{-\bar{u}^2}d\bar{u} = -\frac{1}{2}\left[\left(ue^{-u^2} - u_0 e^{-u_0^2}\right) - \int_{u_0}^{u} e^{-\bar{u}^2}d\bar{u}\right].$$

Das Integral auf der rechten Seite kann nicht durch elementare Funktionen ausgedrückt werden. Dazu später mehr. Mit den gewonnenen Ausdrücken ist

$$I_1(\tau) = -(1+i)\sqrt{\lambda}\, e^{-(D+i\nu)\tau + i\varphi_0 + u_0^2} \times$$
$$\times \left[-2u_0^2 \int_{u_0}^{u} e^{-\bar{u}^2}d\bar{u} + (u - 2u_0)e^{-u^2} + u_0 e^{-u_0^2}\right].$$

Die vorn stehende Exponentialfunktion wird umgeformt. Der Exponent ist wegen Gl. (1.104)

$$-(D + i\nu)\tau + i\varphi_0 + u_0^2 = i(\lambda\tau^2/2 + \varphi_0) + u^2 = i\varphi(\tau) + u^2.$$

Damit erhält man den Ausdruck

$$I_1(\tau) = -(1+i)\sqrt{\lambda}\left(-2u_0^2 e^{u^2}\int_{u_0}^{u} e^{-\bar{u}^2}d\bar{u} + u - 2u_0 + u_0 e^{u^2 - u_0^2}\right)e^{i\varphi(\tau)}.$$

I_2 ergibt sich aus I_1 durch Umkehrung des Vorzeichens von ν in den Gln.(1.104) bis (1.106). Seien v und v_0 die Größen, die sich dabei statt u bzw. u_0 ergeben. In Abb. 1.30 ist auch die Funktion $v(\tau)$ dargestellt. Das Integral $I_2(\tau)$ ist derselbe Ausdruck wie $I_1(\tau)$ mit v und v_0 anstelle von u und u_0. Die Ausdrücke für $I_1(\tau)$ und $I_2(\tau)$ werden in (1.101) eingesetzt.

Das Ergebnis ist der Ausdruck

$$q(\tau)/q_0 = \tfrac{1}{2}H(\tau)e^{i\varphi(\tau)} + \text{k.k.} \qquad \text{mit} \tag{1.107}$$

$$H(\tau) = (1+i)\frac{\sqrt{\lambda}}{2\nu}\left(2u_0^2 e^{u^2}\int_{u_0}^{u} e^{-\bar{u}^2}\,d\bar{u} - 2v_0^2 e^{v^2}\int_{v_0}^{v} e^{-\bar{v}^2}\,d\bar{v}\right.$$

$$\left. -(u-2u_0) + (v-2v_0) - u_0 e^{u^2-u_0^2} + v_0 e^{v^2-v_0^2}\right).$$

Er hat die angestrebte Form (1.100). Seien $H_1(\tau)$ und $H_2(\tau)$ der Realteil bzw. der Imaginärteil der komplexen Funktion $H(\tau)$, also $H(\tau) = H_1(\tau)+iH_2(\tau)$. Damit und mit der Eulerschen Beziehung $e^{i\varphi} = \cos\varphi + i\sin\varphi$ ergibt sich aus (1.107)

$$q(\tau)/q_0 = H_1(\tau)\cos\varphi(\tau) - H_2(\tau)\sin\varphi(\tau) \tag{1.108}$$

oder mit Gl. (0.5)

$$q(\tau)/q_0 = |H(\tau)|\,\cos[\varphi(\tau) + \psi(\tau)], \tag{1.109}$$

$$|H(\tau)| = \sqrt{H_1^2(\tau) + H_2^2(\tau)}, \qquad \psi(\tau) = \arctan\frac{H_2(\tau)}{H_1(\tau)}. \tag{1.110}$$

Das Ergebnis ist also eine Schwingung zwischen den Hüllkurven $\pm|H(\tau)|$. Der Ausdruck für $H(\tau)$ wird weiter umgeformt. Mit (1.106) ist $-(u-2u_0) + (v-2v_0) = -(1-i)\nu/\sqrt{\lambda}$. Folglich ist

$$H(\tau) = -1 + (1+i)\frac{\sqrt{\lambda}}{2\nu}\left[2u_0^2 e^{u^2}\int_{u_0}^{u} e^{-\bar{u}^2}\,d\bar{u}\right.$$

$$\left. - 2v_0^2 e^{v^2}\int_{v_0}^{v} e^{-\bar{v}^2}\,d\bar{v} - u_0 e^{u^2-u_0^2} + v_0 e^{v^2-v_0^2}\right]. \tag{1.111}$$

Das Integral läßt sich durch die aus der Wahrscheinlichkeitslehre bekannte Fehlerfunktion (error function) ausdrücken. Ihre Definition ist

$$\operatorname{erf} z = \frac{2}{\sqrt{\pi}}\int_0^z e^{-\bar{z}^2}\,d\bar{z}.$$

Mit einer beliebigen Konstante p, die erst weiter unten festgelegt wird, ist

$$\int_{z_0}^z e^{-\bar{z}^2}\,d\bar{z} = \int_0^z e^{-\bar{z}^2}\,d\bar{z} - \int_0^{z_0} e^{-\bar{z}^2}\,d\bar{z} = \frac{\sqrt{\pi}}{2}\left[(\operatorname{erf} z - p) - (\operatorname{erf} z_0 - p)\right].$$

Damit erhält man schließlich die numerisch auswertbare Darstellung

$$H(\tau) = -1 + (1+i)\frac{\sqrt{\lambda}}{2\nu}\left\{\sqrt{\pi}\left[u_0^2 e^{u^2}(\operatorname{erf} u - p) - v_0^2 e^{v^2}(\operatorname{erf} v - p)\right]\right.$$

$$- e^{u^2-u_0^2}\left[\sqrt{\pi}\,u_0^2 e^{u_0^2}(\operatorname{erf} u_0 - p) + u_0\right]$$

$$\left. + e^{v^2-v_0^2}\left[\sqrt{\pi}\,v_0^2 e^{v_0^2}(\operatorname{erf} v_0 - p) + v_0\right]\right\}. \tag{1.112}$$

Numerische Auswertung

Zur Berechnung des Realteils und des Imaginärteils von $H(\tau)$ benötigt man eine geeignete Formel für die Funktion $e^{z^2} \, \mathrm{erf}\, z$ bei komplexem Argument $z = a + ib$. In [7] wird eine gute Näherungsformel für $\mathrm{erf}(a + ib)$ angegeben (Formeln 7.1.29 und 7.1.25). Wenn man sie mit $\exp[(a + ib)^2]$ multipliziert, erhält man nach einfachen Umformungen die Gleichung

$$
e^{(a+ib)^2} \left[\mathrm{erf}(a + ib) - p \right] \approx e^{a^2 - b^2}(\mathrm{erf}\, a \, - p)(\cos 2ab + \mathrm{i}\sin 2ab)
$$

$$
+ \frac{e^{-b^2}}{2\pi a}(\cos 2ab - 1 + \mathrm{i}\sin 2ab)
$$

$$
+ \frac{2}{\pi} \sum_{n=1}^{\infty} \frac{1}{n^2 + 4a^2} \left[2a(\cos 2ab + \mathrm{i}\sin 2ab)e^{-b^2 - n^2/4} \right.
$$

$$
\left. - \left(a - \mathrm{i}\frac{n}{2}\right) e^{-(b-n/2)^2} - \left(a + \mathrm{i}\frac{n}{2}\right) e^{-(b+n/2)^2} \right],
$$

$$
\mathrm{erf}\, a \approx \left[1 - (c_1 t + c_2 t^2 + c_3 t^3)e^{-a^2} \right] \mathrm{sign}\, a,
$$

$$
t = 1/(1 + 0{,}47047|a|), \quad c_1 = 0{,}3480242,
$$

$$
c_2 = -0{,}0958798, \qquad c_3 = 0{,}7478556.
$$

Von allen Exponenten kann nur $a^2 - b^2$ positiv sein. Über diesen Exponenten kann man folgendes aussagen. Die Zahl $a + ib$ ist entweder $u(\tau)$ oder $v(\tau)$ mit den in Abb. 1.30 gezeigten Eigenschaften. Der Fall $a^2 - b^2 > 0$ ist für $D = 0$ ausgeschlossen und für $D > 0$ nur mit $a > 0$ möglich. Dann ist

$$
e^{a^2 - b^2}(\mathrm{erf}\, a - p) \approx (1 - p)e^{a^2 - b^2} - (c_1 t + c_2 t^2 + c_3 t^3)e^{-b^2}.
$$

Für die noch freie Konstante p wird 1 eingesetzt. Dann treten keine numerischen Schwierigkeiten auf.

Am Ende dieses Abschnitts ist ein FORTRAN-Programm zur Berechnung aller interessierenden Funktionen angegeben. Die Abbn. 1.31 bis 1.33 fassen einige Rechenergebnisse zusammen. Abb. 1.31a, b zeigt Verläufe von $q(\tau)/q_0$ zwischen den beiden Hüllkurven $\pm|H(\tau)|$ bei einem langsamen Anlauf mit $c = 32$ und bei einem schnellen mit $c = 8$ (zur Bedeutung von c siehe (1.103)). In beiden Abbildungen ist $D = 0{,}05$ und $\varphi_0 = 0$. Die Hüllkurve ist unabhängig von φ_0. Die Menge aller Lösungskurven $q(\tau)/q_0$ für alle $0 \geq \varphi_0 \leq 2\pi$ füllt den ganzen Raum zwischen den beiden Hüllkurven $\pm|H(\tau)|$ aus. Das bedeutet, daß der größte mögliche Wert von $|q(\tau)|/q_0$ gleich dem absoluten Maximum von $|H(\tau)|$ ist.

Abb. 1.32a zeigt Verläufe von $|H(\tau)|$ für ein System mit dem Dämpfungsgrad $D = 0{,}05$ für verschiedene Parameterwerte c. Da beim Durchgang durch die Resonanz $\varphi'(\tau) = 1$ ist, sind die Kurven nicht über τ, sondern über $\varphi'(\tau) = \tau/(2\pi c)$ aufgetragen. Jede Kurve hat also ihre eigene Zeitskala, was man z. B. an der mit wachsendem c scheinbar größer werdenden Kreisfrequenz der Amplitudenmodulation erkennt. In Abb. 1.32b ist $c = 32$ für alle Kurven gleich, und D ist verschieden.

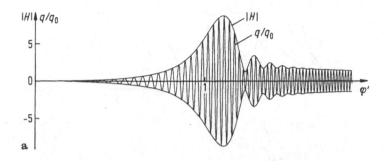

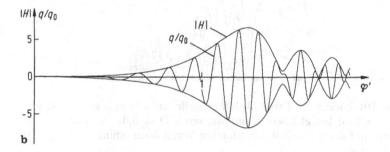

Abb. 1.31. Schwingung zwischen den Hüllkurven bei einem langsamen Anlauf mit $c = 32$ (a) und bei einem schnellen Anlauf mit $c = 8$ (b). In beiden Fällen ist $D = 0,05$ und $\varphi_0 = 0$

Das absolute Maximum von $|H(\tau)|$ tritt immer bei $\varphi'(\tau) > 1$ auf, d.h. erst nach dem Durchgang durch die Resonanz. Bis zu diesem Zeitpunkt wächst $|H(\tau)|$ monoton. Danach tritt bei schnellen Anlaufvorgängen Amplitudenmodulation auf. Sie fehlt bei sehr langsamen Anlaufvorgängen. Mit $c \to \infty$ (unendlich langsames Anlaufen) nähert sich die Hüllkurve asymptotisch der in Abb. 1.32a ebenfalls eingezeichneten Vergrößerungsfunktion (s.(1.69))

$$V_3(\eta = \varphi', D) = \frac{\varphi'^2}{\sqrt{(1 - \varphi'^2)^2 + 4D^2\varphi'^2}}. \tag{1.113}$$

Das war zu erwarten, denn $V_3(\varphi', D)$ ist definiert als Amplitude von $q(\tau)/q_0$ bei konstanter Erregerkreisfrequenz $\varphi' =$const. Im Grenzfall $c \to \infty$ kann sich zu jeder Erregerkreisfrequenz $\varphi'(\tau)$ die zugehörige stationäre Schwingung voll ausbilden. Zur Kennzeichnung des maximalen Schwingungsausschlages ist im Fall $D \neq 0$ das Verhältnis $|H|_{max}/V_{3max}$ mit $V_{3max} = 1/(2D\nu)$ geeignet. In Abb. 1.33 ist es für verschiedene Parameterwerte D über $\log c$ in dem weiten

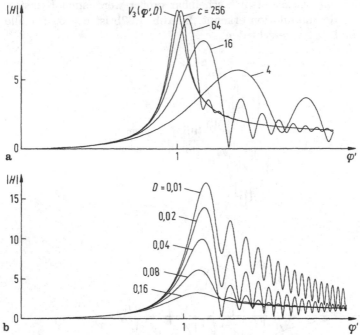

Abb. 1.32. a) Hüllkurven für 4 verschieden schnelle Anlaufvorgänge ($c = 4$; $c = 16$; $c = 64$; $c = 256$) bei gleichem Dämpfungsgrad $D = 0,05$. Im Fall $c \to \infty$ ist die Hüllkurve mit der gestrichelt gezeichneten Vergrößerungsfunktion $V_3(\varphi', D)$ identisch
b) Hüllkurven für 5 verschiedene Dämpfungsgrade ($D = 0,01$; $D = 0,02$; $D = 0,04$; $D = 0,08$; $D = 0,16$) bei gleich schnellen Anlaufvorgängen mit $c = 32$

Bereich $1/2 \leq c \leq 6 \cdot 10^4$ aufgetragen. Es ist bemerkenswert, daß alle Kurven $D = $ const Funktionswerte > 1 annehmen und sich mit $c \to \infty$ dem Wert 1 asymptotisch von oben nähern (die Kurven zu $D < 0,05$ überschreiten 1 erst außerhalb des dargestellten Bereichs und umso weniger, je kleiner D ist).

Abschließend muß betont werden, daß die Voraussetzung einer konstanten Winkelbeschleunigung $\lambda = 1/(2\pi c)$ nur unter gewissen Bedingungen realistisch ist. Im allg. ist die Winkelbeschleunigung keine vorgebbare Funktion der Zeit. Vielmehr wird sie durch das resultierende Moment am Rotor erzeugt. Dieses besteht aus dem Antriebsmoment M_{mot} eines Motors und aus dem im zeitlichen Mittel bremsenden Moment der Trägheitskraft der Masse m_r. Das Antriebsmoment ist je nach der Motorkennlinie eine bestimmte Funktion von $\dot\varphi$. Es kann z. B. konstant sein. Die Trägheitskraft ist $-m_r\ddot q(t)$. Ihr Moment ist nach Abb. 1.17 $-m_r\ddot q(t)r\sin\varphi(t)$. Die Bewegungsgleichung für den Rotor mit dem Trägheitsmoment J_r ist folglich

$$J_r\ddot\varphi = M_{mot} - m_r r\ddot q\sin\varphi.$$

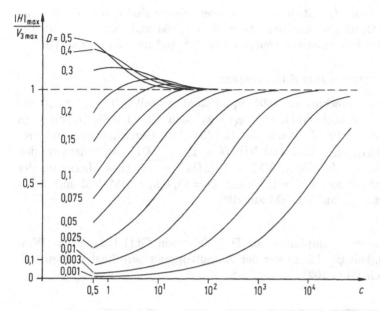

Abb. 1.33. $|H|_{max}/V_{3max}$ als Funktion von c und D über logarithmisch geteilter c-Achse

An dieser Gleichung erkennt man, daß die Annahme $\ddot\varphi = \lambda = \text{const}$ nur eine Näherung sein kann, und zwar nur unter den Bedingungen $M_{mot} = \text{const}$ und $J_r\ddot\varphi \gg m_r r\ddot q_{max}$. Mit $\ddot\varphi = \omega_0^2\varphi'' = \omega_0^2\lambda/(2\pi c)$ und $\ddot q = \omega_0^2 q''$ lautet die zweite Bedingung $c \ll J_r/(2\pi m_r r q''_{max})$. Wenn die Winkelbeschleunigung sehr klein ist, dann ist die Amplitude von q'' beim Resonanzdurchgang praktisch ebenso groß, wie bei stationärem Betrieb in der Resonanz. Diese Größe ist bei schwacher Dämpfung

$$q''_{max} \approx q_0 V_{3max} \approx \frac{m_r r}{m + m_r}\frac{1}{2D}.$$

Damit nimmt die Ungleichung in guter Näherung die Form an:

$$c \ll \frac{D}{\pi}\frac{J_r}{m_r r^2}\frac{m + m_r}{m_r}. \tag{1.114}$$

Wenn sie verletzt ist, dann ist die Winkelbeschleunigung selbst bei konstantem Antriebsmoment des Motors nicht konstant. Bei Annäherung an die Resonanz wird sie kleiner, so daß die Ausschläge des Schwingers größer werden als oben berechnet wurde. Bei einem hinreichend kleinen Antriebsmoment kann sogar der Fall eintreten, daß das System überhaupt nicht durch die Resonanz hindurchkommt. Zur Dynamik des Systems mit zwei Freiheitsgraden φ und q bei Verletzung der Ungleichung siehe [8] und [9]. Zwei Zahlenbeispiele vermitteln einen Eindruck von den Größen in der Ungleichung. In beiden Beispielen ist $D/\pi = 2/100$. Der Rotor ist ein Vollzylinder vom Radius

R, so daß $J_r = m_r R^2/2$ ist. Im ersten Zahlenbeispiel sind $r/R = 1/1000$ und $m_r/m = 1/100$, und im zweiten sind $r/R = 1/100$ und $m_r/m = 1/10$. Die Ungleichung fordert im ersten Beispiel $c \ll 10^6$ und im zweiten $c \ll 10^3$.

FORTRAN-Programm zum Anlaufvorgang

Das Programm berechnet an 1001 äquidistanten Stellen $0 \leq \varphi' \leq \varphi'_1$ die Funktionen $\varphi'(\tau)$ nach Gl.(1.102), $q(\tau)/q_0$ nach Gl. (1.109), $|H(\tau)|$ nach Gl. (1.110) und $V(\varphi', D)$ nach Gl. (1.113). Die Bezeichnungen im Programm sind E(i), Q(i), H(i) und V(i) ($i = 1, \ldots, 1001$). Außerdem werden berechnet: HM = Max(H(i)), VM = $1/(2D\sqrt{1 - D^2})$ (das Maximum der Vergrößerungsfunktion; VM = 10^6, wenn $D = 0$), QM = HM/VM und EM = Funktionswert E(i), an dem HM auftritt.

Eingabeparameter: Dämpfungsgrad $D \geq 0$, c von Gl.(1.103), E1 = Winkelgeschwindigkeit φ'_1, bis zu der der Anlaufvorgang berechnet werden soll, FN = φ_0 nach Gl.(1.102).

```
INTEGER*4 M,N,I,J                          10    DL=E1/DBLE(M)
REAL*8 D,C,E1,FN,EM,QM,F1                         DU=DL/F3
REAL*8 E(1001),Q(1001),HM                         DO 20 J=1,2
REAL*8 H(1001),V(1001),F2,T                       NU=-NU
REAL*8 F3,VM,AX,VX,VY,LB                          VX=(-NU+D)/F3
REAL*8 BX,BY,DU,DL,FX,LT                          VY=(NU+D)/F3
REAL*8 AY,HX,NU,FY,HY,GX                          G(J)=VX*VX-VY*VY
REAL*8 GY,H1,H2,A,X(2),B(2)                       Y(J)=2.D0*VX*VY
REAL*8 G(2),Y(2),R(2),S(2),L2                     CALL FKT(VX,VY,BX,BY)
REAL*8 U(2),W(2),F(2),P(2),Z                      R(J)=G(J)*BX-Y(J)*BY
                                                  R(J)=F2*R(J)+VX
D=                                                S(J)=G(J)*BY+Y(J)*BX
c=                                                S(J)=F2*S(J)+VY
E1=                                               U(J)=DU+VX
FN=                                        20    W(J)=-DU+VY
                                                  LT=-DL
m=1000                                            N=M+1
T=1.D0                                            DO 50 I=1,N
LB=T/(8.D0*DATAN(T)*C)                            LT=LT+DL
NU=-DSQRT(T-D*D)                                  DO 30 J=1,2
F1=DSQRT(LB)/(-2.D0*NU)                           U(J)=U(J)-DU
F2=2.D0*DSQRT(DATAN(T))                           W(J)=W(J)+DU
F3=2.D0*DSQRT(LB)                                 AX=U(J)
HM=0.D0                                           AY=W(J)
VM=1.D6                                           CALL FKT(AX,AY,FX,FY)
IF(D .LT. 1.D-6) GOTO 10                          B(J)=G(J)*FX-Y(J)*FY
VM=T/(-2.D0*D*NU)                                 F(J)=G(J)*FY+Y(J)*FX
folgt DL=E1/DBLE(M)                              folgt P(J)=0.D0
```

```
        P(J)=0.D0                          H2=AX+AY
        X(J)=0.D0                          H(I)=DSQRT(H1*H1+H2*H2)
        GX=AX*AX-AY*AY-G(J)                E(I)=LT
        IF(-2.D1 .GT. GX) GOTO 30          L2=LT*LT
        GY=2.D0*AX*AY-Y(J)                 Z=L2/(2.D0*LB)+FN
        A=DEXP(GX)                         Q(I)=H1*DCOS(Z)-H2*DSIN(Z)
        HX=A*DCOS(GY)                      V(I)=1.D6
        HY=A*DSIN(GY)                      IF(D .LT. 1.D-6) GOTO 40
        P(J)=HX*R(J)-HY*S(J)               A=(T-L2)**2+4.D0*D*D*L2
        X(J)=HX*S(J)+HY*R(J)               V(I)=L2/DSQRT(A)
   30   CONTINUE                     40   IF(HM .GT. H(I)) GOTO 50
        AX=F1*F2*(B(1)-B(2))               EM=E(I)
        AX=AX-F1*(P(1)-P(2))               HM=H(I)
        AY=F1*F2*(F(1)-F(2))               QM=HM/VM
        AY=AY-F1*(X(1)-X(2))          50   CONTINUE
        H1=-T+AX-AY                        END
        folgt H2=AX+AY                     folgt SUBROUTINE FKT
```

```
        SUBROUTINE FKT(A,B,X,Y)            IF(-2.D1 .GT. E1) GOTO 20
    C   x + iy =exp(a + ib)²[erf(a + ib) - 1]    EX=DEXP(E1)
        INTEGER*4 I,IMIN,IMAX              X=X-2.D0*EX*C
        REAL*8 A,B,X,Y,A2,B2,E1,E2,D,X1,E  Y=Y-2.D0*EX*S
        REAL*8 ZA,ZAB,ZB,C,S,ZAC,ZAS,F1  20  S1=0.D0
        REAL*8 P4,F2,S1,S2,P,Q,U,V,E3,EX,T  S2=0.D0
        T=1.D0                             DO 60 I=IMIN,IMAX
        A2=A*A                             P=0.D0
        B2=B*B                             Q=0.D0
        ZA=2.D0*A                          U=DBLE(I)
        ZAB=ZA*B                           V=.5D0*U
        I=IDINT(2.D0*DABS(B))              D=U*U+4.D0*A2
        IMIN=MAX0(1,I-10)                  E1=-B2-V*V
        IMAX=I+10                          E2=E1+B*U
        C=DCOS(ZAB)                        E3=E1-B*U
        S=DSIN(ZAB)                        IF(-2.D1 .GT. E1) GOTO 30
        ZAC=ZA*C                           EX=DEXP(E1)
        ZAS=ZA*S                           P=P+ZAC*EX
        P4=DATAN(T)                        Q=Q+ZAS*EX
        F1=T/(8.D0*P4*A)              30   IF(-2.D1 .GT. E2) GOTO 40
        F2=T/(2.D0*P4)                     EX=DEXP(E2)
        X=0.D0                             P=P-A*EX
        Y=0 D0                             Q=Q+V*EX
        D=T/(T+.47047D0*DABS(A))      40   IF(-2.D1 GT. E3) GOTO 50
        E=.3480242D0*D-.0958798D0*D*D      EX=DEXP(E3)
        E=E+.7478556D0*D**3                P=P-A*EX
        E=DSIGN(E,A)                       Q=Q-V*EX
        IF(-2.D1 .GT. -B2) GOTO 10    50   S1=S1+P/D
        EX=DEXP(-B2)                  60   S2=S2+Q/D
        X=(-E*C+F1*(C-T))*EX               X=X+F2*S1
        Y=(-E+F1)*S*EX                     Y=Y+F2*S2
   10   IF(A .GT. 0.D0) GOTO 20            RETURN
        E1=A2-B2                           END
        folgt IF(-2.D1 .GT. E1) GOTO 20
```

1.3.7 Erregung durch einen einzelnen Impuls

Ein Stoß gegen die Masse eines Schwingers ist dadurch gekennzeichnet, daß
während eines mehr oder weniger kurzen Zeitintervalls ΔT eine veränderliche Kraft $F(t)$ wirkt. Eine wesentliche mechanische Größe ist der Impuls
$\hat{F} = \int_0^{\Delta T} F(t)\, dt$, der im Stoßintervall insgesamt auf den Schwinger wirkt.
Wenn ΔT infinitesimal klein ist, dann gibt der Impuls $\hat{F}$ dem vor dem Stoß

ruhenden Körper der Masse m die Anfangsgeschwindigkeit $\dot{q}_0 = \hat{F}/m$. Die anschließende Schwingung hat im dämpfungsfreien Fall die Amplitude

$$Q_0 = \frac{\dot{q}_0}{\omega_0} = \frac{\hat{F}/m}{\sqrt{k/m}} = \frac{\hat{F}}{\sqrt{mk}}. \tag{1.115}$$

Im folgenden wird der extremale Ausschlag q_{extr} des dämpfungsfreien Schwingers für den Fall bestimmt, daß die Stoßdauer ΔT endlich groß ist. Als Maß für die Größe wird das Verhältnis $\alpha = \Delta T/T$ der Stoßdauer zur Periode des Schwingers eingeführt. Wie üblich wird die normierte Zeit $\tau = \omega_0 t$ verwendet. Am Beginn des Stoßintervalls sei $\tau = 0$. Dann hat τ am Ende des Stoßintervalls die Größe $\tau_1 = 2\alpha\pi$. Der extremale Ausschlag hängt nur von α und vom Verlauf der Kraft $F(t)$ im Stoßintervall ab. Als Funktionen $F(t)$ werden die vier einfachen Testfunktionen in Abb. 1.34 verwendet. Es sind ein Rechteckimpuls, zwei Dreieckimpulse mit abnehmender bzw. mit zunehmender Kraft und eine Sinushalbwelle. Zu jeder Abbildung ist der Gesamtimpuls $\hat{F}$ angegeben. Für jeden dieser Kraftverläufe wird das Verhältnis des extremalen Ausschlages $q_{\text{extr}}(\alpha)$ zum Maximalausschlag Q_0 bei $\alpha = 0$ bestimmt: $V(\alpha) = q_{\text{extr}}(\alpha)/Q_0$. Alle Funktionen $V(\alpha)$ haben den Funktionswert $V(0) = 1$. Die Ergebnisse sind brauchbare Näherungen für den schwach gedämpften Schwinger, wenn die Stoßdauer nicht wesentlich größer als die Periode des ungedämpften Schwingers ist (d.h. wenn α keine große Zahl ist).

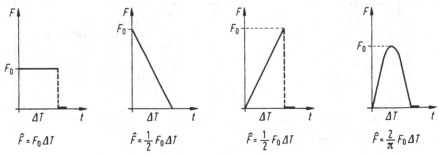

Abb. 1.34. Vier Stöße endlicher Zeitdauer ΔT mit unterschiedlichen Kraftverläufen. Der Gesamtimpuls ist $\hat{F}$

Die Untersuchung beginnt mit der Bereitstellung einiger Gleichungen, die bei allen Kraftverläufen formuliert werden müssen. Die Differentialgleichung des ungedämpften Schwingers zu einem Kraftverlauf $F(t)$ hat die normierte Form

$$q'' + q = \begin{cases} f(\tau) = \frac{1}{k}F(\tau/\omega_0) & (\tau \leq \tau_1) \\ 0 & (\tau > \tau_1). \end{cases} \tag{1.116}$$

Sei $g(\tau)$ eine partikuläre Lösung zur Funktion $f(\tau)$. Dann ist die vollständige Lösung

$$q(\tau) = \begin{cases} A\cos\tau + B\sin\tau + g(\tau) & (\tau \leq \tau_1) \\ C\cos(\tau - \varphi) & (\tau > \tau_1) \end{cases}$$

mit Integrationskonstanten A, B, C und φ. Die Anfangsbedingungen $q(0) = 0$ und $q'(0) = 0$ bestimmen $A = -g(0)$ und $B = -g'(0)$. Während der Stoßdauer ist also

$$\left.\begin{array}{l} q(\tau) = g(\tau) - g(0)\cos\tau - g'(0)\sin\tau \\ q'(\tau) = g'(\tau) + g(0)\sin\tau - g'(0)\cos\tau \end{array}\right\} \quad (\tau \leq \tau_1). \tag{1.117}$$

Aus dieser Lösung ergeben sich $q(\tau_1)$ und $q'(\tau_1)$ und damit für die freie Schwingung nach dem Stoß die Anfangsbedingungen $q(\tau_1) = C\sin(\tau_1 - \varphi)$ und $q'(\tau_1) = -C\cos(\tau_1 - \varphi)$. Aus ihnen folgt

$$C = \sqrt{q^2(\tau_1) + q'^2(\tau_1)}. \tag{1.118}$$

Jetzt muß entschieden werden, ob der extremale Ausschlag q_{extr} vor oder nach dem Zeitpunkt $\tau = \tau_1$ auftritt. Wenn er vorher auftritt, dann zu einem Zeitpunkt, an dem $q'(\tau) = 0$ ist. Für jede Nullstelle dieser Gleichung im Bereich $\tau \leq \tau_1$ muß man den Funktionswert $|q(\tau)|$ bestimmen. Wenn der größte von ihnen größer als C ist, dann ist er q_{extr}. Andernfalls ist $q_{\text{extr}} = C$. Ende der Vorbemerkungen.

Rechteckimpuls

Die Funktion $f(\tau)$ in (1.116) ist die Konstante

$$f(\tau) \equiv q_0 = \frac{F_0}{k} = \frac{\hat{F}\omega_0}{k\Delta T} = \frac{Q_0}{2\alpha\pi} \tag{1.119}$$

mit der Größe Q_0 von Gl. (1.115). Die zugehörige partikuläre Lösung ist $g(\tau) = q_0$. Aus (1.117) und (1.118) folgt

$$q(\tau) = q_0(1 - \cos\tau), \qquad q'(\tau) = q_0\sin\tau \qquad (\tau \leq \tau_1),$$
$$C = q_0\sqrt{2(1 - \cos\tau_1)} = 2q_0|\sin\frac{\tau_1}{2}|.$$

$q'(\tau)$ hat im Bereich $\tau \leq \tau_1$ die Nullstelle $\tau = \pi$, wenn $\tau_1 \geq \pi$ ist. Der Funktionswert von q an dieser Stelle ist $2q_0 \geq C$. Folglich ist $q_{\text{extr}} = 2q_0\sin(\tau_1/2)$ im Fall $\tau_1 \leq \pi$ und $q_{\text{extr}} = 2q_0$ im Fall $\tau_1 \geq \pi$. Jetzt werden $\tau_1 = 2\alpha\pi$ und für q_0 der Ausdruck aus (1.119) eingesetzt. Dann ergibt sich die gesuchte Funktion

$$V(\alpha) = \frac{q_{\text{extr}}}{Q_0} = \begin{cases} \frac{\sin\alpha\pi}{\alpha\pi} & (\alpha \leq 0{,}5) \\ \frac{1}{\alpha\pi} & (\alpha \geq 0{,}5). \end{cases} \tag{1.120}$$

Sie ist in Abb. 1.35 dargestellt.

Dreieckimpuls mit abnehmender Kraft

Dieselben Rechenschritte wie vorher ergeben

$$f(\tau) = g(\tau) = q_0(1 - \tau/\tau_1) \qquad \text{mit} \quad q_0 = Q_0/(\alpha\pi),$$

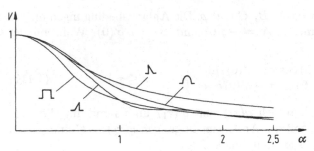

Abb. 1.35. Verläufe der Funktionen $V(\alpha)$ für die vier Kraftverläufe von Abb. 1.34. Die Symbole an den Kurven kennzeichnen diese Verläufe

$$q(\tau) = q_0[1 - \cos\tau - \tfrac{1}{\tau_1}(\tau - \sin\tau)] \qquad (\tau \le \tau_1),$$

$$q'(\tau) = q_0[\sin\tau - \tfrac{1}{\tau_1}(1 - \cos\tau)] = q_0 \sin\tau \left(1 - \tfrac{1}{\tau_1}\tan\tfrac{\tau}{2}\right) \qquad (\tau \le \tau_1),$$

$$C = q_0 \sqrt{1 - \tfrac{2}{\tau_1}\sin\tau_1 + \tfrac{2}{\tau_1^2}(1 - \cos\tau_1)}.$$

q' hat die Nullstellen

$$\tau = \begin{cases} \hat\tau_k = 2k\pi + 2\arctan\tau_1 & (k = 0,1,\dots, \text{ solange } \hat\tau_k \le \tau_1) \\ \hat\tau_k^* = k\pi & (k = 1,2,\dots, \text{ solange } \hat\tau_k^* \le \tau_1). \end{cases}$$

Die Extrema von q an den Stellen $\hat\tau_k^*$ sind Minima mit den Funktionswerten $q(\hat\tau_k^*) = -q_0\hat\tau_k^*/\tau_1 \le 0$, d.h. Ausschläge entgegen der Kraftrichtung. Sie kommen für q_{extr} nicht in Frage. An den Stellen $\hat\tau_k$ treten Maxima auf. Dort ist

$$\tan\frac{\hat\tau_k}{2} = \tau_1, \qquad \cos\hat\tau_k = \frac{1 - \tau_1^2}{1 + \tau_1^2}, \qquad \sin\hat\tau_k = \frac{2\tau_1}{1 + \tau_1^2}.$$

Damit erhält man die Größen der Maxima:

$$q(\hat\tau_k) = q_0(2 - \hat\tau_k/\tau_1) \qquad (k = 0,1,\dots, \text{ solange } \hat\tau_k \le \tau_1).$$

Das größte von ihnen ist

$$q(\hat\tau_0) = 2q_0(1 - \tfrac{1}{\tau_1}\arctan\tau_1).$$

Die Bedingung $\hat\tau_0 \le \tau_1$ lautet $\arctan 2\alpha\pi \le \alpha\pi$, woraus man durch Probieren die Bedingung $\alpha \ge 0{,}371$ erhält. Die numerische Auswertung zeigt, daß unter dieser Bedingung $q(\hat\tau_0) \ge C$ ist. Wenn man C und q_0 noch durch α und Q_0 ausdrückt, erhält man die gesuchte Funktion

$$V(\alpha) = \frac{q_{\text{extr}}}{Q_0} = \begin{cases} \frac{1}{\alpha\pi}\sqrt{1 - \frac{\sin 2\alpha\pi}{\alpha\pi} + \frac{1 - \cos 2\alpha\pi}{2\alpha^2\pi^2}} & (\alpha \le 0{,}371) \\ \frac{2}{\alpha\pi}(1 - \frac{\arctan 2\alpha\pi}{2\alpha\pi}) & (\alpha \ge 0{,}371). \end{cases}$$

Auch sie ist in Abb. 1.35 dargestellt.

Die Einzelheiten der Rechnung für den Dreieckimpuls mit zunehmender Kraft und für die Sinushalbwelle seien dem Leser überlassen. Für den Dreieckimpuls mit zunehmender Kraft erhält man für beliebige α dasselbe Ergebnis, das beim Dreieckimpuls mit abnehmender Kraft nur für $\alpha \leq 0{,}371$ gilt. Das bedeutet, daß der Extremalausschlag immer erst nach dem Ende des Stoßvorgangs auftritt. Bei der Sinushalbwelle hat die Gleichung $q' = 0$ im Bereich $\tau \leq \tau_1$ die Form

$$\cos \frac{\tau}{2\alpha} - \cos \tau = 2\sin \frac{2\alpha + 1}{4\alpha}\tau \, \sin \frac{2\alpha - 1}{4\alpha}\tau = 0.$$

Das Endergebnis ist

$$V(\alpha) = \begin{cases} \frac{1}{1-4\alpha^2} \cos \alpha\pi & (\qquad \alpha \leq 0{,}5) \\ \frac{1}{2(2\alpha - 1)} \sin \frac{4\alpha\pi}{2\alpha + 1} & (0{,}5 \leq \alpha \leq 2{,}5). \end{cases}$$

Abb. 1.35 zeigt die Verläufe der Funktionen $V(\alpha)$ für alle vier Kraftverläufe. Obwohl die Kraftverläufe wesentlich verschieden sind, liegen alle vier Kurven verhältnismäßig dicht beieinander. Bis $\alpha \approx 0{,}25$ (Stoßdauer $\Delta T \approx 1/4$ Periode) hat der Extremalausschlag bei allen vier Kraftverläufen praktisch dieselbe Größe, wie bei einem infinitesimal kurzzeitigen Stoß. Schon bei $\alpha = 1{,}5$ ist der Ausschlag wesentlich kleiner.

Beispiel 1.11. In einer auf n Stützen der Höhe h stehenden Fabrikhalle wird eine zunächst mit der Geschwindigkeit v_0 fahrende Kranbahn innerhalb des Zeitintervalls ΔT mit (relativ zum Gleis) konstanter Verzögerung zum Stillstand gebracht. In Abb. 1.36 sind links die wesentlichen Elemente des Schwingungssystems dargestellt. Eine einzelne Stütze hat die Federkonstante k_s. Wie groß ist das maximale Einspannmoment am Stützenfuß infolge der ausgelösten Biegeschwingung?

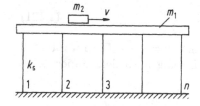
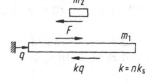

Abb. 1.36.

Lösung: Aus dem Freikörperbild rechts liest man die Bewegungsgleichungen für die Massen m_1 und m_2 ab: $m_1\ddot{q} = -kq + F$ für m_1 und $m_2(\ddot{q} + a_{rel}) = -F$ für m_2. Addition beider Gleichungen liefert

$$(m_1 + m_2)\ddot{q} + kq = -m_2 a_{rel} = \begin{cases} m_2 v_0/\Delta T & (t \leq \Delta T) \\ 0 & (t > \Delta T). \end{cases}$$

Diese Gleichung zeigt, daß eine Schwingungsanregung durch einen Rechteckimpuls vorliegt. Aus (1.120) und (1.115) wird q_{extr} berechnet. Dabei ist $m = m_1 + m_2$, $k = nk_s$, $\hat{F} = m_2 v_0$, $\omega_0 = \sqrt{k/m}$ und $2\alpha\pi = \omega_0 \Delta T$. Die maximale Kraft an einer einzelnen Stütze ist $k_s q_{\text{extr}}$, und das maximale Einspannmoment bei beidseitig fester Einspannung ist $hk_s q_{\text{extr}}/2$. Ende des Beispiels.

1.3.8 Erregung durch periodische Impulse

Rammen, Hammerwerke, Schienenstöße in Eisenbahngleisen u.a.m. verursachen Impulse gleicher Stärke in gleichen Zeitabständen. Wir untersuchen die Wirkung auf einen gedämpften Schwinger mit einem Freiheitsgrad. Genauer gesagt: Wie groß ist der extremale Ausschlag des Schwingers im Dauerbetrieb verglichen mit dem extremalen Ausschlag nach einem einzigen Impuls? Die Impulse werden als unendlich kurzzeitig wirkend aufgefaßt. Unter dieser Voraussetzung hängt der Extremalausschlag außer von der Impulsstärke $\hat{F}$ nur von zwei Parametern ab, und zwar vom Verhältnis $\eta = \Delta T/T$ aus dem Zeitabstand ΔT der Impulse und der Periode T des (ungedämpften) Schwingers sowie vom Dämpfungsgrad D. Ohne Rechnung ist klar, daß die Amplitude über alle Grenzen wächst, wenn erstens $\eta = n$ (n ganze Zahl ≥ 1) und zweitens $D = 0$ ist. Wenn wenigstens eine dieser beiden Bedingungen nicht erfüllt ist, kann man im Grenzfall $t \to \infty$ einen stationären Zustand mit einem von η und D abhängigen Maximalausschlag erwarten. Die folgende Analyse bestätigt diese Erwartung.

Der erste Impuls soll zur Zeit $t = 0$ auf den bis dahin ruhenden Schwinger treffen. Im Zeitintervall zwischen dem 1. und dem 2. Impuls wird das Problem dann in der üblichen normierten Form durch die homogene Differentialgleichung $q'' + 2Dq' + q = 0$ beschrieben. Die Anfangsbedingungen sind

$$q_0 = 0, \qquad q_0' = \frac{\dot{q}_0}{\omega_0} = \frac{\hat{F}/m}{\sqrt{k/m}} = \frac{\hat{F}}{\sqrt{mk}}.$$

Die Lösung ist

$$q(\tau) = \frac{q_0'}{\nu} e^{-D\tau} \sin \nu\tau \qquad (0 \leq \tau \leq \Delta\tau). \tag{1.121}$$

Darin sind $\Delta\tau = \omega_0 \Delta T = \omega_0 T \, \Delta T/T = 2\pi\eta$ und $\nu = \sqrt{1 - D^2}$. Im Intervall zwischen dem 2. und dem 3. Impuls ist die Lösung nach dem Superpositionsprinzip

$$q(\tau) = \frac{q_0'}{\nu} \left[e^{-D\tau} \sin \nu\tau + e^{-D(\tau - \Delta\tau)} \sin \nu(\tau - \Delta\tau) \right] \qquad (\Delta\tau \leq \tau \leq 2\Delta\tau).$$

Sie erfüllt die beiden Randbedingungen bei $\tau = \Delta\tau$, nämlich Stetigkeit von q und Geschwindigkeitssprung q_0'. Zwischen dem $n$ten und dem $(n + 1)$ten Impuls ist entsprechend

$$q(\tau) = \frac{q_0'}{\nu} \sum_{k=0}^{n-1} e^{-D(\tau - k\Delta\tau)} \sin \nu(\tau - k\Delta\tau) \qquad ((n - 1)\Delta\tau \leq \tau \leq n\Delta\tau).$$

In diesen Ausdruck wird die neue Variable $\tau^* = \tau - (n-1)\Delta\tau$ eingeführt, die im Augenblick des $n$ten Impulses mit null beginnt, so daß die Gleichung für q den Gültigkeitsbereich $0 \leq \tau^* \leq \Delta\tau$ hat. Sie lautet dann

$$q(\tau^*) = \frac{q_0'}{\nu} \sum_{k=0}^{n-1} e^{-D[\tau^*+(n-1-k)\Delta\tau]} \sin\nu[\tau^* + (n-1-k)\Delta\tau] \quad (0 \leq \tau^* \leq \Delta\tau).$$

Das ist offensichtlich identisch mit

$$q(\tau^*) = \frac{q_0'}{\nu} \sum_{k=0}^{n-1} e^{-D(\tau^*+k\Delta\tau)} \sin\nu(\tau^* + k\Delta\tau) \quad (0 \leq \tau^* \leq \Delta\tau),$$

denn bei der Summenbildung durchläuft sowohl $n-1-k$ als auch k alle Werte von null bis $n-1$. Die Summe läßt sich explizit angeben. Zu diesem Zweck wird der Sinus als komplexe Exponentialfunktion ausgedrückt (s. Gl. (0.3)):

$$\sin\nu(\tau^* + k\Delta\tau) = \frac{1}{2i} \left[e^{i\nu(\tau^*+k\Delta\tau)} - e^{-i\nu(\tau^*+k\Delta\tau)} \right].$$

Damit wird

$$q(\tau^*) = \frac{1}{2i} \frac{q_0'}{\nu} \sum_{k=0}^{n-1} \left[e^{(-D+i\nu)(\tau^*+k\Delta\tau)} - e^{(-D-i\nu)(\tau^*+k\Delta\tau)} \right]$$

$$= \frac{1}{2i} \frac{q_0'}{\nu} e^{-D\tau^*} \left[e^{i\nu\tau^*} \sum_{k=0}^{n-1} p_1^k - e^{-i\nu\tau^*} \sum_{k=0}^{n-1} p_2^k \right] \quad (0 \leq \tau^* \leq \Delta\tau)$$

mit den Konstanten

$$p_{1,2} = e^{(-D\pm i\nu)\Delta\tau}.$$

Die beiden Summen sind Teilsummen geometrischer Reihen. Gesucht wird das Verhalten im stationären Zustand, d.h. im Grenzfall $n \to \infty$. Die Grenzwerte der Summen existieren, weil $|p_{1,2}| = \exp(-D\Delta\tau) < 1$ ist. Sie sind

$$\sum_{k=0}^{\infty} p_{1,2}^k = \frac{1}{1 - p_{1,2}}.$$

Damit ergibt sich im eingeschwungenen Zustand zwischen je zwei Impulsen der immer gleiche Verlauf

$$q(\tau^*) = \frac{1}{2i} \frac{q_0'}{\nu} e^{-D\tau^*} \frac{e^{i\nu\tau^*}(1 - p_2) - e^{-i\nu\tau^*}(1 - p_1)}{(1 - p_1)(1 - p_2)} \quad (0 \leq \tau^* \leq \Delta\tau). \quad (1.122)$$

Von der komplexen Schreibweise kehrt man nun zur reellen Schreibweise zurück. Der Zähler Z des Bruches ist

$$Z = e^{i\nu\tau^*} - e^{-i\nu\tau^*} - e^{-D\Delta\tau} \left[e^{i\nu(\tau^*-\Delta\tau)} - e^{-i\nu(\tau^*-\Delta\tau)} \right]$$

$$= 2i \left[\sin\nu\tau^* - e^{-D\Delta\tau} \sin\nu(\tau^* - \Delta\tau) \right]$$

oder mit dem Additionstheorem

$$\sin \nu(\tau^* - \Delta\tau) = \sin\nu\tau^* \cos\nu\Delta\tau - \cos\nu\tau^* \sin\nu\Delta\tau$$

$$\begin{aligned}
Z &= 2\mathrm{i}\left[\left(1 - \mathrm{e}^{-D\Delta\tau}\cos\nu\Delta\tau\right)\sin\nu\tau^* + \left(\mathrm{e}^{-D\Delta\tau}\sin\nu\Delta\tau\right)\cos\nu\tau^*\right] \\
&= 2\mathrm{i}\sqrt{\left(1 - \mathrm{e}^{-D\Delta\tau}\cos\nu\Delta\tau\right)^2 + \left(\mathrm{e}^{-D\Delta\tau}\sin\nu\Delta\tau\right)^2}\,\sin(\nu\tau^* - \psi) \\
&= 2\mathrm{i}\sqrt{\mathrm{e}^{-D\Delta\tau}\left(\mathrm{e}^{D\Delta\tau} + \mathrm{e}^{-D\Delta\tau} - 2\cos\nu\Delta\tau\right)}\,\sin(\nu\tau^* - \psi) \\
&= 2\mathrm{i}\mathrm{e}^{-D\Delta\tau/2}\,\sqrt{2(\cosh D\Delta\tau - \cos\nu\Delta\tau)}\,\sin(\nu\tau^* - \psi).
\end{aligned}$$

In der 2. Zeile wurde Gl. (0.5) verwendet. Der angebbare Phasenwinkel ψ ist nicht weiter interessant. Der Nenner des Bruches in (1.122) ist

$$\begin{aligned}
(1 - p_1)(1 - p_2) &= 1 + \mathrm{e}^{-2D\Delta\tau} - \mathrm{e}^{-D\Delta\tau}\left(\mathrm{e}^{\mathrm{i}\nu\Delta\tau} + \mathrm{e}^{-\mathrm{i}\nu\Delta\tau}\right) \\
&= 1 + \mathrm{e}^{-2D\Delta\tau} - \mathrm{e}^{-D\Delta\tau}2\cos\nu\Delta\tau \\
&= \mathrm{e}^{-D\Delta\tau}\left(\mathrm{e}^{D\Delta\tau} + \mathrm{e}^{-D\Delta\tau} - 2\cos\nu\Delta\tau\right) \\
&= 2\mathrm{e}^{-D\Delta\tau}(\cosh D\Delta\tau - \cos\nu\Delta\tau).
\end{aligned}$$

Mit diesen Ausdrücken ergibt sich

$$q(\tau^*) = \frac{\mathrm{e}^{D\Delta\tau/2}}{\sqrt{2(\cosh D\Delta\tau - \cos\nu\Delta\tau)}}\,\frac{q_0'}{\nu}\mathrm{e}^{-D\tau^*}\sin(\nu\tau^* - \psi) \quad (0 \le \tau^* \le \Delta\tau). \quad (1.123)$$

Man vergleiche das mit Gl. (1.121), die die Lösung nach einem einzigen Impuls aus der Ruhe heraus angibt. Beide Gleichungen haben dieselbe Form. Es treten lediglich eine Phasenverschiebung und ein von $\Delta\tau = 2\pi\eta$ und von D abhängiger Faktor zusätzlich auf. Diesen Faktor bezeichnen wir in Analogie zu erzwungenen Schwingungen bei harmonischer Erregung als Vergrößerungsfunktion $V_I(\eta, D)$ mit dem Index I für Impuls:

$$V_I(\eta, D) = \frac{\mathrm{e}^{\pi\eta D}}{\sqrt{2[\cosh(2\pi\eta D) - \cos(2\pi\eta\sqrt{1 - D^2})]}}. \quad (1.124)$$

Die Funktionen cosh und cos im Nenner haben bei schwacher Dämpfung die in Abb. 1.37 qualitativ skizzierten Verläufe. Sehr nahe bei ganzzahligen Werten von η ist die Differenz minimal. Dieses Ergebnis bestätigt die Erwartungen. Bei $\eta = n$ ($n \ge 1$ ganz) tritt Resonanz ein. Sehr nahe bei diesen Werten hat die Vergrößerungsfunktion Resonanzspitzen. Für diese Resonanzspitzen erhält man im Fall schwacher Dämpfung mit $\eta = n$ und $1 - D^2 \approx 1$ die Näherungsformel

$$\begin{aligned}
V_I(n, D) &\approx \frac{\mathrm{e}^{\pi n D}}{\sqrt{2[\cosh(2\pi n D) - 1]}} = \frac{\mathrm{e}^{\pi n D}}{\sqrt{\mathrm{e}^{2\pi n D} + \mathrm{e}^{-2\pi n D} - 2}} \\
&= \frac{\mathrm{e}^{\pi n D}}{\mathrm{e}^{\pi n D} - \mathrm{e}^{-\pi n D}} = \frac{1}{1 - \mathrm{e}^{-2\pi n D}}. \quad (1.125)
\end{aligned}$$

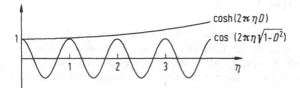

Abb. 1.37. Die Funktionen cosh und cos von Gl. (1.124) bei schwacher Dämpfung

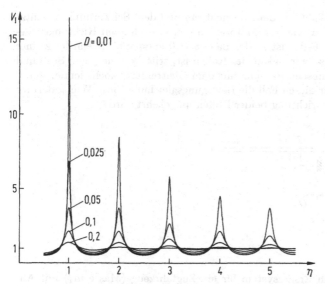

Abb. 1.38. Vergrößerungsfunktionen $V_I(\eta, D)$ für 5 verschiedene Dämpfungs-grade

Die Resonanzspitzen nehmen, wie zu erwarten, mit wachsendem n ab. Abb. 1.38 zeigt die Vergrößerungsfunktion $V_I(\eta, D)$ im Bereich bis $\eta = 5,5$ für 5 verschiedene Dämpfungsgrade D. Für $\eta < 0,5$ macht die Vergrößerungsfunktion keine sinnvollen Aussagen, weil der Sinus in (1.123) dann evtl. den Wert 1 nicht annimmt. Zur Beurteilung der Ergebnisse vergleiche man die Vergrößerungsfunktionen für harmonische Erregung in Abb. 1.20 und Abb. 1.21 und in allen Diagrammen die Kurven für $D = 0,1$ und $D = 0,2$. Die Maxima haben bei Impulserregung weniger große Werte als bei harmonischer Erregung. Zum Beispiel ist bei $D = 0,1$ das 1. Maximum von V_I nur 2,14 im Gegensatz zu 5,0 bei V, V_2 und V_3. Die Resonanzspitzen sind sehr scharf ausgeprägt. Das bedeutet, daß selbst bei sehr schwacher Dämpfung nur dann mit großen Ausschlägen zu rechnen ist, wenn die Bedingung $\eta = n$ (ganzzahlig) über einen langen Zeitraum sehr genau eingehalten wird. Das ist in der Praxis häufig nicht der Fall.

1.4   Aufgaben zu Kapitel 1

1. Ein Körper (Masse m, Trägheitsmoment J bezüglich Schwerpunkt S) ist in einem körperfesten Punkt in der Entfernung ℓ von S als ebenes Pendel aufgehängt. Welche Größe ℓ^* muß ℓ haben, damit bei gegebenen Größen J und m die Eigenkreisfrequenz ω_0 kleiner Pendelschwingungen die maximal mögliche Größe ω_0^* hat, und wie groß ist ω_0^*?

2. Der Stab in Abb. 1.39 mit dem Gewicht mg und dem Schwerpunkt S stützt sich auf zwei Rollen, die von Motoren in den gezeichneten Richtungen gedreht werden. Die Feder ist in der Lage $q = 0$ entspannt. Wenn $|\dot{q}|$ kleiner als die Umfangsgeschwindigkeit der Rollen ist, tritt zwischen dem Stab und den Rollen Coulombsche Reibung mit dem Gleitreibungskoeffizienten μ auf. Formulieren Sie für diesen Fall die Bewegungsgleichung für q. Wie ändert sie sich, wenn die Drehrichtung beider Rollen umgekehrt wird?

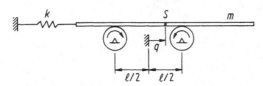

Abb. 1.39.

3. Abb. 1.40 zeigt ein Ersatzsystem für ein Zugfahrzeug (Masse m_1) mit Anhänger (m_2) und Feder-Dämpferkupplung (k, d). Luftwiderstand und Rollreibung werden vernachlässigt. Bis zum Zeitpunkt $t = 0$ befindet sich das System kräftefrei und mit entspannter Feder in stationärer Geradeausfahrt. Danach wirkt auf das Zugfahrzug die gezeichnete konstante Bremskraft F_0. Formulieren Sie eine normierte Differentialgleichung für die Federverlängerung q. Verwenden Sie dabei die reduzierte Masse $m_r = m_1 m_2/(m_1 + m_2)$, die Kreisfrequenz $\omega_0 = \sqrt{k/m_r}$, den Dämpfungsgrad $D = d/(2\sqrt{m_r k})$ und die normierte Zeit $\tau = \omega_0 t$. Berechnen Sie die resultierende Kraft $F_K(\tau)$ an der Kupplung. Welche Größe $\hat{F}_{max}$ hat ihr Betragsmaximum im Fall $D = 0$? Welche Größe D_1 muß D mindestens haben, damit das Betragsmaximum von F_K kleiner als $(2/3)\hat{F}_{max}$ ist (numerische Näherungslösung)?

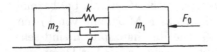

Abb. 1.40.

4. Abb. 1.41 zeigt einen Motor, der zur Abschirmung der Umgebung gegen Schwingungen auf einer gefederten, ungedämpften Wippe gelagert ist. Am Motor greift die harmonische Erregerkraft $F_0 \cos \Omega t$ an. Motor und Wippe haben gemeinsam die Masse m, den Schwerpunkt S und das axiale Trägheitsmoment J bezüglich S. Berechnen Sie die Amplituden F_A und F_B der Lagerreaktionen in den Punkten A bzw. B bei kleinen stationären Schwingungen infolge der Erregung. Welche Kraftamplituden F_{As} bzw. F_{Bs} treten bei starrer Lagerung auf ($k \to \infty$)? Geben Sie die Verhältnisse F_A/F_{As} und F_B/F_{Bs} als Funktionen der Parameter $c = J/(m\ell^2)$ und $\eta = \Omega/\omega_0$ an (Eigenkreisfrequenz ω_0 des Systems). Welche Bedingungen müssen c und η erfüllen, damit beide Verhältnisse den Betrag 1/8 haben? Die Aufgabe ist [10] entnommen.

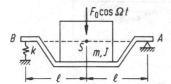

Abb. 1.41.

5. Geben Sie partikuläre Lösungen der Gleichungen $q'' + 2Dq' + q = \tau^k$ für $k = 0, 1, 2, 3$ im Fall $0 < D < 1$ in der Form $q(\tau) = f_k(\tau) + c_k e^{-D\tau} \cos(\nu\tau - \varphi_k)$ an. Die Lösungen für $k = 0$ und 1 stehen in Gl.(1.90).

6. Geben Sie partikuläre Lösungen der Gleichung $q'' + 2Dq' + q = e^{\alpha\tau} \cos\beta\tau$ in den Fällen (a) $\alpha + i\beta \neq -D + i\sqrt{1 - D^2}$ und (b) $\alpha + i\beta = -D + i\sqrt{1 - D^2}$ an ($0 < D < 1$).

7. Berechnen Sie die in Tabelle 3.3 angegebenen partikulären Lösungen $q_p(\tau)$ der Differentialgleichungen $q'' + q = f(\tau)$ zu den angegebenen Funktionen $f(\tau)$.

1.4.1 Lösungen zu den Aufgaben

1. $\ell^* = \sqrt{J/m}, \qquad \omega_0^{*2} = \frac{1}{2}g/\ell^*$

2. $m\ddot{q} + (k \pm 2\mu mg/\ell)q = 0$ (Pluszeichen für die gezeichneten und Minuszeichen für die entgegengesetzten Drehrichtungen).

3. $q'' + 2Dq' + q = -F_0 m_2/(m_1 + m_2)$,
$F_K(\tau) = -\frac{m_2}{m_1+m_2} F_0 \left[1 + e^{-D\tau}\left(\frac{D}{\nu} \sin\nu\tau - \cos\nu\tau\right)\right], \quad \nu = \sqrt{1 - D^2}$,
$\hat{F}_{\max} = 2F_0 m_2/(m_1 + m_2), \quad D_1 \approx 0{,}5$

4. $\frac{F_A}{F_{As}} = \frac{1}{1-\eta^2}\left(\frac{2\eta^2}{1+c} - 1\right) + 2$, $\frac{F_B}{F_{Bs}} = \frac{1}{1-\eta^2}$, $\eta = 3$, $c = 1/8$

5.

k	$f_k(\tau)$	c_k	φ_k
0	1	$-1/\nu$	$\arctan \frac{D}{\nu}$
1	$\tau - 2D$	$1/\nu$	$\arctan \frac{2D^2-1}{2\nu D}$
2	$(\tau - 2D)^2 - 2$	$2/\nu$	$\arctan \frac{D(3-4D^2)}{\nu(1-4D^2)}$
3	$\tau^3 - 6D\tau^2 + 6(4D^2-1)\tau$ $+24D(1-2D^2)$	$6/\nu$	$-\arctan \frac{1-8\nu D^2}{4\nu D(1-2D^2)}$

6. (a) $q_p(\tau) = e^{\alpha\tau}\, \dfrac{\left(\alpha^2-\beta^2+2D\alpha+1\right)\cos\beta\tau + 2\beta(\alpha+D)\sin\beta\tau}{\left(\alpha^2-\beta^2+2D\alpha+1\right)^2 + 4\beta^2(\alpha+D)^2}$,

(b) $q_p(\tau) = \frac{1}{2\nu}\,\tau e^{-D\tau}\sin\nu\tau$ $(\nu = \sqrt{1-D^2})$.

2 Systeme mit endlich vielen Freiheitsgraden

In diesem Kapitel werden lineare und linearisierte Systeme mit endlich vielen
Freiheitsgraden untersucht. Alle schwingungsfähigen Systeme des Maschinenbaus und des Bauingenieurwesens lassen sich als Systeme mit endlich vielen
Freiheitsgraden darstellen. Viele Systeme bestehen aus starren Teilkörpern,
die elastisch miteinander verbunden oder pendelnd aufgehängt sind. Bei ihnen
kann man die Zahl n der Freiheitsgrade leicht abzählen. Bei Systemen mit
elastisch deformierbaren Teilen tritt ein grundsätzliches Problem auf. Man
denke z. B. an einen beidseitig gelagerten Biegestab. Er hat keine endliche
Zahl von Freiheitsgraden. Erst ein zum Zweck der Schwingungsanalyse gebil-
detes *Ersatzsystem* hat endlich viele Freiheitsgrade. Man kann den Stab z. B.
durch n Punktmassen gleicher Gesamtmasse ersetzen, die auf einem masselosen Stab derselben Biegesteifigkeit EI angeordnet sind. Wenn man das in
sinnvoller Weise tut, dann stimmen das Ersatzsystem und der kontinuierliche
Biegestab zwar nicht in allen, aber doch in wesentlichen Schwingungseigen-
schaften in guter Näherung überein. Die Bildung sinnvoller Ersatzsysteme
setzt Erfahrungen in der Schwingungslehre voraus. Die notwendige Anzahl
der Freiheitsgrade hängt sowohl von der Art des Systems als auch von der
Fragestellung ab. Manchmal genügen wenige Freiheitsgrade. Manchmal ist
eine sehr große Zahl nötig. Die auftretenden mathematischen Probleme sind
unabhängig von der Größe der Zahl n immer dieselben. Lediglich der numerische Aufwand bei der Lösung von Gleichungen ist von n abhängig. Wenn
n sehr klein ist, können oft explizite analytische Lösungen angegeben werden, die es numerisch auszuwerten gilt. Bei großen Zahlen n müssen i. allg.
spezielle Algorithmen zur Lösung gekoppelter Gleichungen eingesetzt werden. Auf numerische Probleme geht dieses Kapitel nicht ein. Sein wesentliches Ziel ist, zu zeigen, daß die Gleichungen von n-Freiheitsgrad-Systemen
mit geeigneten Transformationen in n voneinander entkoppelte Gleichungen
von Systemen mit je 1 Freiheitsgrad überführt werden können. Das bedeutet,
daß alle Phänomene, die in Kapitel 1 dargestellt wurden, in verallgemeinerter
Form auch bei n-Freiheitsgrad-Systemen auftauchen. Hieraus ergibt sich der
Aufbau des Kapitels. Es beginnt ausführlich mit der Formulierung von Bewegungsgleichungen. Daran schließen sich Abschnitte über ungedämpfte und
gedämpfte Eigenschwingungen und über erzwungene Schwingungen an. In
jedem Abschnitt ist die Entkopplung der Gleichungen ein wichtiges Thema.

Viele mechanische Systeme sind mit elektrischen, hydraulischen, pneumatischen oder thermodynamischen Komponenten ausgestattet. Man denke z. B. an Steuerungs- und Regelungseinrichtungen von Maschinen. Kleine Schwingungen der mechanischen, elektrischen, hydraulischen und thermodynamischen Variablen (Zustandsgrößen) werden häufig durch linearisierte Differentialgleichungen beschrieben.

Lineare Differentialgleichungssysteme beschreiben auch viele andere technische und nichttechnische Systeme. Hierzu drei Beispiele. 1. In einer chemischen Fabrik werden Substanzen in einem Netzwerk zusammengeschalteter Reaktoren einer Folge von chemischen Reaktionen unterzogen. Variable zur Beschreibung des Systems sind Drücke, Temperaturen, Durchflußgeschwindigkeiten und Konzentrationen bestimmter Substanzen an bestimmten Stellen des Systems. Zwischen diesen Variablen und ihren Ableitungen nach der Zeit (z. B. Konzentrationsänderungsgeschwindigkeiten) bestehen Abhängigkeiten. Wenn sie linear sind, dann wird der gesamte Prozeß durch ein System linearer Differentialgleichungen beschrieben. 2. Man ersetze die Begriffe chemische Fabrik und chemischer Reaktor durch menschlicher Körper bzw. inneres Organ und interpretiere die chemischen Substanzen als Nahrung, Medikamente, eingeatmeten Sauerstoff und Ausscheidungen. Dann gilt im Prinzip alles vorher Gesagte. 3. In einer gegebenen natürlichen Umgebung konkurrieren mehrere Spezies von Lebewesen in dem Sinne miteinander, daß einige sich von anderen ernähren. Wenn die aus Geburts- und Sterberaten gebildete Zuwachsrate jeder Spezies linear sowohl vom Nahrungsangebot (d.h. von den Populationsstärken der Beutespezies) als auch von der Populationsstärke der eigenen Spezies abhängt, dann ergibt sich für die Populationsstärken ein System linearer Differentialgleichungen.

Das vorliegende Kapitel behandelt zwar nicht die Formulierung derartiger Gleichungssysteme, aber es liefert Methoden zu ihrer Lösung.

2.1 Formulierung von Bewegungsgleichungen

In diesem Abschnitt werden mechanische Systeme mit $n > 1$ generalisierten Koordinaten $q_1, \ldots, q_n$ untersucht, deren Bewegungsgleichungen die Matrixform

$$M\ddot{q} + D\dot{q} + Kq = 0 \qquad (2.1)$$

mit konstanten Koeffizientenmatrizen M, D und K haben. Die Gleichung beschreibt ungedämpfte oder gedämpfte freie Schwingungen von linearen Systemen mit Massen, Dämpfern und Federn. Fettgedruckte Symbole bezeichnen Matrizen. Die nicht angegebenen Zeilen- und Spaltenzahlen ergeben sich aus dem Zusammenhang. So ist q die Spaltenmatrix $[q_1 \ldots q_n]^T$, und 0 ist die Spaltenmatrix mit n Elementen null. Der Exponent ^{T} bedeutet Transposition. Die später benötigte Einheitsmatrix wird mit I bezeichnet.

Im folgenden geht es um die Formulierung von Gl. (2.1) für gegebene mechanische Systeme und um allgemeine Eigenschaften der Matrizen M, D und K. Den einfachsten Zugang bietet die Lagrangesche Gleichung

$$\frac{\mathrm{d}}{\mathrm{d}t}\frac{\partial T}{\partial \dot{q}_k} - \frac{\partial T}{\partial q_k} + \frac{\partial V}{\partial q_k} = Q_k \qquad (k = 1, \dots, n). \tag{2.2}$$

T und V sind die kinetische bzw. die potentielle Energie des Systems. Die generalisierten Kräfte Q_k sind bei freien Schwingungen Dämpferkräfte.

2.1.1 Massenmatrix. Steifigkeitsmatrix

Die Matrizen M und K in (2.1) heißen Massenmatrix bzw. Steifigkeitsmatrix. Die kinetische Energie T kann Beiträge zu allen drei Matrizen M, D und K leisten.

Beispiel 2.1 Die Punktmasse m in Abb. 2.1 bewegt sich frei in der gezeichneten Ebene. Diese Ebene ist horizontal, so daß das Gewicht keine Rolle spielt. Die Lage der Masse wird durch die Koordinaten q_1, q_2 in dem mit $\Omega = $ const rotierenden ξ, η-System beschrieben. Bei der Untersuchung von Schwingungen an rotierenden Maschinenwellen muß man Koordinaten manchmal so wählen (s. Aufg. 5). Welche Form hat Gl. (2.1)?

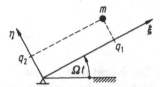

Abb. 2.1.

Lösung: Die absolute Geschwindigkeit hat im ξ, η-System die Koordinaten $v_\xi = \dot{q}_1 - \Omega q_2$, $v_\eta = \dot{q}_2 + \Omega q_1$. Damit ergibt sich

$$T = \tfrac{1}{2}m(v_\xi^2 + v_\eta^2) = \tfrac{1}{2}m(\dot{q}_1^2 + \dot{q}_2^2) + m\Omega(\dot{q}_2 q_1 - \dot{q}_1 q_2) + \tfrac{1}{2}m\Omega^2(q_1^2 + q_2^2).$$

Die potentielle Energie V ist konstant. Dämpfungskräfte Q_1 und Q_2 sind nicht vorhanden. Die Auswertung von Gl. (2.2) liefert die gesuchten Bewegungsgleichungen:

$$\begin{pmatrix} m & 0 \\ 0 & m \end{pmatrix} \ddot{q} + \begin{pmatrix} 0 & -2m\Omega \\ 2m\Omega & 0 \end{pmatrix} \dot{q} + \begin{pmatrix} -m\Omega^2 & 0 \\ 0 & -m\Omega^2 \end{pmatrix} q = 0. \tag{2.3}$$

Die Koeffizientenmatrizen vor $\dot{q}$ und q werden durch die Winkelgeschwindigkeit Ω des Bezugssystems verursacht. Ende des Beispiels.

Im folgenden wird der einfachere Fall vorausgesetzt, daß die kinetische Energie $T = \frac{1}{2} \int v^2 \mathrm{d}m$ eines Systems eine homogen-quadratische Form der generalisierten Geschwindigkeiten mit konstanten Koeffizienten m_{ij} ist:

$$T = \frac{1}{2} \sum_{i=1}^{n} \sum_{j=1}^{n} m_{ij} \dot{q}_i \dot{q}_j = \frac{1}{2} \dot{q}^{\mathrm{T}} M \dot{q}. \tag{2.4}$$

Man kann den Ausdruck immer so schreiben, daß $m_{ji} = m_{ij}$ ist, so daß M symmetrisch ist. M ist so beschaffen, daß für beliebige $\dot{q} \neq 0$ $T > 0$ ist. Diese Eigenschaft wird mit den Worten ausgedrückt: T und damit auch M sind *positiv definit*.

Die potentielle Energie V besteht aus Federenergie und potentieller Energie von Massen im Schwerefeld. Wenn das System linear ist, dann ist $V(q_1, \ldots, q_n)$ eine quadratische Form

$$V = \frac{1}{2} \sum_{i=1}^{n} \sum_{j=1}^{n} k_{ij} q_i q_j + \sum_{i=1}^{n} c_i q_i + V_0 \tag{2.5}$$

mit Konstanten k_{ij}, c_i und V_0. Den homogen-quadratischen Anteil kann man immer so schreiben, daß $k_{ji} = k_{ij}$ ist. Wir untersuchen Bewegungen in der Nachbarschaft von Gleichgewichtslagen. In Gleichgewichtslagen hat V stationäre Werte. Wenn man vereinbart, daß in der Gleichgewichtslage $q_i = 0$ $(i = 1, \ldots, n)$ sein soll, dann gilt also

$$\left. \frac{\partial V}{\partial q_k} \right|_{(q=0)} = 0 \qquad (k = 1, \ldots, n). \tag{2.6}$$

Daraus folgt, daß in (2.5) $c_i = 0$ $(i = 1, \ldots, n)$ ist. Die Konstante V_0 spielt keine Rolle. Sie ist null, wenn man als Nullniveau für V die Gleichgewichtslage wählt. Dann ist V die homogen-quadratische Form

$$V = \frac{1}{2} \sum_{i=1}^{n} \sum_{j=1}^{n} k_{ij} q_i q_j = \frac{1}{2} q^{\mathrm{T}} K q \tag{2.7}$$

mit einer symmetrischen Matrix K.

Gleichgewichtslagen sind entweder *stabil* oder *instabil* (zum folgenden s. Abschnitt 0.2). Wenn V in der Gleichgewichtslage $q = 0$ ein lokales Minimum hat, d.h. wenn für beliebige $q \neq 0$ (in einer gewissen Umgebung) $V > 0$ ist, dann ist die Gleichgewichtslage nach dem Satz von Lagrange/Dirichlet stabil. Diese Eigenschaft von V und damit von K wird mit den Worten ausgedrückt: V und K sind positiv definit. Alle Gleichgewichtslagen, die nicht stabil sind, heißen instabil. Zu ihnen gehören auch die besonderen Gleichgewichtslagen, die man in der Statik *indifferent* nennt. Sie zeichnen sich dadurch aus, daß die potentielle Energie in keiner Nachbarlage negativ ist, daß es aber in jeder beliebig kleinen Umgebung Lagen $q \neq 0$ mit der potentiellen Energie $V = 0$ gibt. Abb. 2.2 zeigt ein Beispiel. Jede Ruhelage des Systems, in der die Feder entspannt ist, ist eine Gleichgewichtslage. Die genannte Eigenschaft von V heißt in Worten: V und damit auch K ist *positiv semidefinit*. In allen nicht indifferenten, instabilen Gleichgewichtslagen eines linearen Systems hat V entweder ein Maximum oder einen Sattelpunkt. Dann ist die Matrix K weder positiv definit noch positiv semidefinit. Man nennt sie dann indefinit.

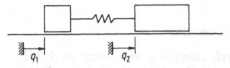

Abb. 2.2. System mit indifferentem Gleichgewicht

Ob eine homogen-quadratische Form V positiv definit oder positiv semidefinit ist, kann man wie folgt feststellen. Die Doppelsumme (2.7) ist offensichtlich positiv semidefinit, wenn keine Teildoppelsumme über irgendwelche Zahlen $i, j = i_1, i_2, \cdots, i_p$ aus der Menge $\{1, \ldots, n\}$ negativ sein kann, wenigstens eine aber mit $q \neq 0$ gleich null sein kann. Die Bedingung dafür lautet wie folgt (s. [11]). Alle *Hauptminoren* $H(i_1, i_2, \cdots, i_p)$ der Matrix K mit Zahlen $p \leq n$ und $1 \leq i_1 < i_2 < \cdots < i_p \leq n$ müssen ≥ 0 sein und wenigstens ein Hauptminor muß $= 0$ sein. Der Hauptminor $H(i_1, i_2, \cdots, i_p)$ ist die Determinante der symmetrischen $p \times p$-Untermatrix von K mit den Elementen k_{ij} $(i, j = i_1, i_2, \cdots, i_p)$.

Für die positive Definitheit ist nach einem Satz von Sylvester notwendig und hinreichend, daß alle n *Hauptabschnittsdeterminanten* D_p $(p = 1, \ldots, n)$ der Matrix > 0 sind. Die Hauptabschnittsdeterminante D_p ist der spezielle Hauptminor $D_p = H(1, 2, \ldots, p)$. Da die Berechnung von Determinanten sehr aufwendig ist, eignen sich diese Kriterien nur für Matrizen kleiner Zeilen- und Spaltenzahl. In [12] findet der Leser unter dem Stichwort Dreieckszerlegung ein Kriterium für positive Definitheit, das für numerische Rechnungen an großen Matrizen geeignet ist.

Jetzt werden die Ausdrücke mit T und V in den Lagrangeschen Gleichungen formuliert. Aus (2.4) und (2.7) berechnet man

$$\frac{\partial T}{\partial \dot{q}_k} = \frac{1}{2}\left(\sum_{i=1}^{n} m_{ik}\dot{q}_i + \sum_{j=1}^{n} m_{kj}\dot{q}_j\right) = \sum_{j=1}^{n} m_{kj}\dot{q}_j,$$

$$\frac{\mathrm{d}}{\mathrm{d}t}\frac{\partial T}{\partial \dot{q}_k} = \sum_{j=1}^{n} m_{kj}\ddot{q}_j, \qquad \frac{\partial V}{\partial q_k} = \sum_{j=1}^{n} k_{kj}q_j.$$

Damit nehmen die Gleichungen die Form an:

$$\sum_{j=1}^{n} (m_{kj}\ddot{q}_j + k_{kj}q_j) = Q_k \qquad (k = 1, \ldots, n)$$

oder die Matrixform

$$M\ddot{q} + Kq = Q. \tag{2.8}$$

Man vergleiche das mit Gl. (2.1). Die Massenmatrix M und die Steifigkeits-matrix K sind bekannt, sobald man Ausdrücke für die kinetische Energie T und die potentielle Energie V in der Form von (2.4) bzw. (2.7) hat. Beide Matrizen sind symmetrisch. Überdies weiß man nun, daß M immer positiv definit ist, und daß die Gleichgewichtslage stabil ist, wenn K positiv definit ist.

2.1.2   Dämpfungsmatrix. Dissipationsfunktion

Wenn die Matrix D in (2.1) nur durch Dämpfung verursacht wird, heißt sie *Dämpfungsmatrix*. Sie kann ebenso einfach gebildet werden, wie die bei-den anderen Matrizen. Wir beginnen mit der Feststellung, daß generalisierte Kräfte $Q_1, \ldots, Q_n$ in (2.2) durch den Ausdruck

$$\delta W = \sum_{k=1}^{n} \delta q_k Q_k = \delta q^{\mathrm{T}} Q$$

für die virtuelle Arbeit bei einer virtuellen Verschiebung $\delta q_1, \ldots, \delta q_n$ definiert sind und aus ihm berechnet werden. Man muß also die virtuelle Arbeit δW der Dämpferkräfte in die Form

$$\delta W = -\delta q^{\mathrm{T}} D \dot{q} \tag{2.9}$$

bringen. Der Einfachheit halber sei zunächst angenommen, daß nur ein ein-ziger Dämpfer mit der Dämpferkonstanten d vorhanden ist, und daß er zwi-schen zwei beweglichen Punkten P_1 und P_2 des Systems mit den Ortsvektoren $\vec{r}_1$ bzw. $\vec{r}_2$ montiert ist. Sei $\vec{e}$ der Einheitsvektor entlang der Geraden $\overline{P_1 P_2}$. Sei ferner v_{rel} die Geschwindigkeit des Dämpferkolbens im Zylinder. Sie ist die Komponente der Geschwindigkeit $\dot{\vec{r}}_2 - \dot{\vec{r}}_1$ von P_2 relativ zu P_1 entlang $\vec{e}$, d.h. der Ausdruck

$$v_{\mathrm{rel}} = (\dot{\vec{r}}_2 - \dot{\vec{r}}_1) \cdot \vec{e}. \tag{2.10}$$

Der Dämpfer greift an P_1 und P_2 mit den Kräften an:

$$\vec{F}_1 = d\,\vec{e}\,v_{\mathrm{rel}} = d\,\vec{e}\,(\dot{\vec{r}}_2 - \dot{\vec{r}}_1) \cdot \vec{e}, \qquad \vec{F}_2 = -\vec{F}_1.$$

Die virtuelle Arbeit der beiden Kräfte ist

$$\delta W = \delta \vec{r}_1 \cdot \vec{F}_1 + \delta \vec{r}_2 \cdot \vec{F}_2 = -d\,[\delta(\vec{r}_2 - \vec{r}_1) \cdot \vec{e}][(\dot{\vec{r}}_2 - \dot{\vec{r}}_1) \cdot \vec{e}].$$

Die Geschwindigkeit v_{rel} ist eine Linearkombination von $\dot{q}_1, \ldots, \dot{q}_n$, d.h. ein Ausdruck, der sich in den beiden Formen schreiben läßt: $v_{\mathrm{rel}} = C^{\mathrm{T}} \dot{q} = \dot{q}^{\mathrm{T}} C$. Darin ist $C = [C_1 \ldots C_n]^{\mathrm{T}}$ eine konstante Spaltenmatrix, deren Elemente sich in jedem konkreten Fall angeben lassen. Mit (2.10) ist also

$$v_{\mathrm{rel}} = (\dot{\vec{r}}_2 - \dot{\vec{r}}_1) \cdot \vec{e} = C^{\mathrm{T}} \dot{q} = \dot{q}^{\mathrm{T}} C. \tag{2.11}$$

Daraus folgt formal $\delta(\vec{r}_2 - \vec{r}_1) \cdot \vec{e} = C^{\mathrm{T}}\delta q = \delta q^{\mathrm{T}}C$. Damit ergibt sich für die virtuelle Arbeit der Ausdruck

$$\delta W = -\delta q^{\mathrm{T}}d\,C C^{\mathrm{T}}\dot{q}. \tag{2.12}$$

Er hat tatsächlich die gewünschte Form (2.9). Die gesuchte Matrix D ist symmetrisch. Sie ist das Produkt $D = d\,C C^{\mathrm{T}}$. Die Berechnung wird noch einfacher, wenn man den Ausdruck dv_{rel}^2 bildet. Mit (2.11) ist $dv_{\mathrm{rel}}^2 = \dot{q}^{\mathrm{T}}d\,C C^{\mathrm{T}}\dot{q} = \dot{q}^{\mathrm{T}}D\dot{q}$. Auch so erhält man also die Matrix D.

Nach diesen Erklärungen kann man die Beschränkung auf einen einzigen Dämpfer aufgeben. Wenn N (beliebig) die Anzahl der Dämpfer ist, dann ist D die symmetrische Koeffizientenmatrix in dem Ausdruck

$$R = \frac{1}{2}\sum_{i=1}^{N} d_i v_{i\,\mathrm{rel}}^2 = \frac{1}{2}\dot{q}^{\mathrm{T}}D\dot{q}. \tag{2.13}$$

R heißt *Rayleighsche Dissipationsfunktion*. Ihre physikalische Bedeutung ergibt sich aus folgender Überlegung. In dem Ausdruck $\delta W = -\delta q^{\mathrm{T}}D\dot{q}$ für die virtuelle Arbeit wähle man als virtuelle Verschiebungen δq die Differentiale dq der tatsächlich auftretenden Verschiebungen. Dann ist $dW = -dq^{\mathrm{T}}D\dot{q}$. Folglich ist die Leistung der Dämpferkräfte $dW/dt = -\dot{q}^{\mathrm{T}}D\dot{q} = -2R$. Sie ist gleich der totalen zeitlichen Ableitung der Gesamtenergie $E = T + V$ des mechanischen Systems:

$$\dot{E} = -\dot{q}^{\mathrm{T}}D\dot{q} = -2R. \tag{2.14}$$

Diese Gleichung erklärt die physikalische Bedeutung von R. Ebenso wie im Zusammenhang mit der Steifigkeitsmatrix K sind auch Definitheitseigenschaften von D von Bedeutung. Wenn D positiv definit ist, dann ist jede beliebige Bewegung mit Energieverlust, d.h. mit Dämpfung verbunden. Wenn D positiv semidefinit ist, dann sind spezielle Bewegungen $\dot{q} \neq 0$ ohne Dämpfung möglich, und alle anderen Bewegungen sind gedämpft.

Beispiel 2.2. Bei dem dreigeschossigen Gebäude in Abb. 2.3 sind die vertikalen Stützen masselose Biegefedern, so daß Schwingungen in horizontaler Richtung auftreten können. Das System hat zwei Dämpfer. Die Koordinaten q_1, q_2 und q_3 sind die horizontalen Verschiebungen der Massen im Inertialsystem. Die kinetische Energie ist

$$T = \frac{1}{2}(m_1\dot{q}_1^2 + m_2\dot{q}_2^2 + m_3\dot{q}_3^2) = \frac{1}{2}\,\dot{q}^{\mathrm{T}}\begin{pmatrix} m_1 & 0 & 0 \\ 0 & m_2 & 0 \\ 0 & 0 & m_3 \end{pmatrix}\dot{q} = \frac{1}{2}\,\dot{q}^{\mathrm{T}}M\dot{q}.$$

Die Relativgeschwindigkeiten an den beiden Dämpfern (d.h. die in (2.11) mit $C^{\mathrm{T}}\dot{q}$ bezeichneten Linearkombinationen) sind $\dot{q}_2 - \dot{q}_1$ und $\dot{q}_3$. Damit ist die Rayleighsche Dissipationsfunktion

$$R = \frac{1}{2}\left[d_2(\dot{q}_2 - \dot{q}_1)^2 + d_3\dot{q}_3^2\right] = \frac{1}{2}\,\dot{q}^{\mathrm{T}}\begin{pmatrix} d_2 & -d_2 & 0 \\ -d_2 & d_2 & 0 \\ 0 & 0 & d_3 \end{pmatrix}\dot{q} = \frac{1}{2}\,\dot{q}^{\mathrm{T}}D\dot{q}.$$

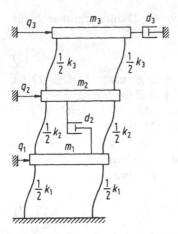

Abb. 2.3. Dreigeschossiges Gebäude mit Biegefedern und Dämpfern

Die Durchbiegungen der Federn sind q_1 bzw. $q_2 - q_1$ bzw. $q_3 - q_2$. Damit ist die potentielle Energie

$$V = \frac{1}{2} \left[k_1 q_1^2 + k_2(q_2 - q_1)^2 + k_3(q_3 - q_2)^2 \right]$$

$$= \frac{1}{2} q^{\mathrm{T}} \begin{pmatrix} k_1 + k_2 & -k_2 & 0 \\ -k_2 & k_2 + k_3 & -k_3 \\ 0 & -k_3 & k_3 \end{pmatrix} q = \frac{1}{2} q^{\mathrm{T}} K q.$$

Die explizit angegebenen Matrizen M, D und K bilden die Differentialgleichung $M\ddot{q} + D\dot{q} + Kq = 0$. An dem ersten Ausdruck für die Rayleighsche Dissipationsfunktion R erkennt man, daß sie positiv semidefinit ist: Bewegungen mit $\dot{q}_2 - \dot{q}_1 = \dot{q}_3 = 0$ sind ungedämpft, und alle anderen Bewegungen sind gedämpft. Ende des Beispiels.

2.1.3 Linearisierung von Bewegungsgleichungen

Häufig will man kleine Schwingungen eines nichtlinearen Systems um eine Gleichgewichtslage untersuchen. Dann muß man linearisierte Bewegungsgleichungen formulieren. Zu diesem Zweck kann man für T und V exakte, nichtlineare Ausdrücke formulieren, aus ihnen nach der Vorschrift (2.2) nichtlineare Bewegungsgleichungen entwickeln und diese dann linearisieren. Das ist unnötig kompliziert. Es ist viel einfacher, die nichtlinearen Ausdrücke für T und V bis zu quadratischen Gliedern in Taylorreihen zu entwickeln. Die Reihen beginnen mit den quadratischen Gliedern, wenn $q = 0$ die Gleichgewichtslage ist. Die quadratischen Glieder muß man dann nur noch in die Formen (2.4) bzw. (2.7) bringen. Dann hat man bereits die Matrizen für die linearisierten Bewegungsgleichungen. Diese Vorgehensweise setzt natürlich voraus, daß eine Taylorreihenentwicklung überhaupt möglich ist, und daß sie mit einem quadratischen Glied beginnt (d.h. nicht erst mit einem Glied höherer Ordnung).

Beispiel 2.3. Für die Koordinaten q_1 und q_2 der Pendel in Abb. 2.4 sollen Differentialgleichungen für kleine Schwingungen formuliert werden. Die Feder sei entspannt und horizontal gerichtet, wenn beide Pendel vertikal hängen, so daß die Lage $q_1 = q_2 = 0$ eine Gleichgewichtslage ist.

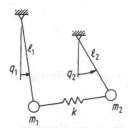

Abb. 2.4. Pendel mit Federkopplung

Lösung: Die kinetische und die potentielle Energie sind in quadratischer Näherung

$$T = \tfrac{1}{2}(m_1\ell_1^2\dot{q}_1^2 + m_2\ell_2^2\dot{q}_2^2) + \cdots$$

$$= \tfrac{1}{2}\,\dot{q}^{\mathrm{T}} \begin{pmatrix} m_1\ell_1^2 & 0 \\ 0 & m_2\ell_2^2 \end{pmatrix} \dot{q} + \cdots = \tfrac{1}{2}\,\dot{q}^{\mathrm{T}}M\dot{q} + \cdots,$$

$$V \approx m_1 g\ell_1(1 - \cos q_1) + m_2 g\ell_2(1 - \cos q_2) + \tfrac{k}{2}(\ell_2\sin q_2 - \ell_1\sin q_1)^2$$

$$= \tfrac{1}{2}m_1 g\ell_1 q_1^2 + \tfrac{1}{2}m_2 g\ell_2 q_2^2 + \tfrac{k}{2}(\ell_2 q_2 - \ell_1 q_1)^2 + \cdots$$

$$= \tfrac{1}{2}\,q^{\mathrm{T}} \begin{pmatrix} m_1 g\ell_1 + k\ell_1^2 & -k\ell_1\ell_2 \\ -k\ell_1\ell_2 & m_2 g\ell_2 + k\ell_2^2 \end{pmatrix} q + \cdots = \tfrac{1}{2}\,q^{\mathrm{T}}Kq + \cdots.$$

Die explizit angegebenen Matrizen bilden die linearisierten Bewegungsgleichungen $M\ddot{q} + Kq = 0$. Ende des Beispiels.

Beispiel 2.4. Der auf Federn und Dämpfern gelagerte starre Körper in Abb. 2.5 hat 6 Freiheitsgrade der Bewegung. In der gezeichneten Stellung ist er im Gleichgewicht. Das kartesische Koordinatensystem mit den Achseneinheitsvektoren $\vec{e}_i$ ($i = 1, 2, 3$) und dem Ursprung im Schwerpunkt ist körperfest. Sei J die 3×3-Matrix der axialen und zentrifugalen Trägheitsmomente in diesem System. Die Masse des Körpers ist m. Die Feder i ($i = 1, \ldots, n_{\mathrm{F}}$) hat die Federkonstante k_i, den Anlenkpunkt am Ortsvektor $\vec{\varrho}_i$ und die Richtung des Einheitsvektors $\vec{u}_i$. Die entsprechenden Größen für den Dämpfer i ($i = 1, \ldots, n_{\mathrm{D}}$) sind d_i, $\vec{\sigma}_i$ und $\vec{w}_i$. Man formuliere linearisierte Bewegungsgleichungen für kleine Schwingungen. Die Federn und Dämpfer sind so lang, daß ihre Richtungen bei kleinen Schwingungen im Rahmen der Linearisierung unveränderlich sind.

Lösung: Seien $\vec{x}$ der Vektor der Schwerpunktverschiebung und $\vec{\phi}$ der Winkelvektor kleiner Drehungen des körperfesten Koordinatensystems relativ zu einem Inertialsystem. Dieses Inertialsystem wird so gewählt, daß es mit dem körperfesten System

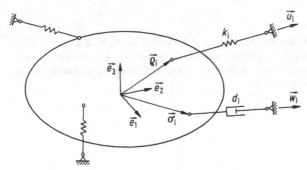

Abb. 2.5. Auf Federn und Dämpfern gelagerter starrer Körper mit 6 Freiheitsgraden der Bewegung

zusammenfällt, wenn der Körper in der Gleichgewichtslage ist. Sechs Koordinaten $q_1, \ldots, q_6$ zur Beschreibung der Lage des Körpers werden wie folgt gewählt: $q_i = x_i = \vec{x} \cdot \vec{e}_i$, $q_{i+3} = \phi_i = \vec{\phi} \cdot \vec{e}_i$ ($i = 1, 2, 3$). Mit ihnen werden folgende Matrizen definiert: $x = [x_1 \; x_2 \; x_3]^{\mathrm{T}} = [q_1 \; q_2 \; q_3]^{\mathrm{T}}$, $\phi = [\phi_1 \; \phi_2 \; \phi_3]^{\mathrm{T}} = [q_4 \; q_5 \; q_6]^{\mathrm{T}}$ und $q = [q_1 \; \ldots \; q_6]^{\mathrm{T}}$. Man benötigt die Vektoren $\vec{a}_i = \vec{\varrho}_i \times \vec{u}_i$ und $\vec{b}_i = \vec{\sigma}_i \times \vec{w}_i$. Seien ferner u_i, w_i, a_i und b_i die konstanten Spaltenmatrizen der jeweils 3 Koordinaten des entsprechenden Vektors in der Gleichgewichtslage des Systems. Mit diesen Größen ist die kinetische Energie in quadratischer Näherung

$$T \approx \tfrac{1}{2}(m\dot{x}^{\mathrm{T}}\dot{x} + \dot{\phi}^{\mathrm{T}}J\dot{\phi}) = \tfrac{1}{2}\dot{q}^{\mathrm{T}}\begin{pmatrix} mI & 0 \\ 0 & J \end{pmatrix}\dot{q} = \tfrac{1}{2}\dot{q}^{\mathrm{T}}M\dot{q}.$$

Die Rayleighsche Dissipationsfunktion und die potentielle Energie sind

$$R = \frac{1}{2}\sum_{i=1}^{n_{\mathrm{D}}} d_i v_{i\,\mathrm{rel}}^2, \qquad V = \frac{1}{2}\sum_{i=1}^{n_{\mathrm{F}}} k_i(\Delta\ell_i)^2.$$

Die Geschwindigkeit $v_{i\,\mathrm{rel}}$ am Dämpfer i und ihr Quadrat sind

$$v_{i\,\mathrm{rel}} \approx (\dot{\vec{x}} + \dot{\vec{\phi}} \times \vec{\sigma}_i) \cdot \vec{w}_i = \dot{\vec{x}} \cdot \vec{w}_i + \dot{\vec{\phi}} \cdot \vec{b}_i \approx \dot{x}^{\mathrm{T}}w_i + \dot{\phi}^{\mathrm{T}}b_i,$$

$$v_{i\,\mathrm{rel}}^2 \approx \dot{x}^{\mathrm{T}}w_i w_i^{\mathrm{T}}\dot{x} + 2\dot{x}^{\mathrm{T}}w_i b_i^{\mathrm{T}}\dot{\phi} + \dot{\phi}^{\mathrm{T}}b_i b_i^{\mathrm{T}}\dot{\phi}.$$

Entspechend sind die Längenänderung der Feder i und ihr Quadrat

$$\Delta\ell_i \approx (\vec{x} + \vec{\phi} \times \vec{\varrho}_i) \cdot \vec{u}_i = \vec{x} \cdot \vec{u}_i + \vec{\phi} \cdot \vec{a}_i \approx x^{\mathrm{T}}u_i + \phi^{\mathrm{T}}a_i,$$

$$(\Delta\ell_i)^2 \approx x^{\mathrm{T}}u_i u_i^{\mathrm{T}}x + 2x^{\mathrm{T}}u_i a_i^{\mathrm{T}}\phi + \phi^{\mathrm{T}}a_i a_i^{\mathrm{T}}\phi.$$

Damit erhält man in quadratischer Näherung die Ausdrücke

$$R \approx \frac{1}{2}\dot{q}^{\mathrm{T}}\sum_{i=1}^{n_{\mathrm{D}}} d_i \begin{pmatrix} w_i w_i^{\mathrm{T}} & w_i b_i^{\mathrm{T}} \\ b_i w_i^{\mathrm{T}} & b_i b_i^{\mathrm{T}} \end{pmatrix}\dot{q} = \frac{1}{2}\dot{q}^{\mathrm{T}}D\dot{q},$$

$$V \approx \frac{1}{2}q^{\mathrm{T}}\sum_{i=1}^{n_{\mathrm{F}}} k_i \begin{pmatrix} u_i u_i^{\mathrm{T}} & u_i a_i^{\mathrm{T}} \\ a_i u_i^{\mathrm{T}} & a_i a_i^{\mathrm{T}} \end{pmatrix}q = \frac{1}{2}q^{\mathrm{T}}Kq.$$

Die in T, R und V explizit angegebenen Matrizen bilden die gesuchten linearisierten Bewegungsgleichungen $M\ddot{q} + D\dot{q} + Kq = 0$. Ende des Beispiels.

2.1.4 Gyroskopische Kräfte

Es wurde gezeigt, daß Kräfte der Form $D\dot{q}$ mit einer symmetrischen Matrix D die Gesamtenergie E eines Systems so verändern, daß $\dot{E} = -\dot{q}^T D\dot{q}$ ist. Als Doppelsumme geschrieben ist

$$\dot{E} = -\frac{1}{2} \sum_{i=1}^{n} \sum_{j=1}^{n} (D_{ij} + D_{ji})\dot{q}_i\dot{q}_j.$$

Daran erkennt man, daß $\dot{E}$ unabhängig von $\dot{q}$ gleich null ist, wenn die Matrix D durch eine schiefsymmetrische Matrix ersetzt wird. Kräfte der Form $G\dot{q}$ mit einer schiefsymmetrischen Matrix G heißen *gyroskopische Kräfte*, und die Koeffizientenmatrix G in den Differentialgleichungen heißt gyroskopische Matrix. Ein Gyroskop ist ein Kreisel. Die Bezeichnung weist daraufhin, daß Kräfte dieser Art in Systemen mit Kreiseln auftreten.

Gyroskopische Kräfte verändern also die Energie E des Systems nicht. Anders ausgedrückt: Bei tatsächlichen Verschiebungen des Systems verrichten sie keine Arbeit. Technisch interessante gyroskopische Kräfte sind die Corioliskraft $-\vec{\omega} \times \vec{v}_{\text{rel}} m$ in der Mechanik und die Lorentzkraft $q\vec{v} \times \vec{B}$ in der Elektrodynamik. Die Lorentzkraft greift an einem Körper an, der die elektrische Ladung q hat und der sich mit der Geschwindigkeit $\vec{v}$ in einem Magnetfeld der Stärke $\vec{B}$ bewegt. Beide Kräfte sind orthogonal zur Verschiebungsgeschwindigkeit $\vec{v}_{\text{rel}}$ bzw. $\vec{v}$ des Körpers. Daher verrichten sie tatsächlich keine Arbeit.

Eine gyroskopische Matrix kann auch durch die Verwendung von generalisierten Koordinaten relativ zu einem rotierenden Bezugssystem auftreten. Ein Beispiel ist Gl. (2.3).

Beispiel 2.5. Auf einer beliebig gelagerten, elastischen, masselosen Welle sind in beliebiger Anordnung n dünne, starre Kreisscheiben befestigt (Massen m_i, Trägheitsmomente J_{ix} um die Querachse und J_{iz} um die Wellenachse ($i = 1, \ldots, n$); Schwerpunkte auf der Wellenachse; Symmetrieachsen in der Wellenachse). Das System rotiert reibungsfrei und ohne Antrieb mit einer großen Winkelgeschwindigkeit Ω. Abb. 2.6a zeigt einen Abschnitt der elastisch deformierten Welle mit der Scheibe i und ein inertiales x, y, z-System. Die nicht deformierte Welle liegt in der z-Achse. Am Ort der Scheibenmitte S treten die in Abb.b gezeigten Verschiebungen x_i und y_i und kleine Drehwinkel φ_i um die x-Achse und ψ_i um die y-Achse auf. Man formuliere linearisierte Bewegungsgleichungen für diese Größen. Gewichtskräfte sind vernachlässigbar.

Lösung: Eine einzelne freigeschnittene Scheibe i macht die schnelle Drehung mit Ω um ihre Figurenachse und die im Vergleich dazu langsamen Drehungen mit $\dot{\varphi}_i$ und $\dot{\psi}_i$. Im x, y, z-System hat der Drall $\vec{L}_i$ der Scheibe in linearer Näherung die Komponenten $L_{ix} = J_{ix}\dot{\varphi}_i + J_{iz}\Omega\psi_i$, $L_{iy} = J_{ix}\dot{\psi}_i - J_{iz}\Omega\varphi_i$, $L_{iz} = J_{iz}\Omega$. Der Drallsatz lautet $d\vec{L}_i/dt = \vec{M}_i$. Die 3. Komponente liefert wegen $M_{iz} = 0$ die

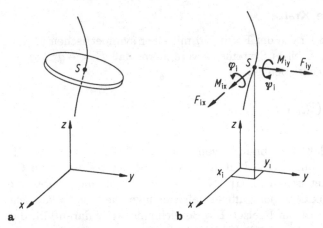

Abb. 2.6. Scheibe i auf der deformierten Welle (a). Lagekoordinaten x_i, y_i, φ_i, ψ_i der Scheibe und generalisierte Kräfte F_{ix}, F_{iy}, M_{ix}, M_{iy} an der Scheibe (b)

Aussage Ω = const. Die beiden anderen Komponenten ergeben die beiden links aufgeführten Gleichungen:

$$
\left.
\begin{aligned}
J_{ix}\ddot{\varphi}_i + J_{iz}\Omega\dot{\psi}_i = M_{ix}, & \qquad m_i\ddot{x}_i = F_{ix}, \\
J_{ix}\ddot{\psi}_i - J_{iz}\Omega\dot{\varphi}_i = M_{iy}, & \qquad m_i\ddot{y}_i = F_{iy}
\end{aligned}
\right\} \qquad (i = 1, \ldots, n).
$$

Die beiden Gleichungen rechts sind Newtonsche Bewegungsgleichungen. Die Größen M_{ix}, M_{iy}, F_{ix} und F_{iy} sind die Momente bzw. die Kräfte, mit denen die Welle an der Scheibe angreift. Seien q und Q die Spaltenmatrizen aller $4n$ generalisierten Koordinaten φ_i, ψ_i, x_i, y_i ($i = 1, \ldots, n$) bzw. aller $4n$ generalisierten Kräfte M_{ix}, M_{iy}, F_{ix}, F_{iy} ($i = 1, \ldots, n$). Dann können alle $4n$ Gleichungen in einer Matrixgleichung der Form $M\ddot{q} + G\dot{q} = Q$ zusammengefaßt werden. Darin ist M eine Diagonalmatrix mit den Diagonalelementen J_{ix} und m_i, und G ist eine konstante schiefsymmetrische Matrix mit Elementen null, $+J_{iz}\Omega$ und $-J_{iz}\Omega$ ($i = 1, \ldots, n$). Sie ist die gyroskopische Matrix. An der masselosen Welle greifen die generalisierten Kräfte $-Q$ an. Sie verursachen die generalisierten Verschiebungen q. Mit Methoden der Festigkeitslehre wird die Steifigkeitsmatrix K der Beziehung $-Q = Kq$ bestimmt. Mit diesem Ausdruck erhält man die gewünschten Bewegungsgleichungen:

$$
M\ddot{q} + G\dot{q} + Kq = 0. \tag{2.15}
$$

Ende des Beispiels.

2.1.5 Schwingerketten

Die Abschnitten 2.1.1, 2.1.2 haben gezeigt, daß die Matrizen M, D und K in der Gleichung $M\ddot{q} + D\dot{q} + Kq = F$ eines Schwingers mit n Freiheitsgraden von den physikalischen Parametern des Systems, von seiner Struktur und von der Wahl der Koordinaten q abhängen. In diesem Abschnitt werden diese Abhängigkeiten bei sog. Schwingerketten genauer untersucht. Abb. 2.7 zeigt ein typisches Beispiel mit $n = 5$ Körpern, $m^F = 10$ Federn und $m^D = 3$

Dämpfern. Die Zahlen n, m^F und m^D sind beliebig, und auch die Numerierungen der Körper, Federn und Dämpfer sind beliebig. Das feste Gestell wird als Körper 0 bezeichnet. Jeder der Körper $i = 1, \ldots, n$ hat einen Freiheitsgrad der Translation entlang der x-Achse. An Körper i greift eine äußere Kraft F_i^a an ($i = 1, \ldots, n$). Nur F_3^a ist dargestellt. Von einer Schwingerkette spricht man auch dann, wenn jeder Körper einen Freiheitsgrad der Rotation hat, und wenn die Körper durch Drehfedern und Drehdämpfer verbunden sind. Von diesem Typ sind z. B. verzweigte Stirnradgetriebe, wenn man die Räder als starre Körper und die Wellen als masselose Feder-Dämpfer-Elemente darstellt.

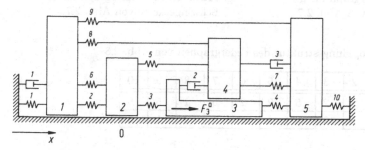

Abb. 2.7. Schwingerkette mit Körpern $0, \ldots, 5$, Federn $1, \ldots, 10$ und Dämpfern $1, \ldots, 3$. Die äußere Kraft an Körper i heißt F_i^a

Federgraph. Dämpfergraph. Koordinatenbaum

Die Kopplungsstruktur der Körper durch Federn wird in einem sog. *Graph,* dem *Federgraph* des Systems, abgebildet (Abb. 2.8). Seine *Knoten* (die Punkte) stellen die Körper dar, und seine *Kanten* (die Verbindungslinien) stellen die Kopplungen durch Federn dar. Da der Graph weder physikalische Eigenschaften von Körpern oder Federn noch Lagen oder Bewegungsrichtungen von Körpern darstellen soll, kann man die Knoten beliebig auf dem Zeichenpapier anordnen und die Kanten geradlinig oder krummlinig zeichnen. Der Graph in Abb. 2.8 hat *geschlossene Kantenzüge*, z. B. den der Kanten 2, 3, 4 und 9. Der Graph ist *zusammenhängend*, weil er keine voneinander isolierten Knoten oder Teilgraphen hat. Federgraphen müssen nicht zusammenhängend sein und sie müssen keine geschlossenen Kantenzüge haben. Die Kanten 2 und 6 demonstrieren, daß zwei Knoten durch mehr als eine Kante verbunden sein dürfen.

Jeder Kante des Graphen wird durch einen beliebig gerichteten Pfeil ein *Richtungssinn* gegeben, damit man die beiden Knoten an den Enden der Kante voneinander unterscheiden kann. Sei $i^+(j)$ die Nummer desjenigen Knotens, von dem der Pfeil an Kante j ausgeht, und sei $i^-(j)$ die Nummer des Knotens, zu dem die Pfeilspitze weist. Für den Graph in Abb. 2.8 sind die Wertetabellen der beiden Funktionen in Tabelle 2.1 angegeben.

Ebenso, wie die Kopplungsstruktur der Körper durch Federn, wird auch die Kopplungsstruktur der Körper durch Dämpfer in einem *Dämpfergraph* ab-

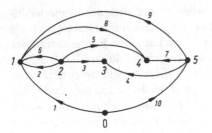
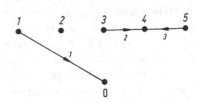
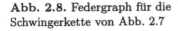

Abb. 2.8. Federgraph für die
Schwingerkette von Abb. 2.7

Abb. 2.9. Dämpfergraph für die
Schwingerkette von Abb. 2.7

Tabelle 2.1. Kopplungsstruktur des Federgraphen von Abb. 2.8

j	1	2	3	4	5	6	7	8	9	10
$i^+(j)$	0	2	2	5	2	2	5	1	5	0
$i^-(j)$	1	1	3	3	4	1	4	4	1	5

gebildet. Im betrachteten Beispiel ist dieser Graph nicht zusammenhängend
(Abb. 2.9).

Im Zusammenhang mit der Wahl generalisierter Koordinaten wird noch
ein weiterer Graph benötigt. Für die n Freiheitsgrade des Systems muß man
n voneinander unabhängige Lagekoordinaten $q_1, \ldots, q_n$ definieren. Als Koordinaten werden Verschiebungen von Körpern relativ zu anderen Körpern
einschließlich Körper 0 zugelassen, also relative und absolute Lagekoordinaten in beliebigen Kombinationen. Nach der Wahl generalisierter Koordinaten
wird der sog. *Koordinatenbaum* gezeichnet. Abb. 2.10a, b zeigt zwei Beispiele.
Jeder Koordinatenbaum ist ein Graph mit den Knoten $0, \ldots, n$ und mit gerichteten Kanten $1, \ldots, n$. Jede gerichtete Kante j ist einer generalisierten
Koordinate q_j zugeordnet und umgekehrt. Definition:

$$q_j = \text{Verschiebung von Körper } i^-(j) \text{ relativ zu}$$
$$\text{Körper } i^+(j) \text{ in positiver } x\text{-Richtung} \quad (j = 1, \ldots, n). \quad (2.16)$$

In Abb. 2.10a sind q_1 und q_2 Absolutkoordinaten von Körper 1 bzw. Körper
3, und q_3, q_4, q_5 sind Relativkoordinaten. In Abb. 2.10b sind alle Koordinaten Absolutkoordinaten. Im Gegensatz zu Federgraph und Dämpfergraph
darf dieser Graph keinen geschlossenen Kantenzug haben, weil die Koordinaten der Kanten eines geschlossenen Kantenzuges nicht unabhängig sind. Der
Graph ist damit notwendigerweise zusammenhängend. Ein Graph mit dieser
Struktur heißt *Baum*. Das erklärt die Bezeichnung Koordinatenbaum.

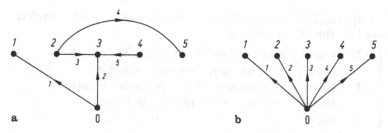

Abb. 2.10. Zwei mögliche Koordinatenbäume für die Schwingerkette von Abb. 2.7

Inzidenzmatrizen der Graphen

Die Funktionen $i^+(j)$ und $i^-(j)$ eines Graphen mit n Knoten und m Kanten definieren die sog. *Inzidenzmatrix* S des Graphen. Sie hat die Elemente

$$S_{ij} = \begin{cases} +1 & i = i^+(j) \\ -1 & i = i^-(j) \\ 0 & \text{sonst} \end{cases} \quad (i = 1, \dots, n; \; j = 1, \dots, m). \tag{2.17}$$

Die Matrix drückt aus, welche Knoten und Kanten inzidieren, d.h. aneinanderstoßen. Der erste Index steht für einen Knoten und der zweite für eine Kante. Man beachte, daß es keine Zeile $i = 0$ gibt. Für den Federgraph, den Dämpfergraph und den Koordinatenbaum der Abbn. 2.8 bis 2.10a haben die mit S^F, S^D und S^K bezeichneten Matrizen die Gestalt

$$S^F = \begin{pmatrix} -1 & -1 & 0 & 0 & 0 & -1 & 0 & 1 & -1 & 0 \\ 0 & 1 & 1 & 0 & 1 & 1 & 0 & 0 & 0 & 0 \\ 0 & 0 & -1 & -1 & 0 & 0 & 0 & 0 & 0 & 0 \\ 0 & 0 & 0 & 0 & -1 & 0 & -1 & -1 & 0 & 0 \\ 0 & 0 & 0 & 1 & 0 & 0 & 1 & 0 & 1 & -1 \end{pmatrix},$$

$$S^D = \begin{pmatrix} 1 & 0 & 0 \\ 0 & 0 & 0 \\ 0 & 1 & 0 \\ 0 & -1 & -1 \\ 0 & 0 & 1 \end{pmatrix}, \quad S^K = \begin{pmatrix} -1 & 0 & 0 & 0 & 0 \\ 0 & 0 & 1 & 1 & 0 \\ 0 & -1 & -1 & 0 & -1 \\ 0 & 0 & 0 & 0 & 1 \\ 0 & 0 & 0 & -1 & 0 \end{pmatrix}.$$

Die Inzidenzmatrix des Koordinatenbaums in Abb. 2.10b ist die mit -1 multiplizierte Einheitsmatrix.

Die Wegematrix des Koordinatenbaums

Ein Baum hat die besondere Eigenschaft, daß es zwischen irgendwelchen zwei Knoten einen eindeutigen (kürzesten) Weg entlang einer Folge von Kanten gibt. Nur für Graphen, die Bäume sind, kann daher die sog. $n \times n$-$Wegematrix$ T definiert werden. Ihre Elemente sind:

$$T_{ji} = \begin{cases} +1 & \text{Kante } j \text{ liegt auf dem Weg von Knoten 0 nach} \\ & \text{Knoten } i \text{ und ist nach Knoten 0 gerichtet} \\ -1 & \text{Kante } j \text{ liegt auf dem Weg von Knoten 0 nach} \\ & \text{Knoten } i \text{ und ist nach Knoten } i \text{ gerichtet} \\ 0 & \text{sonst} \hspace{3.5cm} (i,j = 1, \ldots, n). \end{cases}$$

Anders als bei der Inzidenzmatrix steht der erste Index von T für eine Kante und der zweite für einen Knoten. Es gibt keine Spalte $i = 0$. Zwei Beispiele: Die Wegematrix des Koordinatenbaums in Abb. 2.10b ist die mit -1 multiplizierte Einheitsmatrix, und der Koordinatenbaum in Abb. 2.10a hat die Wegematrix

$$T^{\mathrm{K}} = \begin{pmatrix} -1 & 0 & 0 & 0 & 0 \\ 0 & -1 & -1 & -1 & -1 \\ 0 & 1 & 0 & 0 & 1 \\ 0 & 0 & 0 & 0 & -1 \\ 0 & 0 & 0 & 1 & 0 \end{pmatrix}.$$

Die Beziehung zwischen der Wegematrix T und der Inzidenzmatrix S eines Baums regelt der allgemeingültige *Satz*:

$$T = S^{-1}. \tag{2.18}$$

Beweis: Aus der Definition der Inzidenzmatrix in (2.17) folgt

$$(TS)_{jk} = \sum_{i=1}^{n} T_{ji} S_{ik} = T_{ji^+(k)} - T_{ji^-(k)} \qquad (j, k = 1, \ldots, n).$$

Abb. 2.11 zeigt schematisch den Knoten 0, die Kante k (ohne Angabe ihres Richtungssinns) mit ihren beiden Knoten und gestrichelt die Wege von diesen Knoten nach Knoten 0. Im Fall $j = k$ ist je nach dem Richtungssinn der Kante entweder $T_{ji^+(k)} = 1$, $T_{ji^-(k)} = 0$ oder $T_{ji^+(k)} = 0$, $T_{ji^-(k)} = -1$, in jedem Fall also $(TS)_{kk} = 1$. Im Fall $j \neq k$ liegt die Kante j entweder auf beiden gestrichelt gezeichneten Wegen oder auf keinem von beiden. In beiden Fällen ist $(TS)_{jk} = 0$. Damit ist der Satz bewiesen.

Abb. 2.11.

Für späteren Gebrauch werden für den Koordinatenbaum Zahlen σ_i, Knotenmengen $\varkappa_{ij}$ und eine Ordnungsrelation definiert. Die Zahl σ_i ($i = 1, \ldots, n$) ist $+1$, wenn Kante i nach Knoten 0 gerichtet ist und -1 andernfalls.

Schnitte durch zwei Kanten i und j ($i, j = 1, \ldots, n$) zerlegen den Baum in drei Knotenmengen ($i \neq j$) oder in zwei Knotenmengen ($i = j$). Von diesen

Mengen ist die Knotenmenge $\varkappa_{ij}$ im Fall $i \neq j$ diejenige Menge, die keinen mit Kante j inzidierenden Knoten enthält und im Fall $i = j$ diejenige Menge, die nicht Knoten 0 enthält. In Abb. 2.12a sind die Knotenmengen $\varkappa_{13}$ und $\varkappa_{31}$, und in Abb. 2.12b ist die Knotenmenge $\varkappa_{22}$ des Koordinatenbaums von Abb. 2.10a gekennzeichnet.

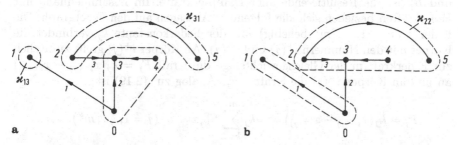

Abb. 2.12. Die Knotenmengen $\varkappa_{13}$ und $\varkappa_{31}$ (a) und $\varkappa_{22}$ (b) des Koordinatenbaums von Abb. 2.10a

Die Ordnungsrelation $K_j > K_i$ (gesprochen Kante j > Kante i) bedeutet, daß Kante i auf dem Weg von Knoten 0 nach Knoten $i^+(j)$ (und auch auf dem Weg von Knoten 0 nach Knoten $i^-(j)$) liegt. Man beachte, daß zwei Kanten i und $j \neq i$ so im Koordinatenbaum liegen können, daß weder $K_j > K_i$ noch $K_i > K_j$ gilt. Ein Beispiel sind die Kanten $i = 4$ und $j = 5$ in Abb. 2.10a.

Bewegungsgleichungen

In Abb. 2.7 dürfen die Federn in der Gleichgewichtslage ohne äußere Kräfte vorgespannt sein. Als Vorbereitung zur Definition allgemeinerer generalisierter Koordinaten $q_1, \ldots, q_n$ werden spezielle Koordinaten $x_1, \ldots, x_n$ wie folgt definiert. x_i $(1, \ldots, n)$ ist die in x-Richtung positive, absolute Verschiebung von Körper i aus der Lage heraus, die der Körper im Gleichgewichtszustand des Systems ohne äußere Kräfte hat. Sei außerdem $x_0 = 0$. Die generalisierten Koordinaten q_j eines beliebig vorgegebenen Koordinatenbaums mit Funktionen $i^+(j)$ und $i^-(j)$ sind nach der Definition (2.16)

$$q_j = x_{i^-(j)} - x_{i^+(j)} = - \sum_{k=1}^{n} S_{kj}^K x_k \qquad (j = 1, \ldots, n). \qquad (2.19)$$

Dabei wurde sowohl (2.17) als auch die Vereinbarung $x_0 = 0$ verwendet. Alle n Gleichungen werden in der Matrixgleichung zusammengefaßt: $q = -S^{K^T} x$. Der Satz (2.18) ermöglicht die Auflösung nach x:

$$q = -S^{K^T} x \qquad \Leftrightarrow \qquad x = -T^{K^T} q. \qquad (2.20)$$

Wenn der Koordinatenbaum die spezielle Form von Abb. 2.10b hat, dann ist $q = x$.

Die Newtonsche Bewegungsgleichung für den freigeschnittenen Körper i mit der äußeren Kraft F_i^{a} lautet

$$m_i \ddot{x}_i = F_i^{\mathrm{a}} + R_i^{\mathrm{F}} + R_i^{\mathrm{D}} \qquad (i = 1, \dots, n). \tag{2.21}$$

Darin ist R_i^{F} die Resultierende aller an Körper i angreifenden Federkräfte, und R_i^{D} ist die Resultierende aller Dämpferkräfte. Im Zusammenhang mit Federkräften beziehen sich alle folgenden Aussagen auf den Federgraph. Die Feder j ($j = 1, \dots, m^{\mathrm{F}}$ beliebig) mit der Federkonstante k_j verbindet die Körper mit den Nummern $i^+(j)$ und $i^-(j)$. An Körper $i^+(j)$ greift zusätzlich zur Federkraft in der Gleichgewichtslage die Kraft $F_j = k_j(x_{i^-(j)} - x_{i^+(j)})$ an und an Körper $i^-(j)$ die Kraft $-F_j$. Analog zu (2.19) ist

$$F_j = k_j(x_{i^-(j)} - x_{i^+(j)}) = -k_j \sum_{k=1}^{n} S_{kj}^{\mathrm{F}} x_k \qquad (j = 1, \dots, m^{\mathrm{F}}).$$

Aus (2.17) folgt dann unmittelbar, daß die resultierende Federkraft R_i^{F} an Körper i die Form hat:

$$R_i^{\mathrm{F}} = \sum_{j=1}^{m^{\mathrm{F}}} S_{ij}^{\mathrm{F}} F_j = - \sum_{j=1}^{m^{\mathrm{F}}} S_{ij}^{\mathrm{F}} \sum_{k=1}^{n} k_j S_{kj}^{\mathrm{F}} x_k \qquad (i = 1, \dots, n).$$

Die Summation über den zweiten Index von S^{F} bewirkt, daß nur diejenigen Kanten berücksichtigt werden, und zwar mit den richtigen Vorzeichen, die im Federgraph mit Körper i inzidieren. Für die resultierende Dämpferkraft R_i^{D} an Körper i ergibt sich der entsprechende Ausdruck mit Elementen der Matrix S^{D} anstelle von S^{F} und mit den Dämpferkonstanten d_j ($j = 1, \dots, m^{\mathrm{D}}$) anstelle von k_j. Mit den Ausdrücken für R_i^{F} und R_i^{D} nimmt (2.21) die Form an:

$$m_i \ddot{x}_i + \sum_{j=1}^{m^{\mathrm{D}}} S_{ij}^{\mathrm{D}} \sum_{k=1}^{n} d_j S_{kj}^{\mathrm{D}} \dot{x}_k + \sum_{j=1}^{m^{\mathrm{F}}} S_{ij}^{\mathrm{F}} \sum_{k=1}^{n} k_j S_{kj}^{\mathrm{F}} x_k = F_i^{\mathrm{a}} \qquad (i = 1, \dots, n).$$

Alle n Gleichungen werden in der Matrixgleichung zusammengefaßt:

$$M\ddot{x} + S^{\mathrm{D}} D S^{\mathrm{D}^{\mathrm{T}}} \dot{x} + S^{\mathrm{F}} K S^{\mathrm{F}^{\mathrm{T}}} x = F^{\mathrm{a}}. \tag{2.22}$$

Darin sind M, D und K Diagonalmatrizen der n Massen bzw. der m^{D} Dämpferkonstanten bzw. der m^{F} Federkonstanten. Für x wird nun der Ausdruck aus der rechten Gl. (2.20) eingesetzt. Wenn man dann noch von links mit $-T^{\mathrm{K}}$ multipliziert, entsteht eine Bewegungsgleichung für die Koordinaten q mit symmetrischen Massen-, Dämpfungs- und Steifigkeitsmatrizen:

$$\begin{aligned} T^{\mathrm{K}} M T^{\mathrm{K}^{\mathrm{T}}} \ddot{q} + (T^{\mathrm{K}} S^{\mathrm{D}}) D (T^{\mathrm{K}} S^{\mathrm{D}})^{\mathrm{T}} \dot{q} \\ + (T^{\mathrm{K}} S^{\mathrm{F}}) K (T^{\mathrm{K}} S^{\mathrm{F}})^{\mathrm{T}} q = -T^{\mathrm{K}} F^{\mathrm{a}}. \end{aligned} \tag{2.23}$$

Der Reiz dieser Darstellung liegt darin, daß in den Matrizen die physikalischen Parameter M, D und K, die Strukturparameter S^{F} und S^{D} der

Feder- bzw. Dämpferkopplungen und der Parameter T^{K} der Koordinatendefinition voneinander getrennt auftreten. Bei der numerischen Auswertung in einem Computerprogramm muß man natürlich dafür sorgen, daß die Nullelemente der einzelnen Matrizen übersprungen werden. Außer den Massen sowie den Dämpfer- und Federkonstanten benötigt man als Parameter nur die Wertetabellen der Funktionen $i^{+}(j)$ und $i^{-}(j)$ für die drei Graphen.

Die freie Schwingerkette

Eine Schwingerkette heißt frei, wenn sie keine Feder- und Dämpferkopplungen mit Körper 0 hat. In diesem Sonderfall sind alle Feder- und Dämpferkräfte innere Kräfte. Addition aller n Gleichungen (2.22) liefert daher für die absolute Beschleunigung $\ddot{x}_{\mathrm{S}}$ ihres Systemmassenmittelpunkts die Gleichung

$$\ddot{x}_{\mathrm{S}} = \frac{1}{m_{\mathrm{ges}}} \sum_{i=1}^{n} F_i^{\mathrm{a}} \quad \text{(Gesamtmasse } m_{\mathrm{ges}} = \sum_{i=1}^{n} m_i\text{)}. \tag{2.24}$$

$\ddot{x}_{\mathrm{S}}$ ist unabhängig von Koordinaten q. Es ist daher möglich, aus den n Gln. (2.22) $n-1$ unabhängige Gleichungen für ebensoviele Relativkoordinaten zu gewinnen. Im speziellen Fall einer freien Schwingerkette mit $n=2$ Körpern muß man die erste Gl. (2.22) mit m_2, die zweite mit m_1 multiplizieren und die Differenz bilden. Das Ergebnis ist die bekannte Gleichung

$$\frac{m_1 m_2}{m_1 + m_2} \ddot{q} + d\dot{q} + kq = \frac{m_1 F_2^{\mathrm{a}} - m_2 F_1^{\mathrm{a}}}{m_1 + m_2} \tag{2.25}$$

mit der reduzierten Masse $m_1 m_2/(m_1 + m_2)$ und mit der Relativkoordinate $q = x_2 - x_1$. Im folgenden wird gezeigt, wie man im allgemeinen Fall $n \geq 2$ vorgehen muß und welche Eigenschaften das dabei entwickelte Gleichungssystem hat.

Man führt Hilfskoordinaten z durch die Gleichung $x_i = x_{\mathrm{S}} + z_i$ ($i = 1, \ldots, n$) ein. Mit der Beziehung $x_{\mathrm{S}} = \sum_{j=1}^{n} m_j x_j / m_{\mathrm{ges}}$ und mit dem Kroneckersymbol δ_{ij} ist also

$$z_i = \sum_{j=1}^{n} \left(\delta_{ij} - \frac{m_j}{m_{\mathrm{ges}}}\right) x_j \quad (i = 1, \ldots, n)$$

oder in Matrixform

$$z = A^{\mathrm{T}} x \quad \text{mit} \quad A_{ij} = \delta_{ij} - m_i/m_{\mathrm{ges}} \quad (i, j = 1, \ldots, n). \tag{2.26}$$

Die Koordinaten z sind nicht unabhängig, denn es gilt $\sum_{i=1}^{n} m_i z_i = 0$. In der Tat ist A singulär, denn die Summe aller Zeilen ist eine Nullzeile. Weitere, durch Ausrechnen nachweisbare Eigenschaften der Matrix sind: $AMA^{\mathrm{T}} = AM$ (diagonale Massenmatrix M) und $A^2 = A$.

Das $d'Alembertsche Prinzip$ macht die Aussage (für F_i vgl. (2.21))

$$\sum_{i=1}^{n} \delta x_i (m_i \ddot{x}_i - F_i) = 0, \quad F_i = F_i^{\mathrm{a}} + R_i^{\mathrm{F}} + R_i^{\mathrm{D}} \quad (i = 1, \ldots, n).$$

Hierin setzt man $\delta x_i = \delta x_S + \delta z_i$, $\ddot{x}_i = \ddot{x}_S + \ddot{z}_i$ ein und beachtet beim Ausmultiplizieren und Summieren die Gleichung $\sum_{i=1}^{n} m_i z_i = 0$. Das Ergebnis ist

$$\delta x_S \left(m_{\text{ges}} \ddot{x}_S - \sum_{i=1}^{n} F_i^{\text{a}} \right) + \sum_{i=1}^{n} \delta z_i (m_i \ddot{z}_i - F_i) = 0.$$

In der ersten Summe erscheinen keine Feder- und Dämpferkräfte, weil sie innere Kräfte sind. δx_S ist unabhängig. Folglich ist der Koeffizient null. Das ist Gl. (2.24). Die zweite Summe muß gleich null sein. Das ist die Matrixgleichung $\delta z^{\text{T}} (M \ddot{z} - F) = 0$. Darin setzt man die aus (2.26) und (2.22) folgenden Ausdrücke

$$\ddot{z} = A^{\text{T}} \ddot{x}, \qquad \delta z^{\text{T}} = \delta x^{\text{T}} A, \qquad F = F^{\text{a}} - S^{\text{D}} D S^{\text{D}^{\text{T}}} \dot{x} - S^{\text{F}} K S^{\text{F}^{\text{T}}} x$$

ein. Das Ergebnis ist die Gleichung

$$\delta x^{\text{T}} \left(A M A^{\text{T}} \ddot{x} + A S^{\text{D}} D S^{\text{D}^{\text{T}}} \dot{x} + A S^{\text{F}} K S^{\text{F}^{\text{T}}} x - A F^{\text{a}} \right) = 0. \qquad (2.27)$$

Da die Elemente von δx unabhängig sind, ist der Klammerausdruck null. Das ist die Bewegungsgleichung. Die Koeffizientenmatrizen von $\dot{x}$ und von x sind nur scheinbar unsymmetrisch. Bei einer freien Schwingerkette ist nämlich $A S^{\text{D}} = S^{\text{D}}$ und $A S^{\text{F}} = S^{\text{F}}$. Beweis am Beispiel von S^{F}: Wenn keine Feder an Körper 0 liegt, enthält jede Spalte von S^{F} genau ein Element $+1$ und ein Element -1, so daß $\sum_{k=1}^{n} S_{kj}^{\text{F}} = 0$ $(j = 1, \dots, n)$ ist. Folglich ist

$$\left(A S^{\text{F}} \right)_{ij} = \sum_{k=1}^{n} \left(\delta_{ik} - \frac{m_i}{m_{\text{ges}}} \right) S_{kj}^{\text{F}} = S_{ij}^{\text{F}}.$$

Ende des Beweises. Also folgt aus (2.27)

$$A M A^{\text{T}} \ddot{x} + S^{\text{D}} D S^{\text{D}^{\text{T}}} \dot{x} + S^{\text{F}} K S^{\text{F}^{\text{T}}} x = A F^{\text{a}}. \qquad (2.28)$$

Diese Gleichung entsteht ohne physikalische Begründung unmittelbar, wenn man (2.22) von links mit A multipliziert und die Identitäten $AM = A M A^{\text{T}}$, $A S^{\text{F}} = S^{\text{F}}$ und $A S^{\text{D}} = S^{\text{D}}$ anwendet. Mit anderen Worten: Das Einschieben von A und A^{T} in der beschriebenen Weise bewirkt die Elimination der Bewegungsgleichung für den Massenmittelpunkt des Systems.

Für x setzt man wieder den Ausdruck aus (2.20) ein und multipliziert die ganze Gleichung von links mit $-T^{\text{K}}$. Dann ergeben sich für die generalisierten Koordinaten q des beliebig gewählten Koordinatenbaums anstelle von (2.23) die Bewegungsgleichungen

$$(T^{\text{K}} A) M (T^{\text{K}} A)^{\text{T}} \ddot{q} + (T^{\text{K}} S^{\text{D}}) D (T^{\text{K}} S^{\text{D}})^{\text{T}} \dot{q}$$
$$+ (T^{\text{K}} S^{\text{F}}) K (T^{\text{K}} S^{\text{F}})^{\text{T}} q = -T^{\text{K}} A F^{\text{a}}. \qquad (2.29)$$

Die Dämpfungsmatrix und die Steifigkeitsmatrix sind dieselben, wie in (2.23). Nur die Massenmatrix und die rechte Seite der Gleichung sind anders. Wir untersuchen die physikalische Bedeutung der Elemente der Massenmatrix. Dabei werden die Zahlen σ_i $(i = 1,\ldots,n)$, die Knotenmengen $\varkappa_{ij}$ $(i,j = 1,\ldots,n)$ und die Ordnungsrelation $K_j > K_i$ verwendet, die im Zusammenhang mit dem Koordinatenbaum definiert wurden. Sei m_{ij} die Gesamtmasse aller Körper, die den Knoten der Knotenmenge $\varkappa_{ij}$ zugeordnet sind. Hierbei ist $m_0 = 0$. Beispiele: Im Zusammenhang mit dem Koordinatenbaum in Abb. 2.12 ist $\sigma_1 = \sigma_2 = -1$, $\sigma_3 = +1$, $m_{13} = m_1$, $m_{31} = m_2 + m_5$ und $m_{22} = m_2 + m_3 + m_4 + m_5$. Aus der Definition ergeben sich die Beziehungen (im folgenden wird vorübergehend T statt T^K geschrieben)

$$\sum_{\ell=1}^{n} T_{i\ell} m_\ell = \sigma_i m_{ii},$$

$$(TA)_{ik} = \sum_{\ell=1}^{n} T_{i\ell}\left(\delta_{\ell k} - \frac{m_\ell}{m_{\text{ges}}}\right) = T_{ik} - \frac{\sigma_i m_{ii}}{m_{\text{ges}}}, \qquad (2.30)$$

$$\sum_{k=1}^{n} T_{ik} T_{jk} m_k = \begin{cases} m_{ii} & (i=j) \\ \sigma_i \sigma_j m_{ii} & (K_i > K_j) \\ \sigma_i \sigma_j m_{jj} & (K_j > K_i) \\ 0 & (\text{sonst}). \end{cases}$$

Mit diesen Beziehungen kann man den Elementen der Massenmatrix die Darstellung geben:

$$\left[(T^K A) M (T^K A)^T\right]_{ij} = \sum_{k=1}^{n} (TA)_{ik}(TA)_{jk} m_k$$

$$= \sum_{k=1}^{n}\left(T_{ik} - \frac{\sigma_i m_{ii}}{m_{\text{ges}}}\right)\left(T_{jk} - \frac{\sigma_j m_{jj}}{m_{\text{ges}}}\right) m_k$$

$$= \sum_{k=1}^{n} T_{ik} T_{jk} m_k - \sigma_i \sigma_j \frac{m_{ii} m_{jj}}{m_{\text{ges}}}$$

$$= \begin{cases} m_{ii}(m_{\text{ges}} - m_{ii})/m_{\text{ges}} & (i=j) \\ +\sigma_i \sigma_j m_{ii}(m_{\text{ges}} - m_{jj})/m_{\text{ges}} & (K_i > K_j) \\ +\sigma_i \sigma_j m_{jj}(m_{\text{ges}} - m_{ii})/m_{\text{ges}} & (K_j > K_i) \\ -\sigma_i \sigma_j m_{ii} m_{jj}/m_{\text{ges}} & (\text{sonst}) \end{cases} \qquad (i,j = 1,\ldots,n).$$

Im Fall $K_i > K_j$ ist $m_{ii} = m_{ij}$ und $m_{\text{ges}} - m_{jj} = m_{ji} < m_{\text{ges}} - m_{ii}$. Im Fall $K_j > K_i$ ist $m_{jj} = m_{ji} < m_{ii}$ und $m_{\text{ges}} - m_{ii} = m_{ij}$. In dem mit ,sonst' bezeichneten Fall ist $m_{ii} = m_{ij}$ und $m_{jj} = m_{ji} < m_{\text{ges}} - m_{ii}$. Aus den Ungleichungen folgt, daß in jeder Zeile und in jeder Spalte der Matrix das Diagonalelement das betragsgrößte Element ist. Aus den Gleichungen folgt die symmetrische Darstellung

$$\left[(T^K A) M (T^K A)^T\right]_{ij} = \left[(T^K A) M (T^K A)^T\right]_{ji}$$

$$= \begin{cases} m_{ii}(m_{ges} - m_{ii})/m_{ges} & (i = j) \\ +\sigma_i\sigma_j m_{ij}m_{ji}/m_{ges} & (\mathrm{K}_i > \mathrm{K}_j \text{ oder } \mathrm{K}_j > \mathrm{K}_i) \\ -\sigma_i\sigma_j m_{ij}m_{ji}/m_{ges} & (\text{sonst}) \quad (i,j = 1,\dots,n). \end{cases} \tag{2.31}$$

Die Matrixelemente sind vom Typ vorzeichenbehafteter reduzierter Massen. Man kann sie direkt aus dem Koordinatenbaum ablesen. Im Zusammenhang mit Abb. 2.12a ist z. B.

$$\left[(T^K A)M(T^K A)^T\right]_{13} = -\sigma_1\sigma_3 m_{13}m_{31}/m_{ges} = m_1(m_2 + m_5)/m_{ges}.$$

Seien nun Koordinaten q so gewählt, daß nur q_n eine Absolutkoordinate (eines beliebigen Körpers) ist, während $q_1,\dots,q_{n-1}$ Relativkoordinaten sind. Dann inzidiert im Koordinatenbaum nur Kante n mit Knoten 0. Damit ist $m_{nn} = m_{ges}$ und $m_{ni} = 0$ ($i \neq n$). Folglich sind alle Elemente der $n$ten Zeile und der $n$ten Spalte der Massenmatrix Nullen. Alle übrigen Glieder in (2.29) haben die Form $T^K AX$ mit der Abkürzung X für unterschiedliche Spaltenmatrizen (wo die Matrix A fehlt, darf sie wieder eingeschoben werden). Das $n$te Element ist die Summe $\sum_{k=1}^{n}(T^K A)_{nk}X_k$. Bei der speziellen Koordinatenwahl ist nach (2.30) $(T^K A)_{nk} = 0$ ($k = 1,\dots,n$), weil $T^K_{nk} = \sigma_n$ ($k = 1,\dots,n$) und $m_{nn} = m_{ges}$ ist. Damit ist bewiesen, daß die $n$te Gl.(2.29) die Identität $0 = 0$ ist. Damit ist auch das Ziel erreicht, $n - 1$ unabhängige Gleichungen für Relativkoordinaten $q_1,\dots,q_{n-1}$ zu formulieren. Im speziellen Fall $n = 2$ hat das System der $n - 1$ Gleichungen die Form von (2.25).

Die in diesem Abschnitt demonstrierten Anwendungen der Inzidenzmatrix und der Wegematrix sind sehr speziell. Für allgemeinere Anwendungen s. [13] und [14].

2.1.6 Allgemeine lineare Systeme mit konstanten Koeffizienten

Bisher wurden lineare mechanische Systeme mit konstanten Koeffizientenmatrizen betrachtet. Im allgemeinsten Fall haben sie die Form

$$M\ddot{q} + (D + G)\dot{q} + (K + N)q = F(t). \tag{2.32}$$

Darin sind M, D und K symmetrische und G und N schiefsymmetrische Matrizen. Ausdrücke Nq mit schiefsymmetrischen Matrizen können im Zusammenhang mit nichtkonservativen Kräften auftreten.

Mechanische Systeme sind häufig mit elektrischen, hydraulischen, pneumatischen und thermodynamischen Systemen gekoppelt. Man denke z. B. an eine Maschine mit elektrischen und hydraulischen Elementen eines Regelkreises. Kleine Schwingungen der mechanischen, elektrischen und hydraulischen Variablen um gewisse Sollgrößen werden häufig durch lineare Differentialgleichungen mit konstanten Koeffizienten beschrieben. In der Einleitung zu diesem Kapitel wurde ausgeführt, daß es viele andere technische und nichttechnische Systeme gibt, die durch lineare Differentialgleichungen mit konstanten Koeffizienten beschrieben werden. Derartige allgemeine Systeme linearer Differentialgleichungen haben i. allg. nicht die spezielle Struktur (2.32). In einem

System von insgesamt n Differentialgleichungen für n Variable $q_1, \ldots, q_n$ kommen höchste Ableitungen nicht nur der 2., sondern auch 1. und höherer als 2. Ordnung vor. Zwei Beispiele erläutern den problemlosen Normalfall I und einen etwas schwierigeren Fall II. In beiden Beispielen sind 2 Differentialgleichungen für zwei Variable q_1 und q_2 gegeben.

Fall I: Gegeben sind die Differentialgleichungen

$$q_1^{(3)} - 3\ddot{q}_1 + 2\dot{q}_2 + 5q_2 = \cos \omega t, \qquad \dot{q}_2 - \dot{q}_1 + 2q_1 = c_1 t + c_2.$$

Der Exponent $^{(3)}$ bedeutet die 3. Ableitung. Die höchsten vorkommenden Ableitungen sind $q_1^{(3)}$ und $\dot{q}_2$. Die Summe dieser Ordnungen ist $N = 3+1 = 4$. Man faßt die Gleichungen als algebraische Gleichungen für $q_1^{(3)}$ und $\dot{q}_2$ auf und löst sie nach diesen Größen auf. Das Kennzeichen von Fall I ist, daß diese Auflösung möglich ist. Im vorliegenden Beispiel erhält man:

$$q_1^{(3)} = 3\ddot{q}_1 - 2\dot{q}_1 + 4q_1 - 5q_2 + \cos \omega t - 2(c_1 t + c_2), \qquad \dot{q}_2 = \dot{q}_1 - 2q_1 + c_1 t + c_2.$$

Jetzt führt man $N = 4$ neue Variablen $z_1, \ldots, z_N$ nach dem folgenden Schema ein: $z_1 = q_1$, $z_2 = \dot{q}_1$, $z_3 = \ddot{q}_1$, $z_4 = q_2$ (zu jeder Variablen q_i die Größen $q_i, \dot{q}_i, \ldots, q_i^{(n_i-1)}$, wobei n_i die höchste in den Differentialgleichungen vorkommende Ableitungsordnung von q_i ist). Aus den Definitionen und den beiden Differentialgleichungen ergeben sich die 4 direkt ablesbaren Gleichungen 1. Ordnung

$$\begin{pmatrix} \dot{z}_1 \\ \dot{z}_2 \\ \dot{z}_3 \\ \dot{z}_4 \end{pmatrix} = \begin{pmatrix} 0 & 1 & 0 & 0 \\ 0 & 0 & 1 & 0 \\ 4 & -2 & 3 & -5 \\ -2 & 1 & 0 & 0 \end{pmatrix} \begin{pmatrix} z_1 \\ z_2 \\ z_3 \\ z_4 \end{pmatrix} + \begin{pmatrix} 0 \\ 0 \\ \cos \omega t - 2(c_1 t + c_2) \\ c_1 t + c_2 \end{pmatrix}.$$

Ihre allgemeinen Lösungen enthalten 4 freie Integrationskonstanten, die Anfangsbedingungen angepaßt werden können.

Fall II: Gegeben sind die Differentialgleichungen

$$q_1^{(3)} - 3\ddot{q}_1 + 2\dot{q}_2 + 5q_2 = \cos \omega t, \qquad q_2 - \dot{q}_1 + 2q_1 = c_1 t + c_2. \qquad (2.33)$$

Das sind wieder algebraische Gleichungen für die höchsten vorkommenden Ableitungen, und zwar wieder für $q_1^{(3)}$ und $\dot{q}_2$. Das Kennzeichen von Fall II ist, daß die Auflösung der Gleichungen nach diesen Größen nicht möglich ist. Man kommt weiter, wenn man die zweite Gleichung einmal differenziert: $\dot{q}_2 - \ddot{q}_1 + 2\dot{q}_1 = c_1$. Dabei geht auf der rechten Seite Information verloren. Im vorliegenden Beispiel ist die Auflösung der beiden Gleichungen jetzt möglich. Sie ergibt

$$q_1^{(3)} = \ddot{q}_1 + 2\dot{q}_1 - 5q_2 + \cos \omega t - 2c_1, \qquad \dot{q}_2 = \ddot{q}_1 - 2\dot{q}_1 + c_1.$$

Mit denselben Variablen $z_1, \ldots, z_4$ wie im Fall I erhält man das System 1. Ordnung

$$
\begin{pmatrix} \dot{z}_1 \\ \dot{z}_2 \\ \dot{z}_3 \\ \dot{z}_4 \end{pmatrix} = \begin{pmatrix} 0 & 1 & 0 & 0 \\ 0 & 0 & 1 & 0 \\ 0 & 2 & 1 & -5 \\ 0 & -2 & 1 & 0 \end{pmatrix} \begin{pmatrix} z_1 \\ z_2 \\ z_3 \\ z_4 \end{pmatrix} + \begin{pmatrix} 0 \\ 0 \\ \cos \omega t - 2c_1 \\ c_1 \end{pmatrix}.
$$

Die allgemeine Lösung enthält wieder 4 Integrationskonstanten. Wegen der Differentiation oben ist das System 1. Ordnung nicht äquivalent zum Ausgangssystem. Zwar sind alle Lösungen des Ausgangssystems auch Lösungen des Systems 1. Ordnung. Umgekehrt gilt das aber nicht. Man muß die allgemeine Lösung des Systems 1. Ordnung vielmehr in die Gln. (2.33) einsetzen. Dann ergeben sich Bindungsgleichungen für die Konstanten. Sie drücken die beim Differenzieren dieser Gleichung verlorengegangene Information aus. Dieses Problem entfällt, wenn die Gleichung vor dem Differenzieren schon homogen ist.

Die Beispiele lehren: Ein System von linearen Differentialgleichungen mit konstanten Koeffizienten kann – ggf. nach Differentiation einzelner Gleichungen – als System 1. Ordnung in der Form

$$ \dot{z} = Az + B(t) \tag{2.34} $$

dargestellt werden.

Der Sonderfall mechanischer Systeme

Die Gl. (2.32) mechanischer Systeme ist ein Beispiel für den problemlosen Normalfall I. In ihr haben die Matrizen A und $B(t)$ in (2.34) spezielle Formen. Sei n die Anzahl der Freiheitsgrade. Dann definiert man die $2n$ Variablen $z_i = q_i$ und $z_{i+n} = \dot{q}_i$ $(i = 1, \ldots, n)$ oder in Matrixform $z_1 = q$, $z_2 = \dot{q}$. Mit ihnen wird die Spaltenmatrix

$$ z = \begin{pmatrix} z_1 \\ z_2 \end{pmatrix} = \begin{pmatrix} q \\ \dot{q} \end{pmatrix} \tag{2.35} $$

gebildet. Aus der Definition und aus (2.32) folgt

$$ \dot{z}_1 = z_2, \qquad \dot{z}_2 = M^{-1}[-(K+N)z_1 - (D+G)z_2 + F(t)]. $$

Die Zusammenfassung dieser Gleichungen ist Gl. (2.34) mit den Matrizen (Einheitsmatrix I)

$$ A = \begin{pmatrix} 0 & I \\ -M^{-1}(K+N) & -M^{-1}(D+G) \end{pmatrix}, \quad B(t) = \begin{pmatrix} 0 \\ M^{-1}F(t) \end{pmatrix}. \tag{2.36} $$

Die Variablen z bezeichnet man in der Mechanik als *Zustandsvariablen*, weil sie den Bewegungszustand des mechanischen Systems vollständig beschreiben. Die Gleichung (2.34) mit den speziellen Matrizen (2.36) nennt man *Zustandsgleichung* des Systems.

2.2 Eigenschwingungen ungedämpfter mechanischer Systeme

In diesem Abschnitt wird die Matrixdifferentialgleichung

$$M\ddot{q} + Kq = 0 \qquad (2.37)$$

für generalisierte Koordinaten $q_1, \ldots, q_n$ gelöst. Die $n \times n$-Matrizen M und K seien reell und symmetrisch, und wenigstens M sei positiv definit. Die Gleichung beschreibt Eigenschwingungen von ungedämpften mechanischen Systemen der Art, die in Abschnitt 2.1.1 betrachtet wurden. Die Systeme sind stabil oder instabil, je nachdem, ob K positiv definit ist oder nicht. Gesucht werden die allgemeine Lösung $q(t)$ mit $2n$ freien Integrationskonstanten und die spezielle Lösung, in der die Konstanten gegebenen Anfangsbedingungen $q(0) = q_0$ und $\dot{q}(0) = \dot{q}_0$ angepaßt sind.

Sei x die Spaltenmatrix von neuen Variablen $x_1, \ldots, x_n$, die durch die Gleichung

$$q = \Phi x \qquad (2.38)$$

definiert werden, in der Φ eine konstante, nichtsinguläre Matrix ist. Man setzt diesen Ausdruck in (2.37) ein und multipliziert die Gleichung von links mit Φ^T. Das Ergebnis ist

$$\Phi^T M \Phi \ddot{x} + \Phi^T K \Phi x = 0. \qquad (2.39)$$

Wenn es eine Matrix Φ mit der Eigenschaft gibt, daß sowohl $\Phi^T M \Phi$ als auch $\Phi^T K \Phi$ eine Diagonalmatrix ist, dann sind die Gleichungen für $x_1, \ldots, x_n$ voneinander entkoppelt. Jede einzelne Gleichung hat dann die Form $\ddot{x}_i + \lambda_i x_i = 0$ mit einem bestimmten λ_i $(i = 1, \ldots, n)$. Die Lösung $x_i(t)$ ist aus Abschnitt 1.1.2 bekannt. Die Matrix Φ führt das Problem also auf ein elementares Problem zurück. Mit der Lösung x wird abschließend aus (2.38) $q(t) = \Phi x(t)$ berechnet.

2.2.1 Modalmatrix

Eine Matrix Φ mit der gewünschten Eigenschaft existiert in der Tat. Da sie nur von den Matrizen M und K abhängen kann, liegt es nahe, das *Eigenwertproblem*

$$(K - \lambda M)Q = 0 \qquad (2.40)$$

zu untersuchen. Lösungen $Q \neq 0$ existieren nur, wenn λ ein *Eigenwert* ist, d.h. eine Lösung der sog. *charakteristischen Gleichung*

$$\text{Det}(K - \lambda M) = 0. \qquad (2.41)$$

Sie ist eine Polynomgleichung n ten Grades in λ. Folglich gibt es n Eigenwerte $\lambda_1, \ldots, \lambda_n$. Ein Eigenwert λ_i kann die Vielfachheit $\nu_i \geq 1$ haben. Setzt man ihn in Gl. (2.40) ein, dann entsteht die Gleichung

$$(K - \lambda_i M)Q_i = 0 \tag{2.42}$$

für zugehörige *Eigenvektoren* Q_i. Es gilt der

Satz 1: Wenn die Matrizen M und K reell und symmetrisch sind, und wenn M positiv definit ist (diese Bedingungen sind hier erfüllt), dann ist der Defekt der Koeffizientenmatrix $(K - \lambda_i M)$ gleich der Vielfachheit ν_i des Eigenwerts λ_i.

Der Beweis ist nicht in wenigen Zeilen möglich. Der Leser findet verschiedene Varianten in [11], [15]. Der Satz sagt aus, daß die Lösung Q_i von Gl. (2.42) ν_i frei wählbare Konstanten enthält. Das erlaubt die Konstruktion von ν_i linear unabhängigen Eigenvektoren mit jeweils beliebigem Betrag. Jede Linearkombination dieser Eigenvektoren ist selbst ein Eigenvektor zum Eigenwert λ_i. Im Normalfall $\nu_i = 1$ existiert ein einziger Eigenvektor mit bestimmter Richtung und mit unbestimmtem Betrag.

Seien $Q_1, \ldots, Q_n$ n linear unabhängige Eigenvektoren, die in dieser Weise zu den Eigenwerten $\lambda_1, \ldots, \lambda_n$ von Gl. (2.41) konstruiert wurden. Ihre Beträge werden durch eine im Prinzip frei wählbare Normierungsbedingung festgelegt. Sinnvoll sind z. B. die Bedingungen, daß entweder das Betragsquadrat $Q_i^T Q_i$ oder die wegen der positiven Definitheit von M positive Größe $Q_i^T M Q_i$ einen vorgeschriebenen Wert c^2 hat. Die zweite Bedingung erweist sich als sinnvoller. Im folgenden werden nichtnormierte Eigenvektoren mit Q_i und normierte mit ϕ_i bezeichnet. Die normierten erfüllen also die Gleichung

$$\phi_i^T M \phi_i = c^2 \qquad (i = 1, \ldots, n). \tag{2.43}$$

Darin soll c^2 beliebig wählbar, aber für alle $i = 1, \ldots, n$ dieselbe Konstante sein. Daraus folgt mit (2.42)

$$\phi_i^T K \phi_i = c^2 \lambda_i \qquad (i = 1, \ldots, n) \tag{2.44}$$

und daraus wieder mit (2.43)

$$\lambda_i = \frac{\phi_i^T K \phi_i}{\phi_i^T M \phi_i} \qquad (i = 1, \ldots, n). \tag{2.45}$$

Für die Eigenwerte und die Eigenvektoren von (2.40) gelten auch die folgenden wichtigen Sätze.

Satz 2: Alle Eigenwerte sind reell.

Satz 3: Bei 1fachen und bei mehrfachen Eigenwerten gibt es stets n Eigenvektoren $Q_1, \ldots, Q_n$ mit den Eigenschaften

$$Q_i^T M Q_j = 0, \qquad Q_i^T K Q_j = 0 \quad (i, j = 1, \ldots, n; \ i \neq j). \tag{2.46}$$

In Worten: Q_i ($i = 1, \ldots, n$) ist orthogonal sowohl zu allen Vektoren MQ_j als auch zu allen Vektoren KQ_j, wenn $i \neq j$ ist. Man sagt, die Eigenvektoren sind M-*orthogonal*.

Beweis zu Satz 2: Man nimmt das Gegenteil an, daß es also zwei konjugiert komplexe Eigenwerte λ_i und λ_j gibt. Die zugehörigen Eigenvektoren Q_i und Q_j ergeben sich aus Gl. (2.42) und aus derselben Gleichung mit j statt i. Auch Q_i und Q_j sind konjugiert komplex, so daß man mit reellen U und V schreiben kann: $Q_i = U + \mathrm{i}V$, $Q_j = U - \mathrm{i}V$. Man multipliziert die Gl. (2.42) für Q_i von links mit Q_j^T und die Gleichung für Q_j mit Q_i^T und bildet die Differenz:

$$Q_j^\mathrm{T}(K - \lambda_i M)Q_i - Q_i^\mathrm{T}(K - \lambda_j M)Q_j = 0.$$

Wegen der Symmetrie von K und M ist $Q_j^\mathrm{T}KQ_i = Q_i^\mathrm{T}KQ_j$ und $Q_j^\mathrm{T}MQ_i = Q_i^\mathrm{T}MQ_j$. Folglich ist

$$(\lambda_i - \lambda_j)Q_i^\mathrm{T}MQ_j = 0. \tag{2.47}$$

Darin ist wegen der positiven Definitheit von M

$$Q_i^\mathrm{T}MQ_j = (U + \mathrm{i}V)^\mathrm{T}M(U - \mathrm{i}V) = U^\mathrm{T}MU + V^\mathrm{T}MV > 0.$$

Folglich ist $\lambda_i - \lambda_j = 0$. Das ist ein Widerspruch zu der Annahme, daß λ_i und λ_j konjugiert komplex sind. Also sind alle Eigenwerte reell. Ende des Beweises zu Satz 2.

Beweis zu Satz 3: Die zweite Gleichung ist eine Folge der ersten. Man braucht nur (2.42) von links mit Q_j^T zu multiplizieren und i und j zu vertauschen. Dann hat man die Gleichung $Q_i^\mathrm{T}KQ_j = \lambda_j Q_i^\mathrm{T}MQ_j$.

Die erste Gl. (2.46) wird zunächst für den Fall bewiesen, daß λ_i und $\lambda_j \neq \lambda_i$ 1fache Eigenwerte sind. Aus denselben Gründen wie oben ergibt sich dann Gl. (2.47). Damit ist der Beweis schon erbracht.

Sei nun λ_i ein Eigenwert mit der Vielfachheit $\nu_i > 1$. Nach Satz 1 bestimmt (2.42) ν_i nicht normierte, linear unabhängige Eigenvektoren. Sie sind i. allg. nicht M-orthogonal. Es genügt zu zeigen, wie man aus ihnen durch Linearkombinationen ν_i normierte Eigenvektoren konstruiert, die untereinander M-orthogonal sind. Nach dem vorher Gesagten sind diese Eigenvektoren dann auch zu den Eigenvektoren aller Eigenwerte $\lambda_j \neq \lambda_i$ M-orthogonal. Das Konstruktionsverfahren ist nach Gram-Schmidt benannt.

Im folgenden werden die nicht normierten und nicht M-orthogonalen Eigenvektoren, mit denen die Rechnung beginnt, mit $Q_{i1}^*, \ldots, Q_{i\nu_i}^*$ bezeichnet. Nehmen wir an, wir hätten aus $\ell < \nu_i$ Vektoren Q_{ik}^* ($k = 1, \ldots, \ell$) bereits ℓ normierte, M-orthogonale Eigenvektoren $\phi_{i1}, \ldots, \phi_{i\ell}$ konstruiert. Sei Q^* ein beliebiger unter den verbleibenden Vektoren Q_{ik}^* $(k = \ell + 1, \ldots, \nu_i)$. Behauptung: Der aus Q^* und $\phi_{i1}, \ldots, \phi_{i\ell}$ gebildete, nichtnormierte Vektor

$$Q = Q^* - \frac{1}{c^2} \sum_{k=1}^{\ell} (Q^{*T} M \phi_{ik}) \phi_{ik} \qquad (2.48)$$

ist M-orthogonal zu allen Vektoren ϕ_{ij} $(j = 1, \ldots, \ell)$. In der Tat ist (Kroneckersymbol δ_{kj})

$$Q^T M \phi_{ij} = Q^{*T} M \phi_{ij} - \frac{1}{c^2} \sum_{k=1}^{\ell} (Q^{*T} M \phi_{ik}) \underbrace{\phi_{ik}^T M \phi_{ij}}_{c^2 \delta_{kj}}$$

$$= Q^{*T} M \phi_{ij} - Q^{*T} M \phi_{ij} = 0 \qquad (j = 1, \ldots, \ell).$$

Q wird normiert. Damit ist gezeigt, wie man zu $\ell < \nu_i$ normierten, M-orthogonalen Eigenvektoren einen weiteren konstruiert. Wenn man also mit $\ell = 1$ und einem ersten Vektor ϕ_{i1} beginnt, erhält man durch fortlaufende Wiederholung dieser Konstruktion nacheinander alle Vektoren $\phi_{i1}, \ldots, \phi_{i\nu_i}$. Als ersten Vektor ϕ_{i1} wählt man denjenigen, der durch Normierung von Q_{i1}^* entsteht. Ende des Beweises zu Satz 3.

Fassen wir zusammen: Aus (2.41) ergeben sich reelle Eigenwerte λ_i $(i = 1, \ldots, n)$, die 1fach oder mehrfach sein können. Im folgenden wird die Anordnung vorausgesetzt:

$$\lambda_1 \leq \lambda_2 \leq \ldots \leq \lambda_n.$$

Zu diesen Eigenwerten gehören n reelle, normierte, M-orthogonale Eigenvektoren $\phi_1, \ldots, \phi_n$. Die Normierungseigenschaften (2.43) und (2.44) und die Orthogonalitätseigenschaften werden in den Gleichungen zusammengefaßt:

$$\phi_i^T M \phi_j = c^2 \delta_{ij}, \qquad \phi_i^T K \phi_j = c^2 \lambda_j \delta_{ij} \qquad (i, j = 1, \ldots, n). \qquad (2.49)$$

Es liegt nahe, eine $n \times n$-Matrix zu bilden, deren Spalten die Eigenvektoren $\phi_1, \ldots, \phi_n$ sind. Sie wird *Modalmatrix* Φ genannt:

$$\Phi = \begin{pmatrix} \phi_1 & \phi_2 & \cdots & \phi_n \end{pmatrix}. \qquad (2.50)$$

Wegen (2.49) hat sie die Eigenschaften:

$$\Phi^T M \Phi = c^2 I, \qquad \Phi^T K \Phi = c^2 (\operatorname{diag} \lambda). \qquad (2.51)$$

Darin ist $(\operatorname{diag} \lambda)$ die Diagonalmatrix aller Eigenwerte $\lambda_1, \ldots, \lambda_n$. Aus der ersten Gleichung gewinnt man für die Inverse der Modalmatrix den Ausdruck

$$\Phi^{-1} = \frac{1}{c^2} \Phi^T M. \qquad (2.52)$$

2.2.2 Hauptkoordinaten

Die Gln. (2.51) zeigen, daß die Modalmatrix die zu Beginn geforderten Eigenschaften hat, die Gln. (2.39) zu entkoppeln. Die durch (2.38) definierten Koordinaten x nennt man die *Hauptkoordinaten* des Systems: $q = \Phi x$. Die entkoppelten Gleichungen lauten

$$\ddot{x}_i + \lambda_i x_i = 0 \qquad (i = 1, \ldots, n). \tag{2.53}$$

Die Lösungen $x_i(t)$ sind aus Abschnitt 1.1.2 bekannt. Mit Integrationskonstanten A_i, B_i ist

$$x_i(t) = \begin{cases} A_i \cos \omega_i t + B_i \sin \omega_i t & (\lambda_i > 0, \ \omega_i = \sqrt{\lambda_i}) \\ A_i + B_i t & (\lambda_i = 0) \\ A_i \cosh \mu_i t + B_i \sinh \mu_i t & (\lambda_i < 0, \ \mu_i = \sqrt{-\lambda_i}) \end{cases} \tag{2.54}$$

$(i = 1, \ldots, n)$. Die Kreisfrequenzen ω_i heißen *Eigenkreisfrequenzen* des mechanischen Systems. Wenn alle Eigenwerte positiv sind, heißt ω_i die $i$te Eigenkreisfrequenz $(\omega_1 \leq \omega_2 \leq \ldots \leq \omega_n)$. Die Lösungen $x_i(t)$ werden in (2.38) eingesetzt:

$$q(t) = \Phi x(t). \tag{2.55}$$

Das ist die gesuchte allgemeine Lösung von (2.37) für 1fache und für mehrfache Eigenwerte λ. Die spezielle Lösung zu Anfangswerten $q(0) = q_0$ und $\dot{q}(0) = \dot{q}_0$ erfüllt die Anfangsbedingungen

$$\Phi \begin{pmatrix} A_1 \\ \vdots \\ A_n \end{pmatrix} = q_0, \qquad \Phi \begin{pmatrix} \varrho_1 B_1 \\ \vdots \\ \varrho_n B_n \end{pmatrix} = \dot{q}_0, \qquad \varrho_i = \begin{cases} \omega_i & (\lambda_i > 0) \\ 1 & (\lambda_i = 0) \\ \mu_i & (\lambda_i < 0). \end{cases} \tag{2.56}$$

Daraus folgt mit (2.52)

$$\begin{pmatrix} A_1 \\ \vdots \\ A_n \end{pmatrix} = \frac{1}{c^2} \Phi^{\mathrm{T}} M q_0, \qquad \begin{pmatrix} \varrho_1 B_1 \\ \vdots \\ \varrho_n B_n \end{pmatrix} = \frac{1}{c^2} \Phi^{\mathrm{T}} M \dot{q}_0. \tag{2.57}$$

Diese Konstanten A_i und B_i $(i = 1, \ldots, n)$ werden in (2.54) eingesetzt.

Die Gln. (2.45) und (2.54) bestätigen Aussagen, die in Abschnitt 2.1.1 zur Stabilität der Gleichgewichtslage $q = 0$ gemacht wurden: Wenn die Matrix K positiv definit ist, dann ist die Gleichgewichtslage stabil. Wegen (2.45) sind dann alle Eigenwerte positiv. Jede mögliche Bewegung $q(t)$ ist folglich eine Linearkombination von n harmonischen Eigenschwingungen mit den Eigenkreisfrequenzen ω_i $(i = 1, \ldots, n)$. Wenn die Gleichgewichtslage eines linearen Systems indifferent ist, dann ist K positiv semidefinit. Dann gibt es keinen negativen Eigenwert, aber mindestens einen Eigenwert $\lambda_i = 0$, d.h. mindestens eine Lösung $\dot{x}_i(t) = \text{const}$. Nehmen wir als Beispiel an, daß genau 1 Eigenwert $\lambda_i = 0$ existiert. Die Anfangsbedingungen kann man so wählen, daß alle anderen Funktionen $x_j(t) \equiv 0$ sind $(j \neq i)$. Mit diesen speziellen Lösungen ergibt sich aus (2.55) die Lösung $\dot{q}(t) \equiv \phi_i \dot{x}_i = $ const. Sie ist das Kennzeichen einer indifferenten Gleichgewichtslage (s. Abb. 2.2). Wenn K weder positiv definit noch positiv semidefinit ist, dann ist die Gleichgewichtslage instabil. Dann gibt es mindestens einen Eigenwert $\lambda_i < 0$. Die allgemeine Lösung $q(t)$ enthält dann hyperbolische Funktionen, die eine exponentielle Auswanderung aus der Gleichgewichtslage beschreiben.

Abschließend noch eine Bemerkung zu den Eigenvektoren ϕ_i ($i = 1, \ldots, n$). Bei Schwingungen um eine stabile Gleichgewichtslage hat die Lösung (2.55) für geeignet gewählte Anfangsbedingungen die spezielle Form $q(t) = \phi_i \sin \omega_i t$. Das ist eine Schwingung, bei der alle Koordinaten $q_1, \ldots, q_n$ gleichzeitig durch die Nullage gehen und gleichzeitig ihre Extremalwerte erreichen. Die Extremalwerte sind die Koordinaten des Eigenvektors ϕ_i. Deshalb wird ϕ_i nicht nur i ter Eigenvektor des Eigenwertproblems (2.40), sondern auch i te *Eigenform* des mechanischen Systems genannt. Das erklärt auch die Bezeichnung Modalmatrix, englisch modal matrix = Formmatrix, Matrix der Eigenformen.

Beispiel 2.6. Wir betrachten wieder das dreigeschossige Gebäude von Abb. 2.3, und zwar ohne Dämpfung und mit den Zahlenwerten $m_1 = m_2 = 6m$, $m_3 = m$, $k_1 = k_2 = 3k$, $k_3 = k$. Zur Abkürzung wird $\omega_0^2 = k/m$ eingeführt. Die Größe ω_0 kann man deuten als Eigenkreisfrequenz des Teilsystems, das aus der obersten Etage allein besteht. Man berechne die Eigenkreisfrequenzen, die Eigenvektoren, die Modalmatrix und ihre Inverse sowie die Lösung $q(t)$ zu den Anfangsbedingungen $q_0 = 0$, $\dot{q}_0 = [v_0 \ 0 \ 0]^T$. Diese Anfangsbedingungen treten bei einem horizontalen Stoß gegen die unterste Masse auf.

Lösung: Die Systemmatrizen M und K werden aus Beisp. 2.2 übernommen. Mit Hilfe der Variablen $\tau = \omega_0 t$ werden die Bewegungsgleichungen normiert. Mit der Abkürzung $' = d/d\tau$ ergibt sich

$$
\begin{pmatrix} 6 & 0 & 0 \\ 0 & 6 & 0 \\ 0 & 0 & 1 \end{pmatrix} q'' + \begin{pmatrix} 6 & -3 & 0 \\ -3 & 4 & -1 \\ 0 & -1 & 1 \end{pmatrix} q = 0.
$$

Die charakteristische Gleichung (2.41) ist

$$
\mathrm{Det} \begin{pmatrix} 6(1-\lambda) & -3 & 0 \\ -3 & 4-6\lambda & -1 \\ 0 & -1 & 1-\lambda \end{pmatrix} = 0
$$

oder bei Entwicklung nach der letzten Spalte $3(1 - \lambda)(12\lambda^2 - 20\lambda + 3) = 0$. Die Wurzeln sind $\lambda_1 = 1/6$, $\lambda_2 = 1$, $\lambda_3 = 3/2$. Mit ihnen ergeben sich die Eigenkreisfrequenzen des Systems: $\omega_1 = \omega_0\sqrt{1/6}$, $\omega_2 = \omega_0$, $\omega_3 = \omega_0\sqrt{3/2}$. Die Berechnung der Eigenvektoren wird am Beispiel von Q_1 erklärt. Gl. (2.42) nimmt mit $\lambda = \lambda_1$ die Form an:

$$
\begin{pmatrix} 5 & -3 & 0 \\ -3 & 3 & -1 \\ 0 & -1 & 5/6 \end{pmatrix} \begin{pmatrix} Q_{11} \\ Q_{12} \\ Q_{13} \end{pmatrix} = 0.
$$

Nur zwei dieser Gleichungen sind linear unabhängig. Aus der 1. und der 3. folgt $Q_{11} = 3Q_{12}/5$ bzw. $Q_{13} = 6Q_{12}/5$. Der normierte Eigenvektor hat daher die Form $\phi_1 = c_1[3 \quad 5 \quad 6]^T$ mit einer noch zu bestimmenden Konstante c_1. Ebenso erhält man $\phi_2 = c_2[1 \quad 0 \quad -3]^T$ und $\phi_3 = c_3[-1 \quad 1 \quad -2]^T$ mit Konstanten c_2 und c_3. Die Konstanten haben die Dimension Länge. Für jeden normierten Eigenvektor ϕ_i ist (2.43) gültig: $\phi_i^T M \phi_i = c^2$. Einsetzen liefert die Gleichungen $240mc_1^2 = c^2$, $15mc_2^2 = c^2$ und $16mc_3^2 = c^2$. Für die willkürlich wählbare Konstante c^2 ist der Wert $240m\ell_0^2$ zweckmäßig, wobei ℓ_0 eine beliebige Bezugslänge ist. Dann erhält man nämlich die einfachen Zahlenwerte $c_1 = \ell_0$, $c_2 = 4\ell_0$, $c_3 = \ell_0\sqrt{15}$ und damit die normierten Eigenvektoren

$$\phi_1 = \ell_0 \begin{pmatrix} 3 \\ 5 \\ 6 \end{pmatrix}, \qquad \phi_2 = 4\ell_0 \begin{pmatrix} 1 \\ 0 \\ -3 \end{pmatrix}, \qquad \phi_3 = \ell_0\sqrt{15} \begin{pmatrix} -1 \\ 1 \\ -2 \end{pmatrix}.$$

Sie bilden die Modalmatrix. Ihre Inverse ergibt sich aus (2.52):

$$\Phi = \ell_0 \begin{pmatrix} 3 & 4 & -\sqrt{15} \\ 5 & 0 & \sqrt{15} \\ 6 & -12 & -2\sqrt{15} \end{pmatrix}, \qquad \Phi^{-1} = \frac{1}{120\ell_0} \begin{pmatrix} 9 & 15 & 3 \\ 12 & 0 & -6 \\ -3\sqrt{15} & 3\sqrt{15} & -\sqrt{15} \end{pmatrix}.$$

In Abb. 2.13 zeigt jedes der drei Bilder maßstabgerecht die drei Komponenten eines Eigenvektors. Zusammen mit den gestrichelten Linien, die selbst keine physikalische Bedeutung haben, veranschaulichen die Bilder die Extremalausschläge des Systems in den drei Eigenformen. Jede dem System mögliche freie Schwingung ist eine Linearkombination von Schwingungen in diesen drei Eigenformen. Wie in diesem Beispiel gilt stets: Die Zahl der Vorzeichenwechsel in den Komponenten von ϕ_i erhöht sich mit jeder Ordnung um Eins. Der Beweis dieser Aussage geht über den Rahmen des Buches hinaus (s. [16]).

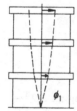
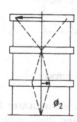
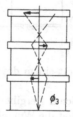

Abb. 2.13. 1., 2. und 3. Eigenform des Schwingers

Die Lösung zu den gegebenen Anfangsbedingungen wird als Funktion der physikalischen Zeit t in der Form $q(t)$ angegeben. Aus (2.57) berechnet man mit $\varrho_i = \omega_i \ (i = 1, 2, 3)$

$$A_1 = A_2 = A_3 = 0, \quad B_1 = \frac{3v_0\sqrt{6}}{40\ell_0\omega_0}, \quad B_2 = \frac{v_0}{10\ell_0\omega_0}, \quad B_3 = \frac{-v_0\sqrt{10}}{40\ell_0\omega_0}.$$

Damit erhält man aus (2.54) und (2.55) die Lösung

$$q(t) = \frac{v_0}{40\omega_0} \left\{ 3\sqrt{6} \begin{pmatrix} 3 \\ 5 \\ 6 \end{pmatrix} \sin\omega_1 t + 16 \begin{pmatrix} 1 \\ 0 \\ -3 \end{pmatrix} \sin\omega_2 t + 5\sqrt{6} \begin{pmatrix} 1 \\ -1 \\ 2 \end{pmatrix} \sin\omega_3 t \right\}.$$

Abb. 2.14 zeigt die drei Funktionen $q_1(t)$, $q_2(t)$ und $q_3(t)$. Sie sind nicht periodisch. Die Masse m_3 in der obersten Etage hat die größten Maximalausschläge und die Masse m_1 in der untersten die kleinsten. Ende des Beispiels.

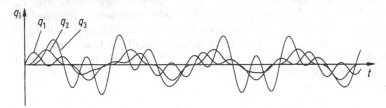

Abb. 2.14. Zeitverläufe der Koordinaten q_1, q_2 und q_3 für die angegebenen Anfangsbedingungen

Beispiel 2.7. Man berechne die Eigenkreisfrequenzen und die Modalmatrix des Systems von Abb. 2.15.
Lösung: Normierte Bewegungsgleichungen werden wieder mit der Variablen $\tau = \omega_0 t$ und mit $\omega_0 = \sqrt{k/m}$ formuliert. Eine einfache Rechnung ergibt die Gleichungen

$$\begin{pmatrix} 2 & 0 & 0 \\ 0 & 1 & 0 \\ 0 & 0 & 1 \end{pmatrix} q'' + \begin{pmatrix} 6 & -2 & -2 \\ -2 & 4 & -1 \\ -2 & -1 & 4 \end{pmatrix} q = 0.$$

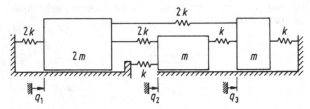

Abb. 2.15. Ein System mit einem doppelten Eigenwert

Die charakteristische Gleichung ergibt sich nach elementarer Rechnung zu $2(\lambda^3 - 11\lambda^2 + 35\lambda - 25) = 0$. Sie hat die Wurzel $\lambda_1 = 1$ und die Doppelwurzel $\lambda_2 = \lambda_3 = 5$. Daraus folgt, daß das System die Eigenkreisfrequenzen $\omega_1 = \omega_0$ und $\omega_2 = \omega_3 = \omega_0\sqrt{5}$ hat. Zur Wurzel $\lambda_1 = 1$ erhält man in der im vorigen Beispiel beschriebenen Weise den nicht normierten Eigenvektor $Q_1 = c_1[1 \ 1 \ 1]^T$ mit einer beliebigen Konstante c_1. Zum Zweck der Normierung berechnet man das Produkt $Q_1^T M Q_1 = 4c_1^2$. Nach Gl. (2.43) soll es eine beliebig wählbare Konstante c^2 sein, wenn $Q_1 = \phi_1$ ist. Wir wählen $c^2 = 4\ell_0^2$ mit einer beliebig wählbaren Bezugslänge ℓ_0. Dann ist $\phi_1 = \ell_0[1 \ 1 \ 1]^T$. Die Eigenvektoren zur Doppelwurzel $\lambda_2 = 5$ genügen der Gleichung

$$\begin{pmatrix} 4 & 2 & 2 \\ 2 & 1 & 1 \\ 2 & 1 & 1 \end{pmatrix} \begin{pmatrix} Q_1 \\ Q_2 \\ Q_3 \end{pmatrix} = 0.$$

Wie Satz 1 aussagt, ist der Rangabfall gleich der Vielfachheit der Wurzel. Die Gleichung wird von allen Vektoren $Q = \ell_0[-(c_2 + c_3)\ ;\ 2c_2\ ;\ 2c_3]^T$ mit beliebigen Konstanten c_2 und c_3 erfüllt. Sie sind M-orthogonal zu ϕ_1. Mit den willkürlich gewählten Wertepaaren $c_2 = c_3 = 1/2$ und $c_2 = 1$, $c_3 = 0$ ergeben sich die nichtnormierten und untereinander nicht M-orthogonalen Vektoren $Q_{21}^* = \ell_0[-1 \quad 1 \quad 1]^T$ und $Q_{22}^* = \ell_0[-1 \quad 2 \quad 0]^T$. Aus ihnen werden nach dem Verfahren von Gram-Schmidt normierte M-orthogonale Vektoren ϕ_2 und ϕ_3 wie folgt erzeugt. Willkürlich wird als ϕ_2 der auf $c = 2\ell_0$ normierte Vektor Q_{21}^* verwendet. Der Vergleich mit ϕ_1 liefert ohne Rechnung das Ergebnis $\phi_2 = \ell_0[-1 \quad 1 \quad 1]^T$. Damit ergibt sich aus Gl. (2.48) der dritte, noch nicht normierte Eigenvektor:

$$Q_3 = Q_{22}^* - \frac{1}{4\ell_0^2}(Q_{22}^{*T} M \phi_2)\phi_2 = \ell_0\ [0 \quad 1 \quad -1]^T.$$

Die Normierung erzeugt $\phi_3 = \ell_0\sqrt{2}\,[0 \quad 1 \quad -1]^T$. Die drei normierten Vektoren bilden die gesuchte Modalmatrix:

$$\Phi = \ell_0 \begin{pmatrix} 1 & -1 & 0 \\ 1 & 1 & \sqrt{2} \\ 1 & 1 & -\sqrt{2} \end{pmatrix}.$$

Genauer muß man von *einer* Modalmatrix sprechen, weil ϕ_2 willkürlich gewählt wurde.

Die Ergebnisse für die Eigenformen werden anschaulich, wenn man die in Abb. 2.15 verborgene Symmetrie bemerkt. Man zeichne nach dem Vorbild von Abb. 2.8 den Federgraph des Systems, und zwar als Mercedesstern mit dem Scheitel 0 im Zentrum. Die Massen und die Federkonstanten sind symmetrisch zur Verbindung der Scheitel 0 und 1 angeordnet. Die 1. und die 3. Eigenform kann man ohne Rechnung vorhersagen. Ende des Beispiels.

2.3 Approximation der niedrigsten Eigenkreisfrequenz

In diesem Abschnitt werden ungedämpfte n-Freiheitsgrad-Systeme mit positiv definiter Steifigkeitsmatrix K untersucht. Sie haben n Eigenkreisfrequenzen $\omega_1 \le \omega_2 \le \cdots \le \omega_n$. Diese können aus der charakteristischen Gl. (2.41) berechnet werden: $\omega_i^2 = \lambda_i$. Bei Systemen mit vielen Freiheitsgraden ist das eine aufwendige Rechnung. Häufig interessiert man sich nur für den niedrigsten Eigenwert ω_1^2. Zu seiner Berechnung gibt es Näherungsverfahren, die sehr viel weniger aufwendig sind als die Lösung der charakteristischen Gleichung. Die Grundlage aller Näherungsverfahren ist der im folgenden entwickelte Rayleighquotient.

2.3.1 Der Rayleighquotient

Aus (2.45) ist die Beziehung

$$\omega_i^2 = \frac{\phi_i^T K \phi_i}{\phi_i^T M \phi_i} \qquad (i = 1, \ldots, n) \tag{2.58}$$

zwischen Eigenkreisfrequenz ω_i und Eigenform ϕ_i bekannt. Sie ergab sich formal aus dem Eigenwertproblem (2.40). In dem hier vorausgesetzten Fall $\lambda_i = \omega_i^2 > 0$ kann sie auch wie folgt physikalisch anschaulich begründet werden. Wenn das System in der $i$ten Eigenform schwingt, dann ist $q(t) = \phi_i \sin\omega_i t$, $\dot{q}(t) = \omega_i\phi_i\cos\omega_i t$. Beim Extremalausschlag ($\sin\omega_i t = 1$) sind die potentielle und die kinetische Energie $V_1 = \frac{1}{2}\phi_i^T K\phi_i$ bzw. $T_1 = 0$ (s. (2.7) und (2.4)). Beim Durchgang durch die Gleichgewichtslage ($\cos\omega_i t = 1$) ist $V_2 = 0$, $T_2 = \frac{1}{2}\omega_i^2\phi_i^T M\phi_i$. Aus dem Energieerhaltungssatz $V_1 + T_1 = V_2 + T_2$ folgt (2.58).

Als *Rayleighquotient* bezeichnet man den Ausdruck

$$R = \frac{Q^T K Q}{Q^T M Q} \qquad (Q \text{ beliebig}). \tag{2.59}$$

Jede beliebige Spaltenmatrix Q aus n Elementen ist darstellbar als Linearkombination der n Eigenformen des Systems:

$$Q = a_1\phi_1 + a_2\phi_2 + \cdots + a_n\phi_n. \tag{2.60}$$

Einsetzen dieses Ausdrucks ergibt bei Beachtung der Gln. (2.49)

$$R = \frac{a_1^2\phi_1^T K\phi_1 + a_2^2\phi_2^T K\phi_2 + \cdots + a_n^2\phi_n^T K\phi_n}{a_1^2\phi_1^T M\phi_1 + a_2^2\phi_2^T M\phi_2 + \cdots + a_n^2\phi_n^T M\phi_n}$$

$$= \frac{a_1^2\omega_1^2 + a_2^2\omega_2^2 + \cdots + a_n^2\omega_n^2}{a_1^2 + a_2^2 + \cdots + a_n^2} \geq \omega_1^2. \tag{2.61}$$

Der Rayleighquotient ist also eine *obere Schranke* für ω_1^2:

$$\omega_1^2 \leq R = \frac{Q^T K Q}{Q^T M Q} \qquad (Q \text{ beliebig}). \tag{2.62}$$

Sein praktischer Wert liegt an den folgenden Eigenschaften:
1. Bei vielen Schwingungssystemen kann man eine einigermaßen gute Näherung für die 1. Eigenform raten (z. B. für die 1. Eigenform in Abb. 2.13). Der Rayleighquotient ist eine sehr gute Näherung für ω_1^2, wenn Q eine lediglich gute Näherung für ϕ_1 ist. Das läßt sich wie folgt begründen. Eine gute Näherung für ϕ_1 zeichnet sich dadurch aus, daß in (2.60) $|a_i| = \varepsilon|a_1|$ ($i = 2, \ldots n$) mit einem $\varepsilon \ll 1$ gilt. Damit folgt aus (2.61)

$$R \approx \left[\omega_1^2 + \varepsilon^2(\omega_2^2 + \omega_3^2 + \cdots)\right]\left[1 - \varepsilon^2(n - 1)\right] = \omega_1^2\left(1 + \varepsilon^2\text{-Glieder}\right).$$

Fazit: Eine Näherung an die 1. Eigenform von der Güte $Q = \phi_1(1 + \varepsilon$-Glieder) führt zu einer Näherung an die 1. Eigenkreisfrequenz von der Güte $\omega_1\sqrt{1 + \varepsilon^2}$-Glieder $= \omega_1\left(1 + \varepsilon^2\text{-Glieder}\right)$.
2. Die Berechnung der Matrizenprodukte im Zähler und im Nenner des Rayleighquotienten ist sehr einfach. Man beachte, daß R sich nicht ändert, wenn man Q mit einem beliebigen Faktor multipliziert.

3. Von mehreren Rayleighquotienten für verschiedene Näherungen Q ist wegen der Ungleichung (2.62) der kleinste die beste Näherung für ω_1^2.

Beispiel 2.8. Aus Beisp. 2.6 übernehmen wir die Matrizen

$$M = m \begin{pmatrix} 6 & 0 & 0 \\ 0 & 6 & 0 \\ 0 & 0 & 1 \end{pmatrix}, \qquad K = m\omega_0^2 \begin{pmatrix} 6 & -3 & 0 \\ -3 & 4 & -1 \\ 0 & -1 & 1 \end{pmatrix}$$

des dort untersuchten Systems mit 3 Freiheitsgraden und zum Vergleich mit Näherungen die exakten Ergebnisse für die 1. Eigenkreisfrequenz und die 1. Eigenform: $\omega_1^2 = \omega_0^2/6$ und $\phi_1 = [3 \quad 5 \quad 6]^T$. Die Spaltenmatrizen $Q_1 = [3 \quad 5 \quad 5]^T$ und $Q_2 = [3 \quad 5 \quad 8]^T$ sind eine ziemlich gute und eine ziemlich schlechte Näherung für ϕ_1. Man berechne mit jeder der beiden aus (2.62) eine obere Schranke für die 1. Eigenkreisfrequenz.

Lösung: Durch Einsetzen von Q_1 und Q_2 erhält man $R_1 = \frac{39}{229}\omega_0^2 \approx 0,170\omega_0^2$ bzw. $R_2 = \frac{12}{67}\omega_0^2 \approx 0,179\omega_0^2$. R_1 ist die kleinere und damit die bessere obere Schranke. Sie weicht nur um etwa 2% vom exakten Wert ab, weil Q_1 eine gute Näherung für ϕ_1 ist. Mit ϕ_1 selbst erhält man natürlich den exakten Wert $R = \omega_0^2/6$. Ende des Beispiels.

2.3.2 Das Verfahren von Ritz

Häufig ist es schwierig, eine gute Näherung Q für die 1. Eigenform ϕ_1 zu raten. Dann kann man wie in Beisp. 2.8 mit mehreren Näherungen Q_1, Q_2,... Rayleighquotienten R_1, R_2,... berechnen und den kleinsten unter ihnen als beste Näherung für ω_1^2 aussuchen. Man kann aber keine Aussage über die Güte dieser Näherung machen. Zu wesentlich besseren Aussagen kommt man mit dem Verfahren von Ritz. Es besteht darin, aus u. U. schlechten Näherungen $Q_1, \ldots, Q_m$ ($1 < m \leq n$ beliebig) mit freien Konstanten $c_1, \ldots, c_m$ die Näherung

$$Q = c_1 Q_1 + \cdots c_m Q_m \tag{2.63}$$

und mit ihr den Rayleighquotienten

$$R(c_1, \ldots, c_m) = \frac{Q^T K Q}{Q^T M Q} = \frac{Z(c_1, \ldots, c_m)}{N(c_1, \ldots, c_m)} \tag{2.64}$$

zu bilden. Im folgenden wird vorausgesetzt, daß die Näherungen $Q_1, \ldots$, Q_m voneinander linear unabhängig sind. Das absolute Minimum der Funktion $R(c_1, \ldots, c_m)$ ist die beste obere Schranke für ω_1^2, die mit dem Ansatz (2.63) erreichbar ist. Sie ist i. allg. wesentlich besser, als der kleinste unter den Rayleighquotienten $R_1, \ldots, R_m$, die natürlich allesamt Funktionswerte von $R(c_1, \ldots, c_m)$ sind. Das absolute Minimum wird aus den Bedingungen $\partial R/\partial c_i = 0$ ($i = 1, \ldots, m$) berechnet. Das sind die Gleichungen

$$\frac{1}{N^2}\left(N\frac{\partial Z}{\partial c_i} - Z\frac{\partial N}{\partial c_i}\right) = \frac{1}{N}\left(\frac{\partial Z}{\partial c_i} - R\frac{\partial N}{\partial c_i}\right) = 0 \qquad (i = 1, \ldots, m)$$

oder wegen $N > 0$

$$\frac{\partial Z}{\partial c_i} - R \frac{\partial N}{\partial c_i} = 0 \qquad (i = 1, \ldots, m).$$ (2.65)

Darin ist

$$\frac{\partial Z}{\partial c_i} = \frac{\partial Q^T}{\partial c_i} K Q + Q^T K \frac{\partial Q}{\partial c_i} = 2Q_i^T K (c_1 Q_1 + \cdots + c_m Q_m),$$

$$\frac{\partial N}{\partial c_i} = 2Q_i^T M (c_1 Q_1 + \cdots + c_m Q_m).$$

Alle m Gleichungen (2.65) bilden zusammengefaßt das lineare, homogene Gleichungssystem $Ac = 0$ mit $c = [c_1 \cdots c_m]^T$ und mit einer symmetrischen Matrix A mit den Elementen

$$A_{ij} = Q_i^T K Q_j - R Q_i^T M Q_j \qquad (i, j = 1, \ldots, m).$$ (2.66)

Nichttriviale Lösungen c existieren nur, wenn Det $A = 0$ ist. Das ist eine Gleichung $m$ten Grades für den Rayleighquotienten R. Die kleinste Wurzel R_{min} ist die gesuchte beste obere Schranke für ω_1^2. Häufig genügen $m = 2$ Näherungen Q_1 und Q_2 zur Berechnung guter Näherungslösungen. Im Fall $m = n$ erhält man die exakte Lösung $R_{min} = \omega_1^2$, weil es Koeffizienten $c_1, \ldots, c_n$ gibt, mit denen $c_1 Q_1 + \cdots + c_n Q_n = \phi_1$ ist.

Beispiel 2.9. Für das Schwingungssystem von Beisp. 2.8 mit den angegebenen Matrizen M und K soll mit den schlechten Näherungen $Q_1 = [3 \ 4 \ 4]^T$ und $Q_2 = [3 \ 5 \ 8]^T$ der zweigliedrige Ritzansatz $Q = c_1 Q_1 + c_2 Q_2$ gemacht werden. Welche obere Schranke liefert er für ω_1^2?
Lösung: Aus (2.66) berechnet man $A_{11} = m(30\omega_0^2 - 166R)$, $A_{12} = A_{21} = m(33\omega_0^2 - 206R)$ und $A_{22} = m(48\omega_0^2 - 268R)$. Die Bedingung Det $A = 0$ lautet $(30\omega_0^2 - 166R)(48\omega_0^2 - 268R) - (33\omega_0^2 - 206R)^2 = 0$ oder $2052R^2 - 2412\omega_0^2 R = -351\omega_0^4$. Die kleinere der beiden Wurzeln dieser quadratischen Gleichung ist $R_{min} \approx 0,170\omega_0^2$. Sie ist die beste mit diesem Ansatz erreichbare obere Schranke für ω_1^2. Sie ist eine gute Näherung für die exakte Lösung $\omega_1^2 = \omega_0^2/6$, obwohl Q_1 und Q_2 schlechte Näherungen für ϕ_1 sind. Ende des Beispiels.

2.3.3 Anwendungen auf Biegestäbe

Abb. 2.16a zeigt einen masselosen Biegestab der Biegesteifigkeit EI mit Punktmassen $m_1, \ldots, m_n$ an vorgegebenen Stellen $x_1, \ldots, x_n$. Die Randbedingungen sind willkürlich gewählt und durch andere ersetzbar. Systeme dieser Art sind brauchbare Ersatzsysteme für Stäbe mit kontinuierlich verteilter Masse und mit Einzelmassen. Im folgenden wird für die 1. Eigenkreisfrequenz des Ersatzsystems ein einfach auswertbarer Rayleighquotient entwickelt.

Als Koordinaten $q = [q_1 \ \ldots \ q_n]^T$ werden die Verschiebungen der Punktmassen aus der Gleichgewichtslage gewählt. Dann ist die Massenmatrix M die Diagonalmatrix der Massen $m_1, \ldots, m_n$. Der Rayleighquotient wird so

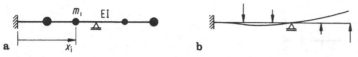

Abb. 2.16. Masseloser Biegestab mit Punktmassen (a) und Näherung der 1. Eigenform durch statische Biegelinie (b)

formuliert, daß man die Steifigkeitsmatrix K gar nicht benötigt. Ihre Inverse K^{-1}, die sog. Nachgiebigkeitsmatrix, erscheint in der Festigkeitslehre in der Beziehung $q = K^{-1}F$ zwischen konstanten Kräften $F = [F_1 \ \dots \ F_n]^T$ an den Stellen der Punktmassen und den durch sie verursachten statischen Verschiebungen q. Jede Näherung Q für die 1. Eigenform läßt sich in der Form $Q = K^{-1}F$ mit geeigneten Kräften darstellen. Damit ist der Zähler des Rayleighquotienten $Q^T K Q = F^T K^{-1} K Q = F^T Q$, und (2.62) nimmt die Form an:

$$\omega_1^2 \leq \frac{F^T Q}{Q^T M Q} = \frac{\sum_{i=1}^n F_i Q_i}{\sum_{i=1}^n m_i Q_i^2} \quad \text{mit} \quad Q = K^{-1}F. \tag{2.67}$$

Diese Formulierung hat Vorteile. Zu einer gegebenen Kräfteverteilung F kann man nämlich Q aus tabellierten Formeln für Biegelinien von Stäben ablesen (z. B. aus Tab. E5-7 in [17]). Man muß noch klären, welche Kräfteverteilungen F gute Näherungen Q für die 1. Eigenform des Ersatzsystems erzeugen. Eine gute Näherung Q muß mit möglichst wenig Vorzeichenwechseln alle Lagerbedingungen erfüllen. Abb. 2.16b zeigt, daß eine derartige Biegelinie z. B. durch Kräfte erzeugt wird, deren Beträge gleich den Gewichten und deren Richtungen von Stabfeld zu Stabfeld alternierend sind. Mit Stabfeld wird der Bereich zwischen zwei benachbarten Lagern oder zwischen einem Lager und dem nächsten freien Rand bezeichnet.

Auch das Ritzsche Verfahren kann so formuliert werden, daß die Matrix K nicht explizit benötigt wird. Man schreibt (2.63) in der Form $Q = K^{-1}F = K^{-1}(c_1 F_1 + \cdots + c_m F_m)$, d.h. man drückt auch hier die Ansatzfunktionen durch Kräfte aus. An die Stelle von (2.66) tritt dann die Gleichung

$$A_{ij} = F_i^T Q_j - R Q_i^T M Q_j \quad \text{mit} \quad Q_i = K^{-1}F_i \quad (i, j = 1, \dots, m). \tag{2.68}$$

Beispiel 2.10. Man berechne für das System in Abb. 2.17 die Rayleighquotienten (2.67) zu den Kraftansätzen $F_1 = mg[1 \ -1]^T$ und $F_2 = mg[1 \ 1]^T$ sowie die minimale obere Schranke mit dem Ritzansatz $F = c_1 F_1 + c_2 F_2$. Der Ansatz F_2 erzeugt offensichtlich eine schlechte Näherung für die 1. Eigenform.
Lösung: Aus [17] entnimmt man zu den Kräfteverteilungen F_1 und F_2 die Durchbiegungen

$$Q_1 = \frac{4mg}{9k}\begin{pmatrix} 2 \\ -4 \end{pmatrix} \quad \text{bzw.} \quad Q_2 = \frac{4mg}{9k}\begin{pmatrix} 0 \\ 2 \end{pmatrix}, \quad k = \frac{EI}{a^3}.$$

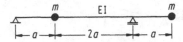

Abb. 2.17.

Aus (2.67) ergeben sich damit die zugehörigen Rayleighquotienten $\omega_1^2 \leq$ $(27/40)k/m \approx 0,675k/m$ für F_1 und $\omega_1^2 \leq (9/8)k/m$ für F_2. Die erste untere Schranke ist erwartungsgemäß wesentlich kleiner und damit besser als die zweite. Man weiß aber nicht, wie gut sie ω_1^2 annähert. Der Ritzansatz und Gl. (2.68) liefern die Matrix

$$A(R) = \text{const} \times \begin{pmatrix} 27k/m - 40R & -9k/m + 16R \\ -9k/m + 16R & 9k/m - 8R \end{pmatrix}.$$

Die quadratische Gleichung Det $A = 0$ hat die Lösungen $R_{1,2} = 9/4(1 \mp \sqrt{2}/2)k/m$. Die kleinere Wurzel ist $R_1 \approx 0,659k/m = 0,659\,EI/(ma^3)$. Sie ist in diesem Fall die exakte Lösung für ω_1^2, weil die Anzahl der Ansatzfunktionen gleich der Anzahl der Freiheitsgrade des Systems ist. Ende des Beispiels.

2.3.4 Homogene Biegestäbe

Die Ungleichung (2.67) nimmt eine besonders einfache Form an, wenn man sie auf das Ersatzsystem für einen homogenen Stab der Masse m und der Länge ℓ anwendet. Das Ersatzsystem besteht aus n äquidistant angeordneten Punktmassen gleicher Größe m/n auf einer masselosen Biegefeder mit der Steifigkeit EI. Die für (2.67) empfohlenen Kräfte $F_1, \ldots, F_n$ haben alle denselben Betrag mg/n. Ihre Vorzeichen sind von Stabfeld zu Stabfeld alternierend. Je größer n ist, desto genauer stimmt die statische Biegelinie des Ersatzsystems unter diesen Kräften mit der statischen Biegelinie $w(x)$ des homogenen Stabes unter der von Stabfeld zu Stabfeld im Vorzeichen alternierenden Streckenlast $q = mg/\ell$ überein. Für ein endlich großes n ist in Gl. (2.67) das Ungleichheitszeichen nicht gesichert, wenn man Q_i durch $w(x_i)$ ersetzt. Erst im Grenzfall $n \to \infty$ gilt für die 1. Eigenkreisfrequenz ω_1 des homogenen Biegestabes die Ungleichung

$$\omega_1^2 \leq \lim_{n \to \infty} \frac{\sum_{i=1}^n \frac{mg}{n} w(x_i)}{\sum_{i=1}^n \frac{m}{n} w^2(x_i)} = g \lim_{n \to \infty} \frac{\sum_{i=1}^n w(x_i)}{\sum_{i=1}^n w^2(x_i)}. \tag{2.69}$$

Zur Berechnung des Grenzwertes erweitert man den Bruch wieder mit ℓ/n und schreibt $\ell/n = \Delta x$, weil die Punktmassen im Abstand ℓ/n liegen. Für eine beliebige Funktion $f(x)$ gilt

$$\lim_{n \to \infty} \sum_{i=1}^n \frac{\ell}{n} f(x_i) = \lim_{n \to \infty} \sum_{i=1}^n f(x_i)\Delta x = \int_0^\ell f(x)\,dx.$$

Die Ungleichung (2.69) hat also mit der Biegelinie $w(x)$ zu der angegebenen Streckenlast die Form

$$\omega_1^2 \leq g \int_0^\ell w(x)\,\mathrm{d}x \bigg/ \int_0^\ell w^2(x)\,\mathrm{d}x. \tag{2.70}$$

In Abschnitt 4.4.4 wird dieser Rayleighquotient auf andere Weise noch einmal hergeleitet.

Beispiel 2.11. Man berechne die Schranke (2.70) für einen homogenen Biegestab, der bei $x = 0$ fest eingespannt und bei $x = \ell$ gelenkig gelagert ist.
Lösung: Der Stab besteht aus einem einzigen Feld, so daß die Streckenlast $q = mg/\ell$ überall gleichgerichtet ist. Für die Biegelinie $w(x)$ gilt nach [17] mit $\xi = x/\ell$

$$w(\xi) = \tfrac{q\ell^4}{48EI}\,\xi^2(1-\xi)(3-2\xi) = \tfrac{q\ell^3}{48EI}\,(2\xi^4 - 5\xi^3 + 3\xi^2),$$

$$w^2(\xi) = \left(\tfrac{q\ell^4}{48EI}\right)^2 (4\xi^8 - 20\xi^7 + 37\xi^6 - 30\xi^5 + 9\xi^4).$$

Die Integrale in (2.70) sind Integrale über ξ in den Grenzen $\xi = 0$ bis $\xi = 1$. Sie sind

$$\tfrac{q\ell^4}{48EI}\left(\tfrac{2}{5} - \tfrac{5}{4} + \tfrac{3}{3}\right) \quad \text{bzw.} \quad \left(\tfrac{q\ell^4}{48EI}\right)^2\left(\tfrac{4}{9} - \tfrac{20}{8} + \tfrac{37}{7} - \tfrac{30}{6} + \tfrac{9}{5}\right).$$

Damit erhält man das Ergebnis

$$\omega_1^2 \leq \tfrac{4536}{19}\,\tfrac{gEI}{q\ell^4} \approx 238,7\,\tfrac{EI}{m\ell^3}.$$

In Beisp. 4.9 (Abschnitt 4.4.4) wird mit einem exakten Lösungsverfahren gezeigt, daß $\omega_1^2 \approx 237,8\, EI/(m\ell^3)$ ist. Der Rayleighquotient in Gl. (2.70) liefert in diesem Beispiel also eine sehr gute Näherungslösung. Ende des Beispiels.

2.4 Eigenschwingungen allgemeiner linearer Systeme

In diesem Abschnitt wird die allgemeine Lösung des Differentialgleichungssystems 1. Ordnung

$$\dot{z} = Az \tag{2.71}$$

mit einer konstanten Koeffizientenmatrix A entwickelt. Es beschreibt freie Schwingungen von mechanischen und von nichtmechanischen linearen Systemen. Insbesondere können die Systeme gedämpft sein. Wenn es sich um mechanische Systeme handelt, hat die Matrix A die in Gl. (2.36) angegebene Form. Diese Form wird nicht vorausgesetzt. Die allgemeine Lösung $z(t)$ kann auf zwei unterschiedliche Weisen dargestellt werden. Im folgenden Abschnitt wird die Darstellung durch die Fundamentalmatrix angegeben. In Abschnitt 2.4.2 folgt die Darstellung durch Eigenwerte und Eigenvektoren der Matrix A.

2.4.1 Lösung durch die Fundamentalmatrix

Analog zur Exponentialfunktion e^{at} mit einer Zahl a wird die Exponential-funktion e^{At} mit einer konstanten Matrix A definiert, und zwar in beiden Fällen durch die formal gleiche Taylorreihe. Das Ergebnis dieser Definition ist, daß man mit e^{At} formal genauso rechnen darf wie mit e^{at}. Einzelheiten findet der Leser in [18]. Wenn A eine $N \times N$-Matrix ist, dann ist auch e^{At} eine $N \times N$-Matrix. Weiterhin gelten die analogen Beziehungen:

$$e^0 = 1, \qquad (e^{at})^{-1} = e^{-at}, \qquad \frac{\mathrm{d}}{\mathrm{d}t}(e^{at}) = ae^{at},$$

$$e^0 = I, \qquad (e^{At})^{-1} = e^{-At}, \qquad \frac{\mathrm{d}}{\mathrm{d}t}(e^{At}) = Ae^{At}.$$

Daraus folgt unmittelbar, daß die allgemeine Lösung $z(t)$ von Gl. (2.71) zu beliebigen Anfangsbedingungen $z(0) = z_0$ die Form hat:

$$z(t) = e^{At}z_0. \tag{2.72}$$

Die Matrix e^{At} heißt *Fundamentalmatrix* der Lösung. Ihre $i$te Spalte ($i = 1, \ldots, N$ beliebig) ist offensichtlich die spezielle Lösung zu den Anfangsbe-dingungen $z_0 = [\,0 \cdots 0\ 1\ 0 \cdots 0\,]^T$ mit 1 als $i$tem Element und sonst nur Nullelementen. Mit Hilfe der Taylorreihe für e^{At} kann man die Elemente die-ser Matrix als Funktionen von t berechnen. Hier wird darauf verzichtet, weil die explizite Darstellung im folgenden Abschnitt auf anderem Wege gefunden wird. Gl. (2.72) wird erst in Abschnitt 2.7.2 noch einmal verwendet.

2.4.2 Lösung durch Eigenwerte und Eigenvektoren

Gl. (2.71) hat mindestens eine Lösung der Form

$$z(t) = Ze^{\Lambda t} \tag{2.73}$$

mit einer konstanten Spaltenmatrix Z und einem konstanten Exponenten Λ. Wenn man diesen Ansatz, der wohlverstanden nicht die allgemeine Lösung darstellt, einsetzt, dann erhält man das Eigenwertproblem

$$(A - \Lambda I)Z = 0 \tag{2.74}$$

mit Eigenwerten Λ und Eigenvektoren Z. Sei A eine $N \times N$-Matrix. Dann sind die Eigenwerte die N reellen oder konjugiert komplexen Wurzeln $\Lambda_1, \ldots, \Lambda_N$ der charakteristischen Polynomgleichung Nten Grades

$$\mathrm{Det}\,(A - \Lambda I) = 0. \tag{2.75}$$

Jedem Eigenwert Λ_i sind zwei natürliche Zahlen zugeordnet, und zwar seine Vielfachheit $\nu_i \geq 1$ und der Defekt oder Rangabfall d_i der Matrix $(A - \Lambda_i I)$. Für den Defekt gilt $1 \leq d_i \leq \nu_i$. Man muß die beiden Fälle $d_i = \nu_i$ und $d_i < \nu_i$ unterscheiden.

Der Fall $d_i = \nu_i$: Er liegt immer bei 1fachen Eigenwerten vor $(d_i = \nu_i = 1)$. Auch im Fall $\nu_i > 1$ ist er die Regel. Mit dem $\nu_i$fachen Eigenwert Λ_i berechnet man aus Gl. (2.74) ν_i linear unabhängige Eigenvektoren. Seien $\varrho_i \pm i\sigma_i$ zwei konjugiert komplexe Eigenwerte, und seien $U_i \pm iV_i$ zugehörige Eigenvektoren. Mit diesen Eigenwerten und Eigenvektoren ergibt sich aus (2.73) die Lösung

$$z(t) = A_i^*(U_i + iV_i)e^{(\varrho_i + i\sigma_i)t} + B_i^*(U_i - iV_i)e^{(\varrho_i - i\sigma_i)t}$$

mit freien Konstanten A_i^* und B_i^*. Mit der Eulerschen Formel (0.1) und mit den neuen Konstanten $A_i = A_i^* + B_i^*$ und $B_i = i(A_i^* - B_i^*)$ gewinnt man daraus den Ausdruck

$$z(t) = e^{\varrho_i t}\left[(A_iU_i + B_iV_i)\cos\sigma_i t + (B_iU_i - A_iV_i)\sin\sigma_i t\right]. \tag{2.76}$$

Bei reellen Eigenwerten $(\sigma_i = 0,\ V_i = 0)$ ist

$$z(t) = e^{\varrho_i t}A_iU_i. \tag{2.77}$$

Wenn für alle Eigenwerte der Fall $d_i = \nu_i$ vorliegt, dann gibt es nur Lösungen dieser Art. Die allgemeine Lösung des homogenen linearen Systems (2.71) ist dann

$$z(t) = \sum_{i=1}^{p} e^{\varrho_i t}\left[(A_iU_i + B_iV_i)\cos\sigma_i t + (B_iU_i - A_iV_i)\sin\sigma_i t\right]$$

$$+ \sum_{i=2p+1}^{N} e^{\varrho_i t}A_iU_i \qquad (d_i = \nu_i\ (i = 1,\ldots,n)). \tag{2.78}$$

Darin ist p die Anzahl der Paare konjugiert komplexer Eigenwerte und folglich $N - 2p$ die Anzahl der reellen Eigenwerte. Die insgesamt N Integrationskonstanten A_i $(i = 1,\ldots,p, 2p+1,\ldots,N)$ und B_i $(i = 1,\ldots,p)$ können Anfangswerten z_0 angepaßt werden. Alle Größen in (2.78) sind reell, wenn z_0 reell ist. Lösungen in der 1. Summe stellen angefachte oder ungedämpfte oder gedämpfte Schwingungen dar. Lösungen in der 2. Summe stellen überkritisch angefachte oder überkritisch gedämpfte Vorgänge dar.

Der Fall $d_i < \nu_i$: Zum ν_i-fachen Eigenwert Λ_i liefert Gl. (2.74) nur $d_i < \nu_i$ linear unabhängige Eigenvektoren. Dieser Fall tritt nur in besonders konstruierten Beispielen auf. Die zu Λ_i gehörende Lösung von (2.71) hat im Fall eines konjugiert komplexen Eigenwertepaares $\varrho_i \pm i\sigma_i$ die Form

$$z_i(t) = e^{\varrho_i t}\left[\hat{U}_i(t)\cos\sigma_i t + \hat{V}_i(t)\sin\sigma_i t\right] \tag{2.79}$$

und im Fall eines reellen Eigenwerts ϱ_i die Form

$$z_i(t) = e^{\varrho_i t}\hat{U}_i(t). \tag{2.80}$$

Dabei sind $\hat{U}_i(t)$ und $\hat{V}_i(t)$ Spaltenmatrizen, deren Elemente Polynome in t vom Grad $\leq \nu_i - 1$ sind. Den Beweis findet der Leser in [18].

Im allgemeinen Fall enthält die Lösung $z(t)$ Beiträge der Formen (2.76), (2.77), (2.79) und (2.80). Sie hat also die Form

$$z(t) = \sum_i e^{\varrho_i t} [(A_i U_i + B_i V_i) \cos \sigma_i t + (B_i U_i - A_i V_i) \sin \sigma_i t]$$

$$+ \sum_j e^{\varrho_j t} A_j U_j + \sum_k e^{\varrho_k t} [\hat{U}_k(t) \cos \sigma_k t + \hat{V}_k(t) \sin \sigma_k t]$$

$$+ \sum_\ell e^{\varrho_\ell t} \hat{U}_\ell(t). \tag{2.81}$$

Jede der vier Summen kann leer sein. Die Koeffizienten der Polynome von t werden unbestimmt angesetzt. Dabei ist zu beachten, daß die Herleitung des Differentialgleichungssystems 1. Ordnung bedingt, daß einige Komponenten von z Ableitungen anderer Komponenten sind (s. Abschnitt 2.1.6). Die Polynome sind entsprechend abhängig. Die Polynomkoeffizienten werden bestimmt, indem man die Lösung – den Beitrag jedes mehrfachen Eigenwerts einzeln – in (2.71) einsetzt und einen Koeffizientenvergleich vornimmt. Nach der Berechnung der Koeffizienten enthält die Lösung noch N freie Konstanten, die Anfangswerten z_0 angepaßt werden können.

Von besonderem Interesse sind die Anfangswerte $z_0 = [\, 0 \cdots 0 \; 1 \; 0 \cdots 0 \,]^T$ mit 1 als i tem Element ($i = 1, \ldots, N$ beliebig) und sonst nur Nullelementen. Die zugehörige Lösung $z(t)$ bildet nämlich die i te Spalte der Fundamentalmatrix e^{At} in Gl. (2.72). Damit ist gezeigt, wie man diese Matrix aus den Eigenwerten und Eigenvektoren der Matrix A berechnen kann.

Die Eigenwerte bestimmen das Stabilitätsverhalten. Die allgemeine Lösung (2.81) ist instabil, wenn wenigstens ein $\varrho_k > 0$ ist oder wenn wenigstens ein $\varrho_k = 0$ in Verbindung mit einem Polynom von t auftritt. Sie ist asymptotisch stabil, wenn alle $\varrho_k < 0$ sind. Andernfalls ist sie grenzstabil, d.h. wenn 1. kein Polynom von t auftritt, und wenn 2. alle Eigenwerte rein imaginär und $\neq 0$ sind.

Das Hurwitzkriterium

Numerische Verfahren zur Berechnung der Eigenwerte für große Systeme ($N \gg 1$) gehen nicht von Gl. (2.75) aus (s. [12]). Wenn N klein ist, dann ist eine nichtnumerische Stabilitätsanalyse möglich. Dazu wird das Polynom N ten Grades in Λ in analytischer Form entwickelt. Die charakteristische Gleichung hat dann die Form

$$a_0 \Lambda^N + a_1 \Lambda^{N-1} + \cdots + a_{N-1} \Lambda + a_N = 0.$$

Ohne Einschränkung der Allgemeingültigkeit sei $a_0 > 0$ vorausgesetzt. Man bildet die $N \times N$-Matrix A^* mit den Elementen

$$A_{ij}^* = \begin{cases} a_{2i-j} & (0 \leq 2i - j \leq N) \\ 0 & \text{sonst} \end{cases} \qquad (i, j = 1, \ldots, N). \tag{2.82}$$

Das Hurwitzkriterium sagt aus, daß alle Wurzeln Λ genau dann negative Realteile haben, wenn alle Hauptabschnittsdeterminanten von A^* positiv sind: $D_i > 0$ $(i = 1, \dots, N)$. Liénard und Chipart haben gezeigt, daß die einfacher auswertbaren Bedingungen

$$a_i > 0 \quad (i = 0, \dots, N), \qquad D_i > 0 \quad (i = N - 1, N - 3, \dots) \qquad (2.83)$$

äquivalent sind. Zu den Beweisen s. [19]. Die Koeffizienten $a_0, \dots, a_N$ sind Funktionen von Parametern, die in den Differentialgleichungen vorkommen. Das Kriterium liefert daher Bedingungen für diese Parameter.

Beispiel 2.12. Für Systeme mit $N = 4$ ist A^* die Matrix

$$\begin{pmatrix} a_1 & a_0 & 0 & 0 \\ a_3 & a_2 & a_1 & a_0 \\ 0 & a_4 & a_3 & a_2 \\ 0 & 0 & 0 & a_4 \end{pmatrix}.$$

Das Kriterium verlangt außer positiven Koeffizienten $a_i > 0$ $(i = 0, \dots, 4)$ nur, daß $D_3 = a_3(a_1 a_2 - a_0 a_3) - a_1^2 a_4 > 0$ ist. Ende des Beispiels.

2.4.3 Der Sonderfall mechanischer Systeme

Bei mechanischen Systemen haben die Matrizen z und A des Differentialgleichungssystems 1. Ordnung die speziellen Formen von Gl. (2.35) und (2.36). Der Ansatz (2.73) ist folglich gleichbedeutend mit dem Ansatz $q(t) = Qe^{\Lambda t}$ und $\dot{q} = \Lambda Qe^{\Lambda t}$. Wenn man das und A in das Eigenwertproblem (2.74) einsetzt, ergibt sich für diese Gleichung die Form

$$[\Lambda^2 M + \Lambda(D + G) + K + N]Q = 0. \qquad (2.84)$$

In Abschnitt 2.2 wurden freie Schwingungen von Systemen mit der Gleichung $M\ddot{q} + Kq = 0$ untersucht. Bei ihnen hat die Gleichung die Form $(\Lambda^2 M + K)Q = 0$ oder $(K - \lambda M)Q = 0$ mit $\lambda = -\Lambda^2$. Das ist Gl. (2.40). Die Differentialgleichungen wurden durch die Transformation

$$q = \Phi x \qquad (2.85)$$

mit der Modalmatrix Φ in vollständig entkoppelte, reelle Gleichungen für die Hauptkoordinaten x transformiert. Unter bestimmten Bedingungen entkoppelt dieselbe Transformation auch die Gleichungen

$$M\ddot{q} + D\dot{q} + Kq = 0 \qquad (2.86)$$

eines Systems mit Dämpfung. Um diese Bedingungen zu finden, setzt man den Ausdruck (2.85) ein und multipliziert die Gleichung von links mit Φ^T. Wegen der Orthogonalitätseigenschaften (2.51) erhält man die Matrixgleichung

$$\ddot{x} + \frac{1}{c^2} \Phi^T D \Phi \dot{x} + (\text{diag } \lambda)x = 0. \qquad (2.87)$$

Die Gleichungen sind genau dann entkoppelt, wenn mit einer beliebigen Diagonalmatrix Δ

$$\frac{1}{c^2}\,\Phi^{\mathrm{T}} D\,\Phi = \Delta \tag{2.88}$$

ist. In dieser Form läßt sich die Bedingung nur dazu verwenden, bei gegebener Matrix D festzustellen, ob die Gleichungen entkoppelt sind. Mit dem Ausdruck (2.52) für Φ^{-1} kann man der notwendigen Bedingung die explizite Form

$$D = c^2\,\Phi^{\mathrm{T}-1} \Delta\,\Phi^{-1} = \frac{1}{c^2}\,M\Phi\Delta\,\Phi^{\mathrm{T}} M \tag{2.89}$$

geben. Sie eignet sich dazu, alle Matrizen D zu konstruieren, mit denen die Gleichungen entkoppelt sind. Die n Diagonalelemente von Δ sind frei wählbare Parameter.

Aus den Orthogonalitätsbeziehungen (2.51) folgt, daß jede Matrix der Form $D = \alpha M + \beta K$ mit frei wählbaren Parametern α und β Gl. (2.88) erfüllt. Da diese Matrizen nur 2 Parameter enthalten, sind sie Spezialfälle von (2.89). Nur wenn $n = 2$ ist, und wenn außerdem die Eigenwerte λ_1 und λ_2 verschieden sind, haben alle Matrizen (2.89) die Form $\alpha M + \beta K$.

Zur praktischen Bedeutung dieser Überlegungen ist folgendes zu sagen. Ob die Gln. (2.87) entkoppelt sind, kann man erst nach der aufwendigen Berechnung der Modalmatrix Φ feststellen. Wenn sie nicht entkoppelt sind, dann war der Aufwand umsonst. Dann muß man die Lösung in der Form (2.81) berechnen. Im allg. führt man diese Rechnung gleich durch.

Beispiel 2.13. Abb. 2.18 zeigt zwei Schwingerketten mit speziell $n = 2$ Körpern (Abb.a) und mit n Körpern ($n \geq 1$ beliebig; Abb.b). Bei beiden sind alle Massen gleich m und alle Dämpferkonstanten gleich d, und in Abb.b sind alle Federkonstanten gleich k. Bei beiden ist $d = \sqrt{mk}$. Man formuliere mit Hilfe der Variablen $\tau = t\sqrt{k/m}$ normierte Bewegungsgleichungen freier Schwingungen in Absolutkoordinaten $q_1, \ldots, q_n$ und berechne die allgemeine Lösung $q(\tau)$.

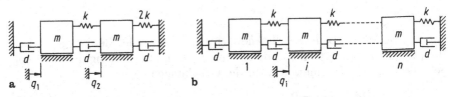

Abb. 2.18.

Lösung zu Abb.a: Die nichtnormierten Bewegungsgleichungen sind

$$\begin{pmatrix} 1 & 0 \\ 0 & 1 \end{pmatrix} m\ddot{q} + \begin{pmatrix} 2 & -1 \\ -1 & 2 \end{pmatrix} \sqrt{mk}\,\dot{q} + \begin{pmatrix} 1 & -1 \\ -1 & 3 \end{pmatrix} kq = 0,$$

und die normierten sind $(' = \mathrm{d}/\mathrm{d}\tau)$

$$\begin{pmatrix} 1 & 0 \\ 0 & 1 \end{pmatrix} q'' + \begin{pmatrix} 2 & -1 \\ -1 & 2 \end{pmatrix} q' + \begin{pmatrix} 1 & -1 \\ -1 & 3 \end{pmatrix} q = 0. \tag{2.90}$$

Diese Koeffizientenmatrizen werden wieder M, D und K genannt. Es gibt keine Zahlen α und β, mit denen $D = \alpha M + \beta K$ ist. Folglich muß man die Zustandsgleichung (2.71) lösen. Da M die Einheitsmatrix ist, hat sie die Form

$$z' = \begin{pmatrix} 0 & I \\ -K & -D \end{pmatrix} z.$$

Ihre charakteristische Gleichung $\mathrm{Det}\,(\Lambda^2 M + \Lambda D + K) = 0$ ist

$$\begin{vmatrix} (\Lambda + 1)^2 & -(\Lambda + 1) \\ -(\Lambda + 1) & \Lambda^2 + 2\Lambda + 3 \end{vmatrix} = (\Lambda + 1)^2 (\Lambda^2 + 2\Lambda + 2) = 0.$$

Sie hat die Wurzeln $\Lambda_{1,2} = -1 \pm i$ und die Doppelwurzel $\Lambda_{3,4} = -1$. Zur Doppelwurzel muß man den Defekt der vollen 4×4-Matrix

$$A - \Lambda_{3,4} I = \begin{pmatrix} 1 & 0 & 1 & 0 \\ 0 & 1 & 0 & 1 \\ 0 & 1 & -1 & 1 \\ 1 & -3 & 1 & -1 \end{pmatrix}$$

berechnen. Ihre 3. Hauptabschnittsdeterminante ist $\neq 0$. Folglich ist der Defekt $d = 1$. Er ist kleiner als die Vielfachheit $\nu = 2$. Die allgemeine Lösung für $z(\tau)$ hat folglich die Form (2.81) mit je einem Glied in der 1. und in der 4. Summe. Von den Spaltenmatrizen dieser Glieder berechnet man nur jeweils das 1. und das 2. Element, weil es genügt, die Untermatrix q von z zu kennen. Der Einfachheit halber werden diese Untermatrizen auch U_ι, V_ι genannt. Zum doppelten Eigenwert -1 macht man für q den Ansatz

$$q = \mathrm{e}^{-\tau} \begin{pmatrix} a_0 + a_1 \tau \\ b_0 + b_1 \tau \end{pmatrix}$$

mit unbestimmten Koeffizienten a_0, a_1, b_0, b_1 und setzt ihn in (2.90) ein. Nach Streichung des Faktors $\mathrm{e}^{-\tau}$ erhält man die beiden Gleichungen $-b_1 = 0$ und $2b_0 - a_1 + 2b_1 \tau = 0$. Der Koeffizientenvergleich liefert die Ergebnisse $b_1 = 0$, $a_1 = 2b_0$ und a_0, b_0 beliebig.

Mit den Eigenwerten $\Lambda_{1,2} = -1 \pm i$ formuliert man die Gleichung $(\Lambda^2 M + \Lambda D + K) Q = 0$ für die Eigenvektoren $Q_{1,2}$:

$$\begin{pmatrix} -1 & \mp i \\ \mp i & 1 \end{pmatrix} Q_{1,2} = 0.$$

Wenn man für die zweite Komponente willkürlich 1 wählt, ist das Ergebnis $Q_{1,2} = [\mp i \ 1]^{\mathrm{T}}$. Nach den Vereinbarungen weiter oben über die Bezeichnung von Untermatrizen in (2.81) ist $Q_{1,2} = U_1 \pm i V_1$. Der Vergleich liefert $U_1 = [0 \ 1]^{\mathrm{T}}$ und $V_1 = [-1 \ 0]^{\mathrm{T}}$.

Mit den berechneten Ausdrücken erhält man aus (2.81) für die Untermatrix q von z die allgemeine Lösung

$$q(\tau) = \mathrm{e}^{-\tau} \begin{pmatrix} A\sin\tau - B\cos\tau + a_0 + 2b_0\tau \\ A\cos\tau + B\sin\tau + b_0 \end{pmatrix}. \tag{2.91}$$

Die Konstanten A, B, a_0 und b_0 können Anfangsbedingungen angepaßt werden.

Lösung zu Abb. 2.18b: Die normierten Bewegungsgleichungen lauten

$$q_i'' - q_{i-1}' + 2q_i' - q_{i+1}' - q_{i-1} + (2 - \delta_{i1})q_i - q_{i+1} = 0 \qquad (i = 1, \ldots, n)$$

mit $q_0' = q_0 = q_{n+1}' = q_{n+1} = 0$. Ihre charakteristische Gleichung ist

$$\begin{vmatrix} \Lambda^2 + 2\Lambda + 1 & -(\Lambda + 1) & & & \\ -(\Lambda + 1) & \Lambda^2 + 2\Lambda + 2 & -(\Lambda + 1) & & \\ & \cdot & \cdot & \cdot & \\ & & -(\Lambda + 1) & \Lambda^2 + 2\Lambda + 2 & -(\Lambda + 1) \\ & & & -(\Lambda + 1) & \Lambda^2 + 2\Lambda + 2 \end{vmatrix} = 0$$

oder mit der Abkürzung $x = \Lambda + 1$

$$D_n = \begin{vmatrix} x^2 & -x & & & \\ -x & x^2 + 1 & -x & & \\ & \cdot & \cdot & \cdot & \\ & & -x & x^2 + 1 & -x \\ & & & -x & x^2 + 1 \end{vmatrix} = 0.$$

Die Bezeichnung D_n verweist darauf, daß die Determinante n Zeilen und Spalten hat. Für $n = 1$ und $n = 2$ berechnet man $D_1 = x^2$ und $D_2 = x^2(x^2 + 1) - x^2 = x^4$. Im Fall $n > 2$ wird D_n nach der letzten Zeile entwickelt. Das Ergebnis ist die Rekursionsgleichung $D_n = (x^2 + 1)D_{n-1} - x^2 D_{n-2}$ $(n > 2)$. Die Ergebnisse für D_1 und D_2 legen den Verdacht nahe, daß ganz allgemein $D_n = x^{2n}$ $(n \geq 1)$ gilt. Das wird durch vollständige Induktion sofort bestätigt. Die Rekursionsgleichung ergibt mit dieser Annahme tatsächlich $D_n = (x^2 + 1)x^{2(n-1)} - x^2 x^{2(n-2)} = x^{2n}$ $(n > 2)$. Die charakteristische Gleichung lautet also $D_n = x^{2n} = (\Lambda + 1)^{2n} = 0$. Sie hat die $(2n)$fache Wurzel $\Lambda = -1$. Der Defekt der mit $\Lambda = -1$ gebildeten $2n \times 2n$-Matrix $A - \Lambda I$ ist kleiner als $2n$. Folglich haben in der allgemeinen Lösung $q(\tau)$ die einzelnen Koordinaten die Form

$$q_i(\tau) = \mathrm{e}^{-\tau} \left(a_{i0} + a_{i1}\tau + a_{i2}\tau^2 + \cdots + a_{i,2n-1}\tau^{2n-1} \right) \qquad (i = 1, \ldots, n).$$

Für die insgesamt $2n^2$ unbestimmten Polynomkoeffizienten erhält man ein Gleichungssystem, indem man diesen Ansatz in die normierten Bewegungsgleichungen einsetzt und in jeder der n Gleichungen für alle Potenzen von τ einen Koeffizientenvergleich vornimmt. Dabei bleiben $2n$ Koeffizienten unbestimmt. Sie können Anfangsbedingungen für q und q' angepaßt werden (s. Aufg. 12). Für den Fall $n = 1$ ist die Lösung in Gl.(1.31) angegeben. Ende des Beispiels.

2.4.4 Durchdringende Dämpfung

Bei mechanischen Systemen erlaubt die spezielle Struktur der Matrix A die Formulierung von Kriterien für asymptotische Stabilität, die die aufwendige Berechnung aller Eigenwerte $\Lambda_1, \ldots, \Lambda_{2n}$ überflüssig machen. Sei die Bewegungsgleichung von der Form $M\ddot{q} + D\dot{q} + Kq = 0$, und sei K positiv definit. Die Erklärungen zur Rayleighschen Dissipationsfunktion $R = \frac{1}{2}\dot{q}^T D\dot{q}$ in Gl. (2.13) haben gezeigt, daß das System asymptotisch stabil ist, wenn die Dämpfungsmatrix D positiv definit ist. Mit den Kriterien von Abschnitt 2.1.1 kann man feststellen, ob D positiv definit oder positiv semidefinit ist. Beispiel: Bei dem System mit der Bewegungsgleichung (2.90) ist D positiv definit. Also ist das System asymptotisch stabil.

Wenn D lediglich positiv semidefinit ist, dann sind ungedämpfte Bewegungen möglich. Das sind Bewegungen $q(t)$, bei denen die Dämpferkräfte $D\dot{q}(t) \equiv 0$ sind. Diese Bewegungen sind i. allg. aber nicht Eigenschwingungen, d.h. nicht Lösungen der Gleichung $M\ddot{q} + D\dot{q} + Kq = 0$. Eigenschwingungen sind i. allg. auch bei positiv semidefinitem D asymptotisch stabil. Glücklicherweise ist das so. Wäre es anders, dann müßte man nämlich in ein System mit n Freiheitsgraden mindestens n Dämpfer einbauen, um asymptotische Stabilität zu erreichen. Die Erfahrung zeigt, daß i. allg. ein einziger, geeignet plazierter Dämpfer ausreicht. Man nennt die Dämpfung *durchdringend,* wenn sie für asymptotische Stabilität sorgt, obwohl D nur positiv semidefinit ist.

Man braucht ein Kriterium, mit dem man ohne Berechnung von Eigenwerten feststellen kann, ob Dämpfung durchdringend ist. Nach [20] muß man die Matrizen $\hat{K} = M^{-1}K$ und $\hat{D} = M^{-1}D$ berechnen und mit ihnen die $n \times n^2$-Matrix

$$\left(\hat{D}, \hat{K}\hat{D}, \hat{K}^2\hat{D}, \cdots, \hat{K}^{n-1}\hat{D}\right) \tag{2.92}$$

bilden. Kommata trennen die angegebenen Matrizenprodukte, die als Untermatrizen nebeneinandergestellt werden. Das System ist genau dann asymptotisch stabil, wenn die Matrix den Rang n hat, und wenn, wie schon vorausgesetzt, K positiv definit ist. Der Beweis geht über den Rahmen dieses Buches hinaus. Wenn D positiv definit ist, dann ist der Rang offensichtlich gleich n. Dann braucht man dieses Kriterium nicht.

Beispiel 2.14. Gegeben sind die normierten Bewegungsgleichungen

$$\begin{pmatrix} 1 & 0 \\ 0 & 1 \end{pmatrix} q'' + \begin{pmatrix} 0 & 0 \\ 0 & 1 \end{pmatrix} q' + \begin{pmatrix} 1 & -1 \\ -1 & 3 \end{pmatrix} q = 0$$

mit positiv semidefinitem D und mit positiv definitem K. Die Zahl der Freiheitsgrade ist $n = 2$, und M ist die Einheitsmatrix. Die Matrix (2.92) ist

$$(D, KD) = \begin{pmatrix} 0 & 0 & 0 & -1 \\ 0 & 1 & 0 & 3 \end{pmatrix}.$$

Sie hat den Rang 2, weil die 2. und die 4. Spalte eine nichtsinguläre 2×2-Matrix bilden. Folglich ist die Dämpfung durchdringend, das System also asymptotisch stabil. Ende des Beispiels.

2.5   Erzwungene Schwingungen ohne Dämpfung

Wie beim Schwinger mit einem Freiheitsgrad sind erzwungene Schwingungen das Ergebnis von Fremderregung entweder durch vorgegebene Kräfte $F(t)$ oder durch vorgegebene Bewegungen $u(t)$ von Lagerpunkten oder durch vorgegebene Relativbewegungen innerhalb des Systems. Von erzwungenen Schwingungen spricht man, wenn in der beschreibenden Differentialgleichung die Koeffizientenmatrizen von $\ddot{q}$, $\dot{q}$ und q konstant sind. Fremderregung kann auch bewirken, daß die Matrizen in expliziter Form von der Zeit t abhängen. Dann spricht man von parametererregten Schwingungen. Sie werden in Abschnitt 3.3 untersucht.

In diesem Abschnitt werden erzwungene Schwingungen von ungedämpften Systemen betrachtet. Ihre Gleichung hat die Form

$$M\ddot{q} + Kq = F(t). \tag{2.93}$$

Die Matrizen M und K sind reell und symmetrisch. Wenigstens M ist positiv definit. In der Spaltenmatrix $F(t)$ stehen vorgegebene Erregerfunktionen. Die erste Aufgabe im Zusammenhang mit einem konkreten Problem besteht darin, diese Gleichung zu formulieren.

Beispiel 2.15. Wir untersuchen wieder das dreigeschossige Gebäude von Abb. 2.3, diesmal aber ohne Dämpfer. Es wird nach Abb. 2.19 durch einen Motor mit Unwucht in der zweiten Etage zu Schwingungen angeregt. Der Motor hat die vorgegebene, veränderliche Winkelgeschwindigkeit $\dot{\varphi}(t)$. Seine Parameter m_r und r sind in Abb. 1.16c erklärt. Welche konkrete Form hat (2.93)?

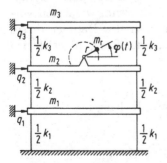

Abb. 2.19. Dreigeschossiges Gebäude mit unwuchtigem Motor

Lösung: Das Gebäude einschließlich der unbeweglichen Teile des Motors, aber ohne den Rotor der Masse m_r, hat die Gleichung (s. Beisp. 2.2)

$$\begin{pmatrix} m_1 & 0 & 0 \\ 0 & m_2 & 0 \\ 0 & 0 & m_3 \end{pmatrix} \ddot{q} + \begin{pmatrix} k_1 + k_2 & -k_2 & 0 \\ -k_2 & k_2 + k_3 & -k_3 \\ 0 & -k_3 & k_3 \end{pmatrix} q = 0.$$

Diese Gleichungen wurden mit Hilfe der Lagrangeschen Gleichungen (2.2) aus den Ausdrücken für die kinetische Energie T und die potentielle Energie V entwickelt. Die Einführung des Rotors ändert an V nichts. Zu T kommt der Beitrag T_r des Rotors hinzu:

$$T_r = \tfrac{1}{2} m_r [(\dot{q}_2 - r\dot{\varphi} \sin \varphi)^2 + (r\dot{\varphi} \cos \varphi)^2].$$

Auf der linken Seite der Differentialgleichung muß man die Ausdrücke addieren:

$$\frac{d}{dt} \frac{\partial T_r}{\partial \dot{q}_k} = \begin{cases} m_r(\ddot{q}_2 - r\ddot{\varphi} \sin \varphi - r\dot{\varphi}^2 \cos \varphi) & (k = 2) \\ 0 & (k = 1, 3), \end{cases}$$

$$\frac{\partial T_r}{\partial q_k} = 0 \quad (k = 1, 2, 3).$$

Mit diesen Zusatzgliedern ergibt sich die gesuchte Differentialgleichung:

$$\begin{pmatrix} m_1 & 0 & 0 \\ 0 & m_2 + m_r & 0 \\ 0 & 0 & m_3 \end{pmatrix} \ddot{q} + \begin{pmatrix} k_1 + k_2 & -k_2 & 0 \\ -k_2 & k_2 + k_3 & -k_3 \\ 0 & -k_3 & k_3 \end{pmatrix} q = \begin{pmatrix} 0 \\ f(t) \\ 0 \end{pmatrix},$$

$$f(t) = m_r r [\dot{\varphi}^2(t) \cos \varphi(t) + \ddot{\varphi}(t) \sin \varphi(t)]. \tag{2.94}$$

Ende des Beispiels.

Die Lösung $q(t)$ der Gln. (2.93) zu vorgegebenen Anfangswerten $q(0)$ und $\dot{q}(0)$ gelingt durch Entkopplung der Differentialgleichungen mit Hilfe der Modalmatrix und der Hauptkoordinaten. Zu diesem Zweck berechnet man zunächst zu den Matrizen M und K die Eigenwerte λ_i $(i = 1, \ldots, n)$ und die Modalmatrix $\boldsymbol{\Phi}$ (s. (2.50)). Dann definiert man die Hauptkoordinaten x durch die Gleichung (s. (2.38) und (2.52))

$$q = \boldsymbol{\Phi} x \qquad \Leftrightarrow \qquad x = \frac{1}{c^2} \boldsymbol{\Phi}^T M q. \tag{2.95}$$

Den Ausdruck für q setzt man in (2.93) ein und multipliziert die Gleichung von links mit $\boldsymbol{\Phi}^T$. Das Ergebnis sind die entkoppelten Gleichungen (vgl. (2.53))

$$\ddot{x}_i + \lambda_i x_i = \frac{1}{c^2} \left[\boldsymbol{\Phi}^T F(t) \right]_i, \qquad (i = 1, \ldots, n). \tag{2.96}$$

Wenn die Steifigkeitsmatrix K positiv definit ist, d.h. wenn die Gleichgewichtslage $q = 0$ des kräftefreien Systems stabil ist, dann ist $\lambda_i = \omega_i^2$ das Quadrat der i ten Eigenkreisfrequenz des Systems (s. (2.54)).

Die Anfangswerte $x_i(0)$ und $\dot{x}_i(0)$ für (2.96) werden mit Hilfe der zweiten Gl. (2.95) aus $q(0)$ und $\dot{q}(0)$ berechnet. Zur Lösung von (2.96) stehen die Methoden der Abschnitte 1.3.1 bis 1.3.8 zur Verfügung. Mit den Lösungen $x_i(t)$ $(i = 1, \ldots, n)$ wird abschließend aus (2.95) $q(t)$ berechnet.

Beispiel 2.16. Der Motor in Abb. 2.19 fährt mit konstanter Winkelbeschleunigung $\ddot{\varphi}(t) = \lambda$ aus der Ruhe heraus an. Dann steht in jeder der 3 Gleichungen (2.96) auf der rechten Seite die Funktion $f(t)$ von (2.94) mit einem von Gleichung zu Gleichung verschiedenen, konstanten Faktor. Die Lösung wurde in Gl.(1.107) angegeben. Ende des Beispiels.

2.5.1 Periodische Erregung

Im folgenden wird vorausgesetzt, daß die Steifigkeitsmatrix K in Gl. (2.93) positiv definit ist, so daß bei n Freiheitsgraden n Eigenkreisfrequenzen ω_i $(i = 1, \ldots, n)$ existieren.

Die praktische Durchführung der Entkopplung der Differentialgleichungen ist ziemlich aufwendig, weil man erst die Modalmatrix berechnen muß. Die Entkopplung ist unnötig, wenn die Erregerfunktion $F(t)$ periodisch ist, und wenn man sich nur für das stationäre Verhalten des Systems, d.h. für die partikuläre Lösung der Gleichungen interessiert (auch vermeintlich ungedämpfte Systeme sind sehr schwach gedämpft, so daß anfänglich vorhandene Eigenschwingungen verschwinden). Jede periodische Erregerfunktion kann in eine Fourierreihe zerlegt werden. Nach dem Superpositionsprinzip ist die partikuläre Lösung der Differentialgleichung gleich der Summe der partikulären Lösungen zu den einzelnen Reihengliedern (auch hier gilt die im Anschluß an Gl. (1.62) genannte Einschränkung). Man braucht also nur den Sonderfall

$$M\ddot{q} + Kq = F_0 \cos \Omega t$$

zu untersuchen, um die partikuläre Lösung für jede periodische Erregerfunktion angeben zu können. Ω ist eine Erregerkreisfrequenz, und F_0 ist eine konstante Spaltenmatrix von Erregerkraftamplituden. Der Ansatz für die stationäre Lösung ist

$$q(t) = Q \cos \Omega t \tag{2.97}$$

mit einer unbekannten Spaltenmatrix Q. Er drückt aus, daß man als Lösung eine Schwingung erwartet, bei der jede Koordinate q_i $(i = 1, \ldots, n)$ mit der Erregerkreisfrequenz Ω, mit einer eigenen Amplitude $|Q_i|$ und mit der Phasenverschiebung null oder π gegen die Erregung schwingt ($Q_i < 0$ bedeutet die Phasenverschiebung π). Einsetzen in die Differentialgleichung liefert

$$(K - \Omega^2 M)Q = F_0. \tag{2.98}$$

Das ist ein inhomogenes lineares Gleichungssystem für Q mit einer symmetrischen Koeffizientenmatrix. Es wird i. allg. numerisch gelöst. Für eine spezielle, technisch interessante Klasse von Systemen ist die Lösung sogar in analytischer Form möglich. Davon handelt Abschnitt 2.5.3.

2.5.2   Resonanz. Scheinresonanz

Die Koeffizientenmatrix in (2.98) ist dieselbe, wie in (2.40). Von dort ist bekannt, daß die Matrix singulär ist, wenn die Erregerkreisfrequenz Ω mit irgendeiner der n Eigenkreisfrequenzen ω_i $(i = 1, \ldots, n)$ übereinstimmt. Dann spricht man von Resonanz. Außerhalb der n Resonanzen hat (2.98) eine eindeutige Lösung $Q(\Omega)$. Bei Resonanz hat $Q(\Omega)$ i. allg. Pole, und zwar Pole 1. Ordnung, wenn alle Erregerkreisfrequenzen 1fach auftreten. Unter speziellen Bedingungen ist $Q(\Omega)$ auch in einem Resonanzfall $\Omega = \omega_i$ beschränkt. Dann spricht man von *Scheinresonanz*. Die Bedingungen lassen sich wie folgt angeben. Nach der Kramerschen Regel ist das $k$te Element von Q für beliebiges Ω der Quotient

$$Q_k = \frac{\Delta_k}{\Delta} \qquad (k = 1, \ldots, n) \tag{2.99}$$

zweier Determinanten. Der Nenner Δ ist die Determinante von $(K - \Omega^2 M)$, und Δ_k ist die Determinante derselben Matrix mit F_0 anstelle der $k$ten Spalte. Die Determinante Δ hat den Teiler $(\Omega^2 - \omega_i^2)$. Alle Q_k sind in der Resonanz $\Omega = \omega_i$ endlich, wenn auch alle Δ_k $(k = 1, \ldots, n)$ diesen Teiler haben, so daß er sich in (2.99) weghebt.

Beispiel 2.17. Das System in Abb. 2.19 demonstriert im Fall konstanter Winkelgeschwindigkeit Ω des Rotors normale Resonanz und Scheinresonanz. Die Parameter sind $m_1 = m_2 + m_r = 6m$, $m_3 = m$, $k_1 = k_2 = 3k$ und $k_3 = k$.
Lösung: Die Bewegungsgleichung ist Gl. (2.94) mit $\varphi(t) = \Omega t$. Sei $\omega_0^2 = k/m$ und $\eta = \Omega/\omega_0$. Dann ergibt sich mit dem Ansatz (2.97) für Gl. (2.98) die spezielle Form

$$\begin{pmatrix} 6(1 - \eta^2) & -3 & 0 \\ -3 & 4 - 6\eta^2 & -1 \\ 0 & -1 & 1 - \eta^2 \end{pmatrix} Q = \begin{pmatrix} 0 \\ \frac{m_r}{m} r \eta^2 \\ 0 \end{pmatrix}.$$

Die Eigenkreisfrequenzen des Systems wurden in Beisp. 2.6 berechnet: $\omega_1^2 = \omega_0^2/6$, $\omega_2^2 = \omega_0^2$, $\omega_3^2 = (3/2)\omega_0^2$. Für (2.99) berechnet man

$$\Delta = 3(1 - \eta^2)(12\eta^4 - 20\eta^2 + 3) = 36(1 - \eta^2)(\tfrac{1}{6} - \eta^2)(\tfrac{3}{2} - \eta^2),$$

$$\Delta_1 = \tfrac{m_r}{m} r \, 3\eta^2(1 - \eta^2), \qquad \Delta_2 = \tfrac{m_r}{m} r \, 6\eta^2(1 - \eta^2)^2, \qquad \Delta_3 = 2\Delta_1.$$

Daraus ergibt sich

$$Q_1 = \frac{m_r}{m} r \frac{\eta^2}{12(\tfrac{1}{6} - \eta^2)(\tfrac{3}{2} - \eta^2)}, \qquad Q_2 = \frac{m_r}{m} r \frac{\eta^2(1 - \eta^2)}{6(\tfrac{1}{6} - \eta^2)(\tfrac{3}{2} - \eta^2)}$$

und $Q_3 = 2Q_1$. Diese Funktionen haben Pole bei $\eta = \sqrt{1/6}$ und bei $\eta = \sqrt{3/2}$. Darin zeigt sich das normale Resonanzverhalten bei $\Omega = \omega_1$ und bei $\Omega = \omega_3$. Bei $\eta = 1$ $(\Omega = \omega_2)$ liegt dagegen Scheinresonanz vor. Es ist bemerkenswert, daß dann $Q_2 = 0$ ist. In der 2. Etage schwingt also nur die Rotormasse m_r. Die Brüche in den Ausdrücken für Q_1, Q_2 und Q_3 haben dieselbe Bedeutung, wie die Vergrößerungsfunktion $V_3(\eta, D = 0)$ für einen Schwinger mit einem Freiheitsgrad. Abb. 2.20 zeigt die Brüche von Q_1 und Q_2 als Funktionen von η. Ende des Beispiels.

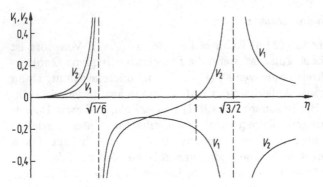

Abb. 2.20. Vergrößerungsfunktionen

2.5.3 Schwingerketten

In diesem Abschnitt werden harmonisch erregte, stationäre Schwingungen einer speziellen Klasse von Systemen explizit berechnet. Im einfachsten Fall handelt es sich um *Schwingerketten* der Form von Abb. 2.21 mit n Körpern gleicher Massen m. Die Körper können sich nur translatorisch entlang der x-Achse bewegen. Sie sind durch zwei Gruppen von Federn miteinander und mit Lagern verbunden. Die eine Gruppe hat gleiche Federkonstanten k, und die andere Gruppe hat gleiche Federkonstanten k^*. Das Verhältnis $c = k^*/k$ ist ein Systemparameter. An Körper i ($i = 1, \ldots, n$) greift in x-Richtung die harmonische Erregerkraft $F_i(t) = F_{i0} \cos \Omega t$ an. Als Koordinate q_i für Körper i ($i = 1, \ldots, n$) wird die absolute Verschiebung in x-Richtung aus der Gleichgewichtslage gewählt, die der Körper hat, wenn am System keine äußeren Kräfte angreifen. In der Gleichgewichtslage dürfen die Federn vorgespannt sein.

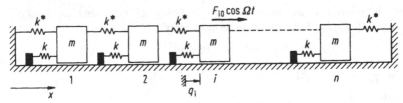

Abb. 2.21. Schwingerkette mit harmonischer Erregung

Bewegungsgleichungen werden am Freikörperbild von Abb. 2.22 formuliert, in dem alle Kräfte dargestellt sind, die an Körper i zusätzlich zu den Federkräften in der Gleichgewichtslage angreifen. Die Gleichungen sind

$$m\ddot{q}_i = -k^*(2q_i - q_{i-1} - q_{i+1}) - kq_i + F_{i0} \cos \Omega t \qquad (i = 1, \ldots, n) \quad (2.100)$$

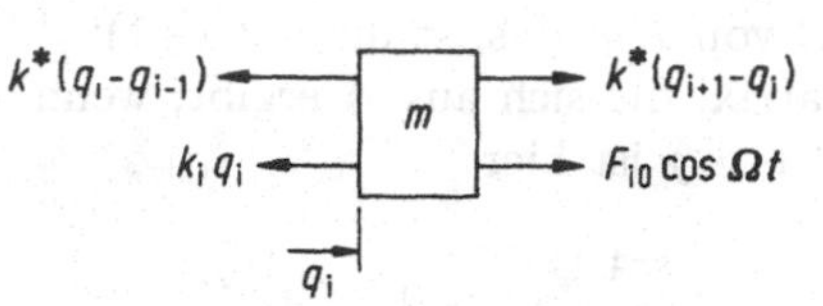

Abb. 2.22. Kräfte am freigeschnittenen Körper i

($q_0 = q_{n+1} \equiv 0$). Sie werden in der üblichen Weise normiert, nämlich mit den Größen $\omega_0^2 = k/m$, $\tau = \omega_0 t$ und $\eta = \Omega/\omega_0$. Mit ihnen und mit $c = k^*/k$ nehmen sie die Form an (' = d/dτ):

$$q_i'' - c\,q_{i-1} + (1 + 2c)q_i - c\,q_{i+1} = \frac{F_{i0}}{k}\cos\eta\tau \qquad (i = 1,\ldots,n) \quad (2.101)$$

($q_0 = q_{n+1} \equiv 0$). Der Ansatz (2.97) für die partikuläre Lösung ist $q_i(\tau) = Q_i \cos\eta\tau$. Einsetzen liefert für die Amplituden der Verschiebungen das lineare Gleichungssystem

$$-c\,Q_{i-1} + (1 - \eta^2 + 2c)Q_i - c\,Q_{i+1} = F_{i0}/k \qquad (i = 1,\ldots,n)$$

($Q_0 = Q_{n+1} = 0$). Der Koeffizient $(1 - \eta^2 + 2c)$ kann positiv, null oder negativ sein. Sei

$$\sigma = \mathrm{sign}\,(1 - \eta^2 + 2c). \tag{2.102}$$

Damit kann man das Gleichungssystem in der Matrixform

$$\sigma\,AQ = \frac{1}{k}F_0 \tag{2.103}$$

schreiben. Die Matrix A hat nichtnegative Diagonalelemente:

$$A = \begin{pmatrix} \alpha & \beta & & & \\ \beta & \alpha & \beta & & \\ & \cdot & \cdot & \cdot & \\ & & \cdot & \cdot & \cdot \\ & & & \beta & \alpha & \beta \\ & & & & \beta & \alpha \end{pmatrix} \qquad \begin{aligned} \alpha &= |1 - \eta^2 + 2c| \geq 0, \\ \beta &= -\sigma c. \end{aligned} \tag{2.104}$$

Gl. (2.103) ist Gl. (2.98) in normierter Form.

Im folgenden werden einfache explizite Formeln für die Elemente $(A^{-1})_{ij}$ der Inversen entwickelt. Wegen der Symmetrie genügt es, den Fall $i \geq j$ zu untersuchen. Bei der Inversion spielen die Hauptabschnittsdeterminanten D_k $(k = 1,\ldots,n)$ der Matrix eine wesentliche Rolle. D_k ist die Determinante der Untermatrix mit den Elementen A_{ij} $(i,j = 1,\ldots,k)$. Aus der Definition folgt $D_n =$ Det A. Für jede beliebige Matrix A ist (s. [6])

$$(A^{-1})_{ij} = A_{ij}^*/\mathrm{Det}\,A = A_{ij}^*/D_n \qquad (i,j = 1,\ldots,n). \tag{2.105}$$

Darin ist A^*_{ij} das sog. *adjungierte Element* von A_{ji}, das ist die mit $(-1)^{i-j}$ multiplizierte Determinante derjenigen Matrix, die sich aus A ergibt, wenn man Zeile j und Spalte i streicht. Im Fall $i > j$ ist hier

$$
A^*_{ij} = (-1)^{i-j}
\begin{vmatrix}
\begin{bmatrix} A_{j-1} \end{bmatrix} & & & & & \\
 & \beta & & & & \\
 & \beta & \alpha & \beta & & \\
 & & & \ddots & & \\
 & & \beta & \alpha & \beta & \\
 & & & \beta & \alpha & \\
 & & & & \beta & \beta \\
 & & & & & \begin{bmatrix} B_{n-i} \end{bmatrix}
\end{vmatrix}
\qquad (i > j). \,(2.106)
$$

A_{j-1} und B_{n-i} sind die Matrizen der Elemente $A_{k\ell}$ $(k, \ell = 1, \dots, j-1)$ bzw. $A_{k\ell}$ $(k, \ell = i+1, \dots, n)$. Ihre Determinanten sind die oben definierten Hauptabschnittsdeterminanten D_{j-1} bzw. D_{n-i}.

Zunächst wird bewiesen, daß sich die Determinante nicht ändert, wenn man das Element β in Zeile $j-1$ und Spalte j durch null ersetzt. Dazu muß man zeigen, daß dieses Element bei der Entwicklung der Determinante den Koeffizienten null hat. Das gelingt in folgenden Schritten. Im 1. Schritt ist der Koeffizient die Determinante derjenigen Matrix, die nach Streichung von Zeile $j-1$ und von Spalte j übrigbleibt. Diese Matrix hat in Spalte $j-1$ (das ist die letzte Spalte von A_{j-1}) nur ein von null verschiedenes Element, und zwar β. Im 2. Schritt wird diese kleinere Determinante nach dieser Spalte entwickelt. Das Ergebnis ist das $(-\beta)$fache der Determinante der nächstkleineren Matrix. Sie enthält in Spalte $j-2$ nur ein von null verschiedenes Element, und zwar β. Dieser Vorgang wiederholt sich solange, bis die Determinante einer Matrix übrigbleibt, die in den Spalten 1 und 2 nur in Zeile 1 von null verschiedene Elemente hat, und zwar die Elemente α und β. Folglich ist die Determinante dieser Matrix null. Damit ist der Beweis beendet. Mit denselben Argumenten wird das Element β in Zeile $n-i-1$ und Spalte $i+1$ ohne Änderung der Determinante durch null ersetzt. Anschließend wird mit denselben Argumenten gezeigt, daß nacheinander alle noch verbliebenen Elemente α und β oberhalb der β-Diagonale ohne Änderung der Determinante durch null ersetzt werden können. Bei diesen Elementen ergibt sich jeweils schon nach dem 1. Schritt die Determinante einer Matrix, die eine Nullspalte hat. Nach dem Nullsetzen aller genannten Elemente erhält man für das adjungierte Element schließlich den einfachen Ausdruck

$$
A^*_{ij} = (-1)^{i-j} \beta^{i-j} \, D_{j-1} D_{n-i} = (\sigma c)^{i-j} \, D_{j-1} D_{n-i} \qquad (i > j).
$$

Er ist auch in dem zunächst ausgeschlossenen Fall $i = j$ gültig. Um das zu sehen, schreibe man Gl. (2.106) für A^*_{ii}, indem man Zeile i und Spalte i von A streicht.

Aus (2.105) ergibt sich für die Elemente der Inversen die Darstellung

$$(A^{-1})_{ij} = (\sigma c)^{i-j} \frac{D_{j-1}D_{n-i}}{D_n} \qquad (i,j = 1,\ldots,n;\ i \geq j). \qquad (2.107)$$

Diese Gleichung ist wie angegeben auch für $j = 1$ gültig, wenn man $D_0 = 1$ definiert. Man benötigt nun noch explizite Ausdrücke für die Hauptabschnittsdeterminanten. Die ersten drei sind $D_1 = \alpha$, $D_2 = \alpha^2 - \beta^2$ und $D_3 = \alpha D_2 - \beta^2\alpha$. Bei Entwicklung nach der jeweils letzten Zeile, die außer β und α nur Nullelemente enthält, erhält man die lineare *Rekursionsgleichung* 2. Ordnung mit konstanten Koeffizienten

$$D_i = \alpha D_{i-1} - \beta^2 D_{i-2} \qquad (i = 2,\ldots,n) \qquad (2.108)$$

und mit den Anfangsbedingungen

$$D_0 = 1, \qquad D_1 = \alpha. \qquad (2.109)$$

Sie wird im folgenden explizit gelöst. Analog zum Lösungsansatz $q(t) = Ce^{\lambda t}$ für die lineare Differentialgleichung $q = \alpha\dot{q} - \beta^2\ddot{q}$ ist der Lösungsansatz für die Rekursionsgleichung

$$D_i = Cp^i \qquad (i = 0,\ldots,n). \qquad (2.110)$$

C und p sind unbekannte Konstanten. Die Größe p entspricht e^λ, und i entspricht t. Einsetzen in (2.108) liefert die charakteristische quadratische Gleichung

$$p^2 - \alpha p + \beta^2 = 0. \qquad (2.111)$$

Sie hat die Wurzeln

$$p_{1,2} = \tfrac{1}{2}\left(\alpha \pm \sqrt{\alpha^2 - 4\beta^2}\right)$$
$$= \tfrac{1}{2}\left[|1 - \eta^2 + 2c| \pm \sqrt{(1 - \eta^2 + 2c)^2 - 4c^2}\right]. \qquad (2.112)$$

Man muß unterscheiden, ob sie verschieden oder gleich sind.

Bei zwei verschiedenen Wurzeln hat die lineare Rekursionsgleichung nach dem Superpositionsprinzip die allgemeine Lösung $D_i = C_1 p_1^i + C_2 p_2^i$. Die Konstanten C_1 und C_2 werden aus den Anfangsbedingungen (2.109) bestimmt: $C_1 + C_2 = 1$, $C_1 p_1 + C_2 p_2 = \alpha$. Bei Beachtung der Beziehung $p_1 + p_2 = \alpha$ erhält man $C_1 = p_1/(p_1 - p_2)$, $C_2 = -p_2/(p_1 - p_2)$. Damit ist

$$D_i = \frac{p_1^{i+1} - p_2^{i+1}}{p_1 - p_2} \qquad (i = 0,\ldots,n). \qquad (2.113)$$

Bei numerischen Auswertungen dieses Ausdrucks muß man unterscheiden, ob die voneinander verschiedenen Wurzeln reell oder konjugiert komplex sind.

Reelle Wurzeln: Sie treten bei $\eta^2 < 1$ und bei $\eta^2 > 1 + 4c$ auf. Stets gilt $0 < p_2 < p_1$. Man definiert die Zahl

$$r(\eta, c) = \frac{p_2}{p_1} = \frac{|1 - \eta^2 + 2c| - \sqrt{(1 - \eta^2 + 2c)^2 - 4c^2}}{|1 - \eta^2 + 2c| + \sqrt{(1 - \eta^2 + 2c)^2 - 4c^2}}. \tag{2.114}$$

Sie liegt im Intervall $0 < r < 1$. Hiermit und aus der Beziehung $p_1 p_2 = \beta^2 = c^2$ folgt $p_1 = c/\sqrt{r}$ und damit aus (2.113)

$$D_\imath = \left(\frac{c}{\sqrt{r}}\right)^\imath \frac{1 - r^{\imath+1}}{1 - r} \qquad (i = 0, ..., n). \tag{2.115}$$

Konjugiert komplexe Wurzeln: Sie treten bei $1 < \eta^2 < 1 + 4c$ auf. Aus (2.111) folgt $|p_{1,2}| = c$. Also ist $p_{1,2} = c\mathrm{e}^{\pm i\varphi}$ mit

$$\varphi(\eta, c) = \arctan \frac{\sqrt{4c^2 - (1 - \eta^2 + 2c)^2}}{|1 - \eta^2 + 2c|} \qquad (0 < \varphi \leq \pi/2). \tag{2.116}$$

Damit nimmt Gl. (2.113) die reelle Form an:

$$D_\imath = c^\imath \frac{\mathrm{e}^{i(i+1)\varphi} - \mathrm{e}^{-i(i+1)\varphi}}{\mathrm{e}^{i\varphi} - \mathrm{e}^{-i\varphi}} = c^\imath \frac{\sin[(i+1)\varphi]}{\sin \varphi} \qquad (i = 0, \ldots, n). \tag{2.117}$$

Jetzt wird noch der Fall untersucht, daß (2.111) eine Doppelwurzel hat. Das ist bei $\eta^2 = 1$ und bei $\eta^2 = 1 + 4c$ der Fall. In beiden Fällen ist die Doppelwurzel $p = \alpha/2 = c$. Die allgemeine Lösung der Rekursionsgleichung hat die Form

$$D_\imath = (C_1 + iC_2)p^\imath = (C_1 + iC_2)(\alpha/2)^\imath.$$

Das ist die Analogie zur Lösung $(C_1 + tC_2)\mathrm{e}^{\lambda t}$ der Differentialgleichung bei einer Doppelwurzel λ. Die Anfangsbedingungen (2.109) schreiben vor: $C_1 = 1$, $(C_1 + C_2)\alpha/2 = \alpha$. Mit den Lösungen $C_1 = C_2 = 1$ ergibt sich

$$D_\imath = c^\imath(1 + i) \qquad (i = 0, \ldots, n). \tag{2.118}$$

Damit ist die Darstellung der Hauptabschnittsdeterminanten beendet.

Mit (2.115), (2.117) und (2.118) erhält man aus (2.107) für die Inverse von σA die reellen Ausdrücke:

$$(\sigma A^{-1})_{\imath\jmath} = (\sigma A^{-1})_{\jmath\imath} =$$

$$= \begin{cases} (\sigma\sqrt{r})^{\imath-\jmath+1} \dfrac{1}{c} \dfrac{(1 - r^\jmath)(1 - r^{n+1-\imath})}{(1 - r)(1 - r^{n+1})} & (\eta^2 < 1 \text{ oder } \eta^2 > 1 + 4c) \\[2ex] (\sigma)^{\imath-\jmath+1} \dfrac{1}{c} \dfrac{j(n + 1 - i)}{n + 1} & (\eta^2 = 1,\ 1 + 4c) \\[2ex] (\sigma)^{\imath-\jmath+1} \dfrac{1}{c} \dfrac{\sin(j\varphi)\sin[(n + 1 - i)\varphi]}{\sin \varphi \, \sin[(n + 1)\varphi]} & (1 < \eta^2 < 1 + 4c) \end{cases}$$

$$(i, j = 1, \ldots, n;\ i \geq j). \tag{2.119}$$

Kehren wir nun zum Ausgangspunkt der Untersuchung zurück. Gl. (2.103) beschreibt den Zusammenhang zwischen den Amplituden Q der Lagekoordinaten der Körper und den Amplituden der Erregerkräfte an den Körpern. Sei angenommen, daß nur an einem einzigen Körper j ($j = 1, \ldots, n$ beliebig) eine harmonische Erregerkraft $F_{j0} \cos \Omega t$ wirkt. Dann ist die Amplitude der Schwingung von Körper i ($i = 1, \ldots, n$ beliebig)

$$Q_i = (\sigma A^{-1})_{ij} \frac{F_{j0}}{k}. \qquad (2.120)$$

$(\sigma A^{-1})_{ij}$ ist die Vergrößerungsfunktion für die Koordinate q_i bei harmonischer Erregung von Körper j mit einer von η unabhängigen Kraftamplitude $F_{j0} = \text{const.}$

Gl.(2.119) zeigt, daß Pole, also Resonanzstellen, nur im Intervall $1 < \eta^2 < 1 + 4c$ auftreten. Die Bedingung dafür ist $\sin[(n+1)\varphi] = 0$ ($0 < \varphi \le \pi/2$). Sie wird von den Winkeln

$$\varphi_k = \frac{k\pi}{n+1} \qquad (k = 1, \ldots, k_{\max} = \text{größte ganze Zahl} \le \tfrac{n+1}{2}) \quad (2.121)$$

erfüllt. Den Zusammenhang zwischen φ und η^2 stellt (2.116) her:

$$|1 - \eta^2 + 2c| \tan \varphi = \sqrt{4c^2 - (1 - \eta^2 + 2c)^2}.$$

Quadrierung liefert bei Beachtung der Beziehung $1 + \tan^2 \varphi = 1/\cos^2 \varphi$ die explizite Formel

$$\eta^2 = 1 + 2c(1 \mp \cos \varphi). \qquad (2.122)$$

Zu jedem Winkel $\varphi_k \ne \pi/2$ gehören ein $\eta^2 < 1 + 2c$ und ein $\eta^2 > 1 + 2c$ und zu $\varphi_k = \pi/2$ nur $\eta^2 = 1 + 2c$. Für gerades und für ungerades n gibt es also n verschiedene Werte $\eta_1, \ldots, \eta_n$, für die die Matrix singulär ist. Diese Werte bestimmen die Eigenkreisfrequenzen $\omega_i = \eta_i \omega_0$ ($i = 1, \ldots, n$) der Schwingerkette. Alle Eigenkreisfrequenzen liegen in dem engen Intervall $\omega_0 < \omega_i < \omega_0\sqrt{1 + 4c}$. Alle Schwingerketten mit ungeradem n haben die Eigenkreisfrequenz $\omega_0\sqrt{1 + 2c}$.

Beispiel 2.18. An einer Kette mit $n = 7$ Körpern und mit dem Parameter $c = 1/2$ greift nur an Körper 2 eine harmonische Erregerkraft an, und zwar mit einer von η unabhängigen Amplitude. Man berechne alle Eigenkreisfrequenzen der Kette und im Intervall $1 < \eta^2 < 1 + 4c = 3$ die Vergrößerungsfunktionen $(\sigma A^{-1})_{i2}$ für die Körper $i = 2$ und $i = 4$.
Lösung: Die Eigenkreisfrequenzen $\eta_k \omega_0$ ($k = 1, \ldots, 7$) werden aus (2.121) und (2.122) berechnet. Die Zahlen $\eta_1, \ldots, \eta_7$ sind nach Größe geordnet 1,04; 1,14; 1,27; $\sqrt{2}$; 1,54; 1,65; 1,71.

Die gesuchten Vergrößerungsfunktionen werden aus (2.119) und (2.116) abgelesen. Im Intervall $1 < \eta^2 < 1 + 4c = 3$ ist

$$(\sigma A^{-1})_{22} = 2\sigma \frac{\sin 2\varphi \sin 6\varphi}{\sin \varphi \sin 8\varphi} = 4\sigma \frac{(3/4 - \sin^2 2\varphi) \cos \varphi}{\cos 2\varphi \cos 4\varphi},$$

$$(\sigma A^{-1})_{42} = 2\sigma \frac{\sin 2\varphi \sin 4\varphi}{\sin \varphi \sin 8\varphi} = 2\sigma \frac{\cos \varphi}{\cos 4\varphi},$$

$$\varphi(\eta) = \arctan \frac{\sqrt{1 - (2 - \eta^2)^2}}{|2 - \eta^2|}, \qquad \sigma = \operatorname{sign}(2 - \eta^2).$$

In Abb. 2.23 und Abb. 2.24 sind die Vergrößerungsfunktionen dargestellt, und zwar auch die hier nicht angegebenen Funktionen außerhalb des Bereichs $1 < \eta < 3$. Die Kürzung gemeinsamer Faktoren in den Zählern und Nennern der Vergrößerungsfunktionen erklärt, warum die Kurven nicht bei allen 7 Eigenkreisfrequenzen Pole haben. Bei Erregung mit der 4. Eigenkreisfrequenz ($\varphi = \pi/2$) bewegen sich die Körper 2 und 4 überhaupt nicht. Ende des Beispiels.

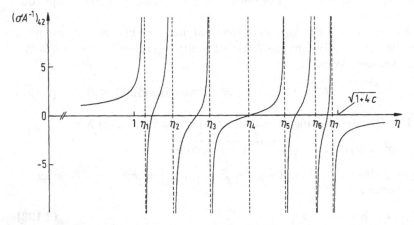

Abb. 2.23. Vergrößerungsfunktion für die Koordinate q_2 einer Schwingerkette mit 7 Körpern bei harmonischer Erregung von Körper 2 mit einer Kraft konstanter Amplitude; $c = 1/2$

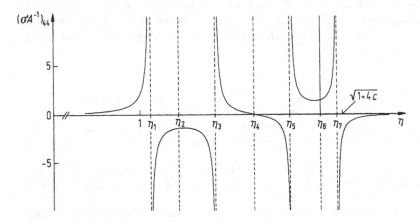

Abb. 2.24. Vergrößerungsfunktion für die Koordinate q_4 derselben Schwingerkette

Abschließend noch einige Hinweise. Explizite Formeln für die Inverse der Matrix in (2.103) existieren auch, wenn die Elemente A_{11} und A_{nn} infolge anderer Randbedingungen nicht gleich α sind, und auch für den Fall, daß entlang jedem der drei Bänder von A die Elemente periodisch variieren (s. [21]). Der periodische Fall tritt auf, wenn in Abb. 2.21 die Massen und/oder die Federkonstanten entlang der Schwingerkette räumlich (nicht zeitlich) periodisch veränderlich sind.

Wenn jeder Feder in Abb. 2.21 ein Dämpfer parallelgeschaltet wird (Dämpferkonstanten d und d^*), dann tritt in (2.100) der zusätzliche Ausdruck $-d^*(2\dot{q}_i - \dot{q}_{i-1} - \dot{q}_{i+1}) - d\dot{q}_i$ auf. Statt $F_{i0}\cos\Omega t$ schreibt man $F_{i0}e^{i\Omega t}$. Gl. (2.101) wird entsprechend modifiziert. Der Lösungsansatz ist $q_i(t) = Q_i e^{i\eta\tau}$. Darin ist Q_i eine komplexe Amplitude, weil bei Dämpfung Phasenverschiebungen gegenüber der Erregung auftreten. In (2.103) ist σA eine Tridiagonalmatrix mit komplexen Elementen. Die Abspaltung eines Faktors σ ist dann nicht zweckmäßig. An den Gln. (2.107), (2.113) und (2.120) ändert sich formal nichts. Die Wurzeln p_1 und p_2 sind nun aber nicht-konjugiert komplexe Zahlen, weil die quadratische Gl. (2.111) komplexe Koeffizienten hat. Damit wird Q_i tatsächlich komplex. Aufg. 17 behandelt ein Beispiel.

In [22] findet man Aussagen über die Eigenkreisfrequenzen verschiedener anderer, hier nicht untersuchter Schwingerketten.

2.6   Erzwungene Schwingungen mit Dämpfung

In diesem Abschnitt werden erzwungene Schwingungen eines linearen, gedämpften Systems mit der Matrixdifferentialgleichung

$$M\ddot{q} + D\dot{q} + Kq = F(t) \tag{2.123}$$

untersucht. In der Spaltenmatrix $F(t)$ stehen vorgegebene Erregerfunktionen. Es wird vorausgesetzt, daß das homogene System $M\ddot{q} + D\dot{q} + Kq = 0$ asymptotisch stabil ist. Dann klingen Lösungen der homogenen Gleichung exponentiell ab, so daß schließlich nur noch die partikuläre Lösung zur Erregerfunktion $F(t)$ interessiert. In Abschnitt 2.4 wurden Methoden geschildert, mit denen man prüfen kann, ob das homogene System asymptotisch stabil ist.

In Abschnitt 2.7 wird gezeigt, daß sich die Gleichungen immer in vollständig entkoppelte, reelle Gleichungen für geeignet definierte Koordinaten transformieren lassen. Das bedeutet, daß man Lösungen für beliebige Erregerfunktionen $F(t)$ angeben kann. Zunächst werden nur stationäre Bewegungen für periodische Erregerkräfte behandelt. In diesem speziellen und praktisch wichtigen Fall ist die Entkopplung nicht nötig und nicht einmal zweckmäßig.

2.6.1 Periodische Erregung

Eine periodische Erregerfunktion $F(t)$ wird in ihre Fourierreihe zerlegt. Nach dem Superpositionsprinzip ist die partikuläre Lösung zu $F(t)$ gleich der Summe der partikulären Lösungen zu den einzelnen Reihengliedern (auch hier gilt die im Anschluß an (1.62) gemachte Einschränkung). Man braucht also nur den Sonderfall einer harmonischen Erregung $F(t)$ mit einer einzigen Erregerkreisfrequenz Ω zu untersuchen, um die Lösung für alle Glieder einer Fourierreihe angeben zu können. Zwei verschiedene Formulierungen sind möglich.

Komplexe Formulierung

Gl. (2.123) hat die komplexe Form

$$M\ddot{q} + D\dot{q} + Kq = F_0 e^{i\Omega t}.$$

F_0 ist eine konstante, reelle Spaltenmatrix von Erregerkraftamplituden, und Ω ist die Erregerkreisfrequenz. Der Ansatz für die stationäre Lösung ist $q(t) = Q e^{i\Omega t}$, wobei Q eine konstante, komplexe Spaltenmatrix ist. Der Ansatz drückt aus, daß man als Lösung eine Schwingung erwartet, bei der jede Koordinate q_i ($i = 1, \ldots, n$) mit der Erregerkreisfrequenz schwingt, und zwar mit einer komplexen Amplitude der Form $Q_i = |Q_i| e^{i\varphi_i}$. Dabei ist $|Q_i|$ die reelle Amplitude, und φ_i ist der Phasenwinkel gegen die Erregung. Einsetzen des Ansatzes in die Differentialgleichung liefert für Q das lineare Gleichungssystem

$$(K - \Omega^2 M + i\Omega D)Q = F_0. \tag{2.124}$$

Wegen der Dämpfung D ist die Lösung Q komplex. Diese Formulierung des Problems wird im nächsten Abschnitt verwendet.

Reelle Formulierung

Gl. (2.123) hat die reelle Form

$$M\ddot{q} + D\dot{q} + Kq = F_0 \cos \Omega t.$$

F_0 ist dieselbe Spaltenmatrix von Erregerkraftamplituden wie vorher. Der Ansatz für die stationäre Lösung ist

$$q(t) = U \cos \Omega t + V \cos \Omega t \tag{2.125}$$

mit reellen, konstanten Spaltenmatrizen U und V. Er drückt aus, daß man als Lösung eine Schwingung erwartet, bei der jede Koordinate q_i ($i = 1, \ldots, n$) mit der Erregerkreisfrequenz schwingt, und zwar mit einer eigenen Amplitude $\sqrt{U_i^2 + V_i^2}$ und mit einem eigenen Phasenwinkel $\varphi_i = \arctan(V_i/U_i)$ gegen die Erregung. Der Ansatz leistet also dasselbe wie der komplexe Lösungsansatz oben. Einsetzen in (2.123) liefert die Gleichung

$$[(K - \Omega^2 M)U + \Omega DV - F_0]\cos\Omega t + [-\Omega DU + (K - \Omega^2 M)V]\sin\Omega t = 0.$$

Sie ist identisch in t nur dann erfüllt, wenn die Faktoren von $\cos\Omega t$ und von $\sin\Omega t$ einzeln gleich null sind. Damit erhält man das inhomogene lineare Gleichungssystem für U und V:

$$\begin{pmatrix} K - \Omega^2 M & \Omega D \\ -\Omega D & K - \Omega^2 M \end{pmatrix} \begin{pmatrix} U \\ V \end{pmatrix} = \begin{pmatrix} F_0 \\ 0 \end{pmatrix}. \tag{2.126}$$

Das sind $2n$ Gleichungen für die $2n$ Unbekannten U_i, V_i $(i = 1, \dots, n)$. Die Koeffizientenmatrix ist weder symmetrisch noch schiefsymmetrisch. Die numerische Lösung mit Hilfe einer Rechenmaschine ist einfach. Für gegebene Zahlenwerte der Matrizen M, D, K und F_0 kann man z. B. Vergrößerungsfunktionen $\sqrt{U_i^2(\Omega) + V_i^2(\Omega)}$ berechnen und über Ω auftragen.

2.6.2 Schwingungstilgung

Der vorige Abschnitt hat gezeigt, daß die Differentialgleichung eines Schwingungssystems, das mit einer einzigen Erregerkreisfrequenz Ω harmonisch erregt wird, eine stationäre Lösung der Form $q(t) = Qe^{i\Omega t}$ besitzt. Die Größen $|Q_i|$ sind die reellen Amplituden der Koordinaten q_i $(i = 1, \dots, n)$. Sie sind Funktionen von Systemparametern und von Ω. Bei technischen Systemen stellt sich häufig das folgende Problem. Wie muß man bei gegebenem Ω die Parameter wählen, damit unter gewissen Nebenbedingungen die reelle Amplitude $|Q_k|$ einer bestimmten Koordinate q_k minimal wird? Das ist ein Optimierungsproblem. Nebenbedingungen können z. B. ausdrücken, daß die Parameter in gewissen Wertebereichen liegen müssen (daß sie z. B. positiv sein müssen) oder daß die Amplituden der anderen Koordinaten q_i $(i \neq k)$ unterhalb gewisser Schranken liegen sollen. Die optimale Lösung solcher Problemstellungen, d.h. die optimale Parameterkombination, ist nur in Ausnahmefällen analytisch angebbar. Im allg. muß man mit numerischen Methoden eine Näherungslösung suchen.

Es gibt Systeme, bei denen die Systemparameter so abgestimmt werden können, daß die reelle Amplitude einer bestimmten Koordinate q_k für eine gegebene Größe von Ω gleich null ist. Das ist der besondere Fall, in dem das oben genannte Minimum gleich null ist. In diesem Fall spricht man von *Schwingungstilgung*. Wohlbemerkt ist Schwingungstilgung nicht in jedem System möglich, und wenn sie möglich ist, dann nur bei bestimmten Koordinaten des Systems. Ein System mit Schwingungstilgung wurde in Beisp. 2.17 behandelt. Das Ergebnis für Q_2 zeigt, daß bei den gewählten Parametern im Resonanzfall $\eta = 1$ die Schwingung der Masse m_2 getilgt wird.

Im folgenden wird das System in Abb. 2.25 untersucht. Bei ihm kann die Schwingung der Masse m_1 getilgt werden. Das Teilsystem mit den Parametern m_1, k_1, d_1 und mit der Fußpunkterregung $u(t)$ ist identisch mit dem

System in Abb. 1.16b. Daran angekoppelt ist ein ungedämpfter Schwinger mit den Parametern m_2, k_2. Diesen Schwinger nennt man den Tilger. Das System ist durch die dimensionslosen Parameter $\mu = m_2/m_1$, $\kappa = k_2/k_1$ und $D = d_1/(2\sqrt{k_1 m_1})$ gekennzeichnet. Die Größe D ist der wie üblich definierte Dämpfungsgrad des Teilsystems m_1, k_1, d_1.

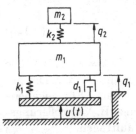

Abb. 2.25. Zwei-Massen-System mit harmonischer Fußpunkterregung

Bei harmonischer Fußpunkterregung mit $u(t) = u_0 e^{i\Omega t}$ haben die Differentialgleichungen für die eingezeichnete Absolutkoordinate q_1 und die Relativkoordinate q_2 die Form (vgl. (1.50))

$$\begin{pmatrix} m_1 + m_2 & -m_2 \\ -m_2 & m_2 \end{pmatrix} \ddot{q} + \begin{pmatrix} d_1 & 0 \\ 0 & 0 \end{pmatrix} \dot{q} + \begin{pmatrix} k_1 & 0 \\ 0 & k_2 \end{pmatrix} q$$

$$= \begin{pmatrix} k_1 u(t) + d_1 \dot{u}(t) \\ 0 \end{pmatrix} = u_0 e^{i\Omega t} \begin{pmatrix} k_1 + i\Omega d_1 \\ 0 \end{pmatrix}.$$

Sie werden in der üblichen Weise normiert. Das System ohne Dämpfer und ohne Masse m_2 hat die Eigenkreisfrequenz $\omega_0 = \sqrt{k_1/m_1}$. Mit ihr wird die normierte Zeit $\tau = \omega_0 t$ definiert. Damit und mit den Parametern μ, κ, D und $\eta = \Omega/\omega_0$ nehmen die Gleichungen die Form an ($' = \mathrm{d}/\mathrm{d}\tau$):

$$\begin{pmatrix} 1+\mu & -\mu \\ -\mu & \mu \end{pmatrix} q'' + \begin{pmatrix} 2D & 0 \\ 0 & 0 \end{pmatrix} q' + \begin{pmatrix} 1 & 0 \\ 0 & \kappa \end{pmatrix} q = u_0 e^{i\eta\tau} \begin{pmatrix} 1 + i\,2D\eta \\ 0 \end{pmatrix}.$$

Der Lösungsansatz ist $q = Q e^{i\eta\tau}$. Einsetzen in die Differentialgleichung erzeugt die Gln. (2.124) für Q_1 und Q_2:

$$\begin{pmatrix} 1 - (1+\mu)\eta^2 + i\,2D\eta & \mu\eta^2 \\ \mu\eta^2 & \kappa - \mu\eta^2 \end{pmatrix} \begin{pmatrix} Q_1 \\ Q_2 \end{pmatrix} = u_0 \begin{pmatrix} 1 + i\,2D\eta \\ 0 \end{pmatrix}.$$

Die Lösung ist

$$\bar{V}_1 = \frac{Q_1}{u_0} = \frac{(\kappa - \mu\eta^2)(1 + i\,2D\eta)}{[1 - (1+\mu)\eta^2](\kappa - \mu\eta^2) - \mu^2\eta^4 + i\,2D\eta(\kappa - \mu\eta^2)},$$

$$\bar{V}_2 = \frac{Q_2}{u_0} = \frac{-\mu\eta^2(1 + i\,2D\eta)}{[1 - (1+\mu)\eta^2](\kappa - \mu\eta^2) - \mu^2\eta^4 + i\,2D\eta(\kappa - \mu\eta^2)}.$$

Die durch u_0 dividierten reellen Amplituden der beiden Massen sind die Beträge $|\bar{V}_1|$ und $|\bar{V}_2|$. Sie werden im folgenden mit V_1 und V_2 bezeichnet. Man berechnet ihre Quadrate durch Multiplikation der komplexen Größe mit dem jeweils konjugiert komplexen Ausdruck:

$$V_1^2(\eta, \mu, \kappa, D) = \frac{(\kappa - \mu\eta^2)^2(1 + 4D^2\eta^2)}{\{[1 - (1 + \mu)\eta^2](\kappa - \mu\eta^2) - \mu^2\eta^4\}^2 + 4D^2\eta^2(\kappa - \mu\eta^2)^2},$$

$$V_2^2(\eta, \mu, \kappa, D) = \frac{\mu^2\eta^4(1 + 4D^2\eta^2)}{\{[1 - (1 + \mu)\eta^2](\kappa - \mu\eta^2) - \mu^2\eta^4\}^2 + 4D^2\eta^2(\kappa - \mu\eta^2)^2}.$$

V_1 wird bei einer beliebig vorgegebenen Auslegungsgröße $\Omega = \Omega_0$ getilgt, wenn man die Parameterabstimmung $\kappa = \mu\eta_0^2 = \mu\Omega_0^2/\omega_0^2$ wählt (μ, D beliebig). Die Amplitudenquadrate des so abgestimmten Systems sind die Funktionen

$$\hat{V}_1^2(\eta, \eta_0, \mu, D) = \frac{(\eta_0^2 - \eta^2)^2(1 + 4D^2\eta^2)}{\{[1 - (1 + \mu)\eta^2](\eta_0^2 - \eta^2) - \mu\eta^4\}^2 + 4D^2\eta^2(\eta_0^2 - \eta^2)^2},$$

$$\hat{V}_2^2(\eta, \eta_0, \mu, D) = \frac{\eta^4(1 + 4D^2\eta^2)}{\{[1 - (1 + \mu)\eta^2](\eta_0^2 - \eta^2) - \mu\eta^4\}^2 + 4D^2\eta^2(\eta_0^2 - \eta^2)^2}.$$

Die Abbn. 2.26a und b zeigen Verläufe von $\hat{V}_1$ und $\hat{V}_2$ über η für verschiedene Dämpfungsgrade D. Bei allen Kurven wurde $\eta_0 = 0{,}95$ und $\mu = 0{,}1$ gewählt. Die Tilgung wird also mit der kleinen Masse $m_2 = m_1/10$ vorgenommen, und zwar bei einer Erregerkreisfrequenz, die der Eigenkreisfrequenz des Systems ohne Tilger sehr nahe ist. Das ungedämpfte Zwei-Massen-System hat zwei Resonanzstellen $\eta_{R1} < 1$ und $\eta_{R2} > 1$. Sie ergeben sich aus der Bedingung, daß der Nenner für $D = 0$ gleich null ist:

$$\eta_{R1,2}^2 = \frac{1}{2}\left[1 + (1 + \mu)\eta_0^2 \pm \sqrt{[1 + (1 + \mu)\eta_0^2]^2 - 4\eta_0^2}\right] = \begin{cases} 0{,}834^2 \\ 1{,}139^2 \end{cases}.$$

Bei schwacher Dämpfung zeigen beide Diagramme in der Nähe dieser Punkte Maxima. Bei wachsender Dämpfung nehmen die Maxima ab. In Abb. 2.26b verschwinden sie schließlich ganz. An ihre Stelle tritt ein neues Maximum bei $\eta \approx \eta_0$. In Abb. 2.26a ist die gestrichelte Kurve $V_1^*(\eta)$ die Vergrößerungsfunktion im Fall *ohne* Tilger ($m_2 = 0$) und für $D = 0{,}1$. Der Vergleich mit der nicht gestrichelten Kurve $D = 0{,}1$ zeigt die Wirkung des Tilgers. In einem engen Frequenzbereich ist die Amplitude der Masse m_1 beim System mit Tilger kleiner als beim System ohne Tilger. Außerhalb dieses Bereichs ist sie größer. Der Tilger ist also nur sinnvoll, wenn die Erregerkreisfrequenz sehr wenig von der Auslegungsgröße abweicht. Andernfalls verschlechtert er das Systemverhalten sogar. Die Amplitude der Relativbewegung der Tilgermasse m_2 ist in komplizierter Weise von η, η_0, μ und D abhängig. Im Auslegungspunkt ist sie umso größer, je kleiner μ ist: $\hat{V}_2(\eta_0, \eta_0, \mu, D) = \sqrt{1 + 4D^2\eta_0^2}/(\mu\eta_0^2)$. Man beachte die unterschiedlichen Maßstäbe in beiden Diagrammen.

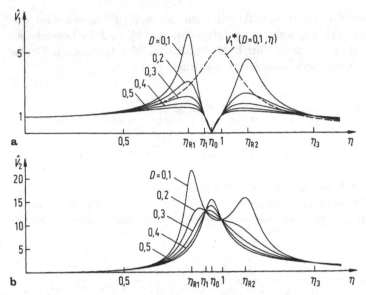

Abb. 2.26. Vergrößerungsfunktionen $\hat{V}_1(\eta, \eta_0, \mu, D)$ (a) und $\hat{V}_2(\eta, \eta_0, \mu, D)$ (b)

$\hat{V}_2(\eta_0, \eta_0, \mu, D) = \sqrt{1 + 4D^2\eta_0^2}/(\mu\eta_0^2)$. Man beachte die unterschiedlichen Maßstäbe in beiden Diagrammen.

Beide Diagramme zeichnen sich durch Fixpunkte aus, in denen der Funktionswert unabhängig von D ist. Der Grund ist, daß sowohl $\hat{V}_1^2$ als auch $\hat{V}_2^2$ die Gestalt

$$\frac{a + bD^2}{c + dD^2} = \frac{a}{c} \frac{1 + (b/a)D^2}{1 + (d/c)D^2} \tag{2.127}$$

hat, wobei a, b, c und d von D unabhängige Größen sind. Der Funktionswert ist unabhängig von D, wenn $b/a = d/c$ ist. Das sind bei $\hat{V}_1^2$ und bei $\hat{V}_2^2$ dieselben Gleichungen, und zwar

$$[1 - (1 + \mu)\eta^2](\eta_0^2 - \eta^2) - \mu\eta^4 = \pm(\eta_0^2 - \eta^2).$$

In beiden Diagrammen liegen die Fixpunkte also bei denselben Abszissen. Die Gleichung mit dem Pluszeichen liefert $\eta_2 = \eta_0\sqrt{1 + \mu} = 0,996$. Die Gleichung mit dem Minuszeichen ist eine biquadratische Gleichung mit den Lösungen

$$\eta_{1,3}^2 = \frac{1}{2}\left[2 + (1 + \mu)\eta_0^2 \pm \sqrt{[2 + (1 + \mu)\eta_0^2]^2 - 8\eta_0^2}\right] = \begin{cases} 0,915^2 \\ 1,468^2 \end{cases}.$$

Der Funktionswert eines Fixpunkts ist nach Gl. (2.127) a/c. Wegen der Bedingung $b/a = d/c$ ist das gleich b/d. Im Fall von $\hat{V}_1^2$ ist $b = d$. Die Funktionswerte aller drei Fixpunkte bei η_1, η_2 und η_3 sind daher gleich 1, wie es Abb. 2.26a zeigt.

2.7 Entkopplung der inhomogenen Gleichungen

In Gl. (2.88) wurde die Bedingung angegeben, unter der die homogenen Gleichungen $M\ddot{q} + D\dot{q} + Kq = 0$ eines gedämpften mechanischen Systems durch die Transformation $q = \Phi x$ mit der Modalmatrix Φ in vollständig entkoppelte Gleichungen für die Hauptkoordinaten x transformiert werden. Unter denselben Bedingungen entkoppelt dieselbe Transformation auch die inhomogenen Gleichungen $M\ddot{q} + D\dot{q} + Kq = F(t)$.

In diesem Abschnitt wird das allgemeine System von N Differentialgleichungen 1. Ordnung

$$\dot{z} = Az + B(t) \tag{2.128}$$

entkoppelt. Es beschreibt mechanische und nichtmechanische Systeme. Ausgangspunkt sind die Ergebnisse von Abschnitt 2.4 für die homogene Gleichung $\dot{z} = Az$. Ihre allgemeine Lösung $z(t)$ hat die Gestalt (2.81). Der Normalfall ist die spezielle Gestalt (2.78) ohne Polynome von t. Er zeichnet sich dadurch aus, daß die Matrix A N linear unabhängige Eigenvektoren besitzt. Der folgende Abschnitt behandelt die Entkopplung in diesem Normalfall. Abschnitt 2.7.2 schildert eine Lösungsmethode, die auch dann anwendbar ist, wenn die Lösung der homogenen Gleichung Polynome von t enthält.

2.7.1 Entkopplung bei N unabhängigen Eigenvektoren

Die Spaltenmatrix $B(t)$ läßt sich als Summe von höchstens N Ausdrücken der Form $B_0 f(t)$ mit einer konstanten Spaltenmatrix B_0 und einem in allen Komponenten gleichen Faktor $f(t)$ ausdrücken. Da das Superpositionsprinzip gilt, wird ohne Einschränkung der Allgemeingültigkeit dieser spezielle Fall vorausgesetzt:

$$\dot{z} = Az + B_0 f(t). \tag{2.129}$$

Es wird sich zeigen, daß reelle entkoppelte Gleichungen nur in diesem Fall zu erreichen sind.

Laut Voraussetzung hat das Eigenwertproblem (2.74),

$$(A - \Lambda I)Z = 0, \tag{2.130}$$

N 1fache oder mehrfache Eigenwerte $\Lambda_1, \ldots, \Lambda_N$ und N linear unabhängige Eigenvektoren $Z_1 \ldots, Z_N$. Sei p wieder die Anzahl der Paare konjugiert komplexer Eigenwerte und folglich $N - 2p$ die Anzahl reeller Eigenwerte. Eine spezielle Normierung der Eigenvektoren ist unnötig. Für Eigenwerte und Eigenvektoren werden wieder die Bezeichnungen $\Lambda_i = \varrho_i \pm i\sigma_i$ bzw. $Z_i = U_i \pm iV_i$ verwendet. Wenn man diese Ausdrücke in (2.130) einsetzt und ausmultipliziert, ergeben sich mit beiden Vorzeichen von iV_i die reellen Gleichungen $AU_i = \varrho_i U_i - \sigma_i V_i$ und $AV_i = \sigma_i U_i + \varrho_i V_i$. Ihre Matrixform ist

$$A\left(U_i\ V_i\right) = \left(U_i\ V_i\right)\begin{pmatrix} \varrho_i & \sigma_i \\ -\sigma_i & \varrho_i \end{pmatrix} \qquad (i = 1, \ldots, p). \tag{2.131}$$

Die Matrizen in dieser Gleichung haben die Größen $N \times N$, $N \times 2$ und 2×2. Für die $N - 2p$ reellen Eigenwerte gilt

$$AU_i = U_i \varrho_i \qquad (i = 2p + 1, \ldots, N). \tag{2.132}$$

Alle N Gleichungen (2.131) und (2.132) werden in der Matrixgleichung

$$A\Psi = \Psi\Lambda \tag{2.133}$$

zusammengefaßt. Darin sind Ψ und Λ die reellen $N \times N$-Matrizen

$$
\Psi = \qquad\qquad\qquad\qquad\qquad \Lambda =
$$

$$
\begin{pmatrix}
& & & & & \\
& & & & & \\
U_1 \ V_1 \ \cdots \ U_p \ V_p \ U_{2p+1} \ \cdots \ U_N \\
& & & & & \\
& & & & & \\
\end{pmatrix}, \quad
\begin{pmatrix}
\varrho_1 & \sigma_1 & & & & \\
-\sigma_1 & \varrho_1 & & & & \\
& & \ddots & & & \\
& & & \varrho_p & \sigma_p & \\
& & & -\sigma_p & \varrho_p & \\
& & & & \varrho_{2p+1} & \\
& & & & & \ddots \\
& & & & & \varrho_N
\end{pmatrix}
$$

Die Matrix Ψ kann man als Analogon zur Modalmatrix Φ des Systems $M\ddot{q} + Kq = 0$ auffassen. Sie hat allerdings nicht die Orthogonalitätseigenschaften von Φ. Analog zu Gl. (2.85) definiert man N reelle Hauptkoordinaten $y = [y_1 \ \cdots \ y_N]^T$ durch die Gleichung

$$z = \Psi y. \tag{2.134}$$

Dieser Ausdruck wird in (2.129) eingesetzt. Dann wird die Gleichung von links mit Ψ^{-1} multipliziert. Wegen (2.133) ergibt sich

$$\dot{y} - \Lambda y = Y f(t), \tag{2.135}$$

wobei Y durch Lösung des Gleichungssystems $\Psi Y = B_0$ berechnet wird. Die Struktur von Λ bewirkt, daß zu jedem reellen Eigenwert eine vollständig entkoppelte Gleichung gehört, und daß zu jedem Paar konjugiert komplexer Eigenwerte zwei Gleichungen gehören, die miteinander gekoppelt, aber von allen anderen Gleichungen entkoppelt sind. Zuerst werden die Gleichungen zu den reellen Eigenwerten betrachtet:

$$\dot{y}_k - \varrho_k y_k = Y_k f(t) \qquad (k = 2p + 1, \ldots, N). \tag{2.136}$$

Die Lösung hat die Form

$$y_k(t) = A_k e^{\varrho_k t} + y_{k,\text{part}}(t) \qquad (k = 2p + 1, \ldots, N). \tag{2.137}$$

A_k ist eine Integrationskonstante, und $y_{k,\text{part}}(t)$ ist eine partikuläre Lösung zur Störfunktion. Die Integrationskonstanten ergeben sich aus Anfangswerten, die ihrerseits durch Auflösung des reellen Gleichungssystems $\Psi y(0) = z(0)$ bestimmt werden.

Betrachten wir nun die beiden gekoppelten, reellen Gleichungen zu den konjugiert komplexen Eigenwerten $\varrho_k \pm i\sigma_k$ ($k = 1,\ldots,p$). Sie stehen in den Zeilen $2k - 1$ und $2k$ und haben die Form (der Index k von ϱ und σ wird vorübergehend weggelassen, um die nachfolgenden Gleichungen leichter lesbar zu machen)

$$\begin{pmatrix} \dot{y}_{2k-1} \\ \dot{y}_{2k} \end{pmatrix} - \begin{pmatrix} \varrho & \sigma \\ -\sigma & \varrho \end{pmatrix} \begin{pmatrix} y_{2k-1} \\ y_{2k} \end{pmatrix} = \begin{pmatrix} Y_{2k-1} \\ Y_{2k} \end{pmatrix} f(t) \qquad (2.138)$$

($k = 1,\ldots,p$). Da einem Paar konjugiert komplexer Eigenwerte eine gedämpfte oder angefachte Schwingung zugeordnet ist, sucht man Konstanten a, b, c und d einer nichtsingulären, linearen Transformation

$$\begin{pmatrix} y_{2k-1} \\ y_{2k} \end{pmatrix} = \begin{pmatrix} a & c \\ b & d \end{pmatrix} \begin{pmatrix} x_k \\ \dot{x}_k \end{pmatrix} \qquad (ad - bc \neq 0), \qquad (2.139)$$

die beide Gleichungen (2.138) in ein und dieselbe Gleichung des Typs $\ddot{x}_k + c_1\dot{x}_k + c_2 x_k = f(t)$ mit noch unbekannten Konstanten c_1 und c_2 überführt. Das gelingt nur, weil in beiden Gleichungen dieselbe Funktion $f(t)$ steht. Durch Einsetzen von (2.139) in (2.138) erhält man nach einfacher Umordnung die Gleichungen

$$\left. \begin{aligned} c\ddot{x}_k + (a - \varrho c - \sigma d)\dot{x}_k - (\varrho a + \sigma b)x_k &= f(t)Y_{2k-1}, \\ d\ddot{x}_k + (b + \sigma c - \varrho d)\dot{x}_k + (\sigma a - \varrho b)x_k &= f(t)Y_{2k}. \end{aligned} \right\} \qquad (2.140)$$

Sie haben die gewünschte Form, wenn die eine ein Vielfaches der anderen ist. Das ist der Fall, wenn die Koeffizienten von $\ddot{x}_k$, von $\dot{x}_k$, von x_k und von $f(t)$ in ein und demselben Verhältnis stehen. Das sind die drei Bedingungen

$$cY_{2k} = dY_{2k-1}, \qquad (2.141)$$

$$c(b + \sigma c - \varrho d) = d(a - \varrho c - \sigma d), \qquad c(\sigma a - \varrho b) = -d(\varrho a + \sigma b).$$

Die letzten beiden vereinfachen sich zu

$$ad - bc = \sigma(c^2 + d^2), \qquad a(\sigma c + \varrho d) + b(\sigma d - \varrho c) = 0.$$

Das sind lineare Gleichungen für a und b mit den Lösungen

$$a = \sigma d - \varrho c, \qquad b = -(\sigma c + \varrho d).$$

Der Sonderfall $Y_{2k-1} = Y_{2k} = 0$ wird zunächst ausgeschlossen. Gl.(2.141) wird dann durch $c = Y_{2k-1}$, $d = Y_{2k}$ gelöst. Damit sind auch a und b bestimmt und man erhält die gesuchte Transformation (2.139) (ϱ und σ erhalten jetzt den Index k zurück):

$$\begin{pmatrix} y_{2k-1} \\ y_{2k} \end{pmatrix} = \begin{pmatrix} -\varrho_k Y_{2k-1} + \sigma_k Y_{2k} & Y_{2k-1} \\ -\sigma_k Y_{2k-1} - \varrho_k Y_{2k} & Y_{2k} \end{pmatrix} \begin{pmatrix} x_k \\ \dot{x}_k \end{pmatrix} \qquad (2.142)$$

$(k = 1, \ldots, p)$. Inversion liefert die Rücktransformation

$$\begin{pmatrix} x_k \\ \dot{x}_k \end{pmatrix} = \frac{1}{\sigma_k(Y_{2k-1}^2 + Y_{2k}^2)}$$

$$\times \begin{pmatrix} Y_{2k} & -Y_{2k-1} \\ \sigma_k Y_{2k-1} + \varrho_k Y_{2k} & -\varrho_k Y_{2k-1} + \sigma_k Y_{2k} \end{pmatrix} \begin{pmatrix} y_{2k-1} \\ y_{2k} \end{pmatrix}$$

$$(k = 1, \ldots, p). \tag{2.143}$$

Der zunächst ausgeschlossene Fall $Y_{2k-1} = Y_{2k} = 0$ tritt ein, wenn die Spaltenmatrix B_0 orthogonal zu den Zeilen $2k-1$ und $2k$ von Ψ^{-1} ist. In diesem Fall setzt man in Gl. (2.138) und (2.140) $f(t) \equiv 0$. Dann kann man willkürlich $Y_{2k-1} = 1$, $Y_{2k} = 0$ wählen. Gl.(2.143) ist dann nicht singulär. Mit der Transformation (2.142) nehmen beide Gln. (2.140) die Form an (auch hierin ist ggf. $f(t) \equiv 0$ zu definieren):

$$\ddot{x}_k - 2\varrho_k \dot{x}_k + (\varrho_k^2 + \sigma_k^2)x_k = f(t) \qquad (k = 1, \ldots, p). \tag{2.144}$$

Es stellt sich also heraus, daß die Koeffizienten von $\dot{x}_k$ und von x_k der doppelte negative Realteil bzw. das Betragsquadrat des Eigenwerts Λ_k sind. Im Nachhinein ist das nicht überraschend. Anfangswerte $x_k(0)$ und $\dot{x}_k(0)$ werden mit Hilfe von (2.143) aus den bereits bestimmten Anfangswerten $y_{2k-1}(0)$ und $y_{2k}(0)$ berechnet. Die Differentialgleichung wird wie üblich normiert. Mit den Abkürzungen (vgl. Gl. (1.45))

$$\omega_k^2 = \varrho_k^2 + \sigma_k^2, \quad D_k = -\frac{\varrho_k}{\omega_k}, \quad \tau = \omega_k t, \quad f_k(\tau) = \frac{1}{\omega_k^2} f\left(\frac{\tau}{\omega_k}\right)$$

nimmt sie die Form an $(' = \mathrm{d}/\mathrm{d}\tau)$:

$$x_k'' + 2D_k x_k' + x_k = f_k(\tau) \qquad (k = 1, \ldots, p). \tag{2.145}$$

Damit ist die Lösung von Gl. (2.129) auf ein elementares Problem zurückgeführt, das in Abschnitt 1.3 vollständig gelöst wurde. Mit den Lösungen $x_k(\tau)$ für alle $k = 1, \ldots, p$ berechnet man aus (2.142) die Funktionen $y_1, \ldots, y_{2p}$. Mit ihnen und mit den Lösungen (2.137) berechnet man schließlich aus (2.134) die Lösung $z(t)$ der Ausgangsgleichungen (2.129).

Beispiel 2.19. Wir untersuchen wieder das dreigeschossige Gebäude von Beisp. 2.16 bei erzwungenen Schwingungen durch einen anfahrenden Motor mit Unwucht (s. Abb. 2.19), diesmal aber mit Dämpfung. Die Bewegungsgleichungen unterscheiden sich von Gl. (2.94) nur durch das Zusatzglied $D\dot{q}$ auf der linken Seite:

$$\begin{pmatrix} m_1 & 0 & 0 \\ 0 & m_2 + m_r & 0 \\ 0 & 0 & m_3 \end{pmatrix} \ddot{q} + D\dot{q} + \begin{pmatrix} k_1 + k_2 & -k_2 & 0 \\ -k_2 & k_2 + k_3 & -k_3 \\ 0 & -k_3 & k_3 \end{pmatrix} q = \begin{pmatrix} 0 \\ f(t) \\ 0 \end{pmatrix},$$

$$f(t) = m_r r[\dot{\varphi}^2(t)\cos\varphi(t) + \ddot{\varphi}(t)\sin\varphi(t)].$$

Das ist eine Gleichung der Form $M\ddot{q} + D\dot{q} + Kq = F(t)$. Mit den Definitionen (2.35) und (2.36) entsteht daraus das Gleichungssystem (2.128) mit einer 6×6-Matrix A. Es hat bereits die spezielle Form (2.129). Bei schwacher Dämpfung berechnet man aus (2.130) drei Paare konjugiert komplexer Eigenwerte und Eigenvektoren. Mit ihnen ergeben sich drei Gleichungen der Form (2.145). Sie unterscheiden sich voneinander nur durch die Zahlenwerte von D_k ($k = 1, 2, 3$). Wenn der Motor aus dem Stillstand mit konstanter Winkelbeschleunigung anfährt, hat jede Gleichung dieselbe Form und dieselben Anfangsbedingungen $x_k(0) = x'_k(0) = 0$, wie die in Abschnitt 1.3.6 untersuchte Gleichung. Die Lösung wird aus Gl.(1.107) übernommen. Durch Differentiation muß man noch x'_k ($k = 1, 2, 3$) herstellen. Dann muß man nur noch die Transformationen (2.142) und (2.134) ausführen. Das Ergebnis sind die gesuchten Lösungen $q(t)$ und $\dot{q}(t)$, aus denen sich $z(t)$ zusammensetzt. Ende des Beispiels.

2.7.2 Der Fall von $< N$ unabhängigen Eigenvektoren

Dieser Abschnitt schildert eine Methode zur Lösung der inhomogenen Gleichung

$$\dot{z} = Az + B(t), \tag{2.146}$$

die stets anwendbar ist, insbesondere auch dann, wenn die Lösung der homogenen Gleichung die allgemeine Form (2.81) mit Polynomen von t hat. Für die Matrix $B(t)$ wird keine spezielle Form vorausgesetzt. Ausgangspunkt ist die Darstellung (2.72) der Lösung der homogenen Gleichung. Wie in Abschnitt 1.3.5 macht man für die inhomogene Gleichung einen Ansatz mit Variation der Konstanten, und zwar in der Form

$$z = e^{At}y(t). \tag{2.147}$$

Diesen Ausdruck und die Ableitung $\dot{z} = Ae^{At}y + e^{At}\dot{y}$ setzt man in (2.146) ein:

$$Ae^{At}y + e^{At}\dot{y} = Ae^{At}y + B(t).$$

Daraus folgt mit einer Integrationskonstanten z_0

$$\dot{y} = e^{-At}B(t), \qquad y = z_0 + \int_0^t e^{-A\bar{t}}B(\bar{t})\,d\bar{t}.$$

Damit erhält man aus (2.147) die allgemeine Lösung der inhomogenen Gleichung in der Form

$$z(t) = e^{At}z_0 + e^{At}\int_0^t e^{-A\bar{t}}B(\bar{t})\,d\bar{t} = e^{At}z_0 + \int_0^t e^{A(t-\bar{t})}B(\bar{t})\,d\bar{t}. \tag{2.148}$$

Das erste Glied ist die Lösung der homogenen Gleichung, und das zweite ist ein Faltungsintegral (vgl. Gl.(1.99)). e^{At} und $e^{A(t-\bar{t})}$ sind Werte der Fundamentalmatrix zur Zeit t bzw. zur Zeit $(t - \bar{t})$. Die Spaltenmatrizen der

Fundamentalmatrix sind die Funktionen z von Gl.(2.81) zu speziellen dort angegebenen Anfangsbedingungen.

Beispiel 2.20. Wir untersuchen wieder den Schwinger von Abb. 2.18a, jetzt aber mit der Erregerkraft $F_0 \cos \Omega t$ an der linken Masse. Welche allgemeine Lösung hat die Koordinate q_1 dieser Masse?

Lösung: Das System ohne Erregerkraft hat die normierte homogene Gl. (2.90). Beim System mit Erregerkraft steht auf der rechten Seite die Spaltenmatrix $[q_0 \cos \eta \tau \quad 0]^T$ mit $q_0 = F_0/k$ und $\eta = \Omega/\sqrt{k/m}$. Im normierten Differentialgleichungssystem 1. Ordnung $z' = Az + B(\tau)$ ist $B(\tau) = [0 \quad 0 \quad q_0 \cos \eta \tau \quad 0]^T$ (s. Gl. (2.36)). Von der Fundamentalmatrix braucht man also nur die 3. Spalte und in dieser nur das 1. Element, weil nur q_1 gesucht wird. Dieses Matrixelement ist die Lösungsfunktion $q_{1h}(\tau)$ der homogenen Gleichung zu den Anfangsbedingungen $q_{1h}(0) = 0$, $q_{2h}(0) = 0$, $q'_{1h}(0) = 1$, $q'_{2h}(0) = 0$. Die allgemeine Lösung der homogenen Gleichung ist in (2.91) angegeben. Mit den Anfangsbedingungen berechnet man $A = -1$, $B = a_0 = 0$ und $b_0 = 1$ und damit $q_{1h}(\tau) = e^{-\tau}(2\tau - \sin \tau)$. Damit ergibt sich aus (2.148) die gesuchte Lösung zu

$$q_1(\tau) = e^{-\tau}(A \sin \tau - B \cos \tau + a_0 + 2b_0 \tau)$$

$$+ q_0 e^{-\tau} \int_0^\tau e^{\bar{\tau}}[2(\tau - \bar{\tau}) - \sin(\tau - \bar{\tau})] \cos \eta \bar{\tau} \, d\bar{\tau}.$$

Die Auswertung des Integrals ist einfach. Man drücke sin und cos durch komplexe Exponentialfunktionen aus. Ende des Beispiels.

2.8   Aufgaben zu Kapitel 2

1. Das Rollpendel in Abb. 2.27 besteht aus einem kreisbogenförmig begrenzten Körper (Radius r, Schwerpunkt S, Masse m_1, Trägheitsmoment J bezüglich S) und einem Punktpendel (Masse m_2, Länge ℓ). Formulieren Sie Bewegungsgleichungen für die Koordinaten q_1 und q_2 bei kleinen Abweichungen aus der Gleichgewichtslage $q_1 = q_2 = 0$. Unter welchen Bedingungen ist die Gleichgewichtslage stabil?

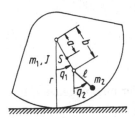

Abb. 2.27.

2. Der Wassereimer in Abb. 2.28a ist im Punkt A pendelnd aufgehängt. Der leere Eimer hat die Masse m, den Schwerpunkt S und einen quadratischen Querschnitt der Seitenlänge a. Er ist bis zur Höhe h mit Wasser der Dichte ϱ

gefüllt. Es wird vorausgesetzt, daß der Wasserspiegel bei Bewegungen eben bleibt, so daß der Pendelwinkel q_1 des Eimers und der Neigungswinkel q_2 des Wasserspiegels relativ zum Eimer die Lage eindeutig beschreiben (Abb.b). Geben Sie die potentielle Energie $V(q_1, q_2)$ des Systems in nichtlinearer Form sowie die quadratischen Glieder ihrer Taylorreihe an. Bestimmen Sie aus der Bedingung, daß V positiv definit ist, für welches Intervall $h_{min} < h < h_{max}$ die Gleichgewichtslage $q_1 = q_2 = 0$ stabil ist. Bei einem brauchbaren Eimer ist $h_{min} < 0$. Welche Bedingung müssen die Parameter erfüllen, damit $h_{min} < 0$ ist?

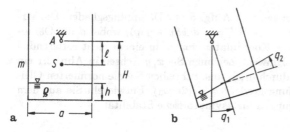

a   b

Abb. 2.28.

3. Für die Massen und Federkonstanten des Systems in Abb. 2.3 ohne Dämpfer sind die drei Parameterkombinationen der folgenden Tabelle gegeben. Berechnen sie für alle drei Systeme die Eigenkreisfrequenzen. Hinweis: Alle Eigenkreisfrequenzen sind ganzzahlige Vielfache von $\omega_0 = \sqrt{k/m}$.

	m_1	m_2	m_3	k_1	k_2	k_3
1.	$3m$	$3m$	m	$12k$	$9k$	$3k$
2.	$3m$	$3m$	m	$48k$	$36k$	$12k$
3.	$3m$	m	m	$48k$	$18k$	$8k$

4. Bestimmen Sie für die gekoppelten Pendel in Abb. 2.4 im Sonderfall $\ell_1 = \ell_2 = \ell$, $m_1 = m_2 = m$ die Eigenkreisfrequenzen ω_1, ω_2, die Modalmatrix Φ und die Lösung $q(t)$ zu den Anfangsbedingungen $q_1(0) = A$, $q_2(0) = 0$, $\dot{q}_1(0) = \dot{q}_2(0) = 0$.

5. Auf der Achse einer masselosen, biegesteifen und mit $\Omega = $ const rotierenden Maschinenwelle ist eine Punktmasse m angebracht. Der Wellenquerschnitt hat Hauptachsen mit zwei verschiedenen Biegesteifigkeiten. Gegeben sind die Federkonstanten k_1 und $k_2 < k_1$ der elastischen Rückstellkräfte an der Masse bei Verschiebungen q_1 und q_2 in den Hauptachsenrichtungen. Formulieren sie Bewegungsgleichungen für q_1 und q_2. Verwenden Sie dabei Gl. (2.3). Im Fall $\Omega = 0$ existieren die beiden Eigenkreisfrequenzen $\omega_{10} = \sqrt{k_1/m}$

und $\omega_{20} = \sqrt{k_2/m}$ von Biegeschwingungen um die Hauptachsen. Welche Eigenkreisfrequenzen ω existieren im Fall $\Omega \neq 0$? Hinweis: Normieren Sie die Gleichungen mit $\tau = \omega_0 t$, $\omega_0^2 = \frac{1}{2}(k_1 + k_2)/m = (\omega_{10}^2 + \omega_{20}^2)/2$. Setzen Sie $\eta_0 = \Omega/\omega_0$ sowie $\omega_{10}^2 = (1-\mu)\omega_0^2$, $\omega_{20}^2 = (1+\mu)\omega_0^2$ mit $\mu = (k_1 - k_2)/(k_1 + k_2)$ und bestimmen Sie die Eigenwerte $\Lambda(\mu, \eta_0)$ der normierten Gleichungen. Unter welchen Bedingungen gibt es instabile Lösungen? Eigenkreisfrequenzen sind $\omega = i\Lambda$. Stellen Sie das Verhältnis $\eta(\mu, \eta_0) = \omega/\omega_0$ in einem η_0, η-Diagramm im Fall $\mu = 1/2$ dar.

6. Erweitern Sie die Gleichungen von Aufg. 5 um Dämpfungsglieder. Die virtuelle Arbeit der Dämpfung ist $\delta W = -d(\dot{x}\delta x + \dot{y}\delta y)$, wobei d die Dämpfungskonstante und x, y die Koordinaten von m in einem nicht rotierenden Koordinatensystem sind. Hinweis: Zeichnen Sie x, y-Achsen in Abb. 2.1 ein und drücken Sie x und y durch q_1, q_2 aus. Schreiben Sie die normierten Gleichungen mit dem Dämpfungsgrad $D = d/(2m\omega_0)$. Entwickeln Sie aus dem Hurwitzkriterium Bedingungen für asymptotische Stabilität.

7. Abb. 2.29 stellt schematisch ein Fahrzeug dar. Es besteht aus einem starren Körper (Schwerpunkt S, Masse m, Trägheitsmoment J bezüglich S) und zwei Feder-Dämpfer-Elementen, deren untere masselose Enden in den Punkten A und B Kontakt mit der Straße haben. Das Straßenprofil wird durch die Funktion $u(x)$ beschrieben. Das Fahrzeug fährt mit der Geschwindigkeit $v = $ const. Zur Zeit $t = 0$ befindet sich der Schwerpunkt bei $x = x_0$. Formulieren Sie mit der Lagrangeschen Gleichung Bewegungsgleichungen für die eingezeichneten Relativverschiebungen q_1 und q_2 bei ebenen Bewegungen. Im Gleichgewichtszustand bei $u(x) = $ const ist $q_1 = q_2 = 0$.

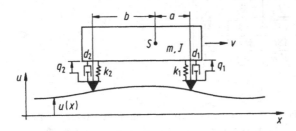

Abb. 2.29.

8. Glocke und Klöppel in Abb. 2.30 bilden ein Doppelpendel. Außer den gezeichneten Längen sind die Massen m_1, m_2 und die Trägheitsmomente J_1, J_2 bezüglich Achsen durch die Aufhängepunkte der beiden Körper gegeben. S_1 und S_2 sind die Schwerpunkte. Formulieren Sie linearisierte Bewegungsgleichungen für kleine Schwingungen der Absolutwinkel q_1, q_2. Welche Bedingung müssen die Parameter erfüllen, damit eine Eigenform mit der Eigenschaft

$q_1(t) \equiv q_2(t)$ existiert? Eine solche Glocke kann durch harmonische Anregung in der Eigenkreisfrequenz nicht zum Läuten gebracht werden. Hinweis: Setzen Sie $q_1 \equiv q_2$ in die Bewegungsgleichungen ein.

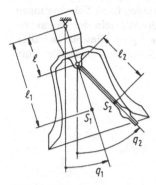

Abb. 2.30.

9. In Abb. 2.15 sei k_i die Federkonstante der Feder zwischen der Masse m_i und dem Gestell. Sei ferner k_i^* die Federkonstante der Feder zwischen m_j und m_k ($i, j, k = 1, 2, 3$ in zyklischer Vertauschung). Berechnen Sie die Eigenkreisfrequenzen ω_i ($i = 1, 2, 3$) und Modalmatrizen Φ für die 3 Systeme mit den Parametern der folgenden Tabelle. Hinweis: Alle Eigenkreisfrequenzquadrate sind ganzzahlige Vielfache von $\omega_0^2 = k/m$.

	m_1	m_2	m_3	k_1	k_2	k_3	k_1^*	k_2^*	k_3^*
1.	m	m	m	k	k	k	k	k	k
2.	2m	m	m	2k	k	k	2k	4k	4k
3.	m	2m	3m	k	2k	3k	6k	3k	2k

10. Machen Sie für das System von Beisp. 2.8 mit den dort angegebenen Größen Q_1 und Q_2 den Ritzansatz $Q = c_1 Q_1 + c_2 Q_2$. Welche Schranke ergibt sich damit für ω_1^2?

11. Geben Sie unter Verwendung der Variablen $\tau = t\sqrt{k/m}$ die allgemeine Lösung der Differentialgleichung an:

$$m \begin{pmatrix} 1 & 0 \\ 0 & 1 \end{pmatrix} \ddot{q} + \sqrt{mk} \begin{pmatrix} 6 & -1 \\ -1 & 1 \end{pmatrix} \dot{q} + k \begin{pmatrix} 9 & -3 \\ -3 & 4 \end{pmatrix} q = 0.$$

12. In Abb. 2.31 sind die Massen, Feder- und Dämpferkonstanten als Vielfache von Bezugsgrößen m, k und $d = \sqrt{mk}$ mit Faktoren μ_i ($i = 1, 2, 3$) und κ_i, δ_i ($i = 0, 1, 2, 3$) bezeichnet. Die Tabelle unten gibt ganzzahlige Faktoren für 7 verschiedene Systeme an. Formulieren Sie für alle Systeme mit Hilfe der Variablen $\tau = t\sqrt{k/m}$ normierte Bewegungsgleichungen freier Schwingungen für Absolutkoordinaten q_1, q_2, q_3. Berechnen Sie die Wurzeln der charakteristischen Gleichungen und die allgemeinen Lösungen $q(\tau)$. Hinweis: Bei allen Systemen haben alle Eigenwerte ganzzahlige Real- und Imaginärteile. Man suche zuerst reelle Eigenwerte.

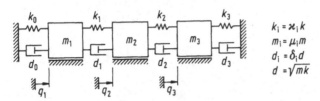

$k_i = \varkappa_i k$
$m_i = \mu_i m$
$d_i = \delta_i d$
$d = \sqrt{mk}$

Abb. 2.31.

	μ_1	μ_2	μ_3	δ_0	δ_1	δ_2	δ_3	κ_0	κ_1	κ_2	κ_3
1.	1	1	1	1	1	1	1	0	1	1	1
2.	1	1	2	1	1	1	3	0	1	1	2
3.	1	1	1	1	1	1	3	0	1	2	2
4.	1	2	2	0	2	2	2	2	2	2	0
5.	1	1	1	1	1	1	1	0	1	1	2
6.	1	1	1	1	1	0	3	0	1	1	2
7.	1	1	1	3	1	1	3	2	2	2	2

13. Für welche Zahlen α ist die Dämpfung in dem System von Abb. 2.32 nicht durchdringend? Hinweis: Berechnen Sie die Eigenkreisfrequenzen der Teilsysteme im Fall $d = 0$.

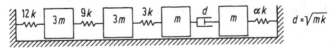

$d = \sqrt{mk}$

Abb. 2.32.

14. Die Maschine in Abb. 2.33 besteht aus einem starren Körper 1 (Schwerpunkt S_1, Masse m_1 und Trägheitsmoment J_1 bezüglich S_1) und einem Rotor mit der Drehachse O. Sein Drehwinkel relativ zu Körper 1 ist $\alpha = \Omega t$ mit $\Omega = $ const. Der Rotor hat den Schwerpunkt S_2 am Unwuchtradius r, die Masse m_2 und das Trägheitsmoment J_2 bezüglich S_2. Die Maschine ist wie gezeichnet

auf Federn gelagert. Körper 1 führt eine ebene Bewegung aus, die durch die Koordinaten x und y des Schwerpunkts S_1 und den Winkel φ beschrieben wird. In der Gleichgewichtslage bei stehendem Rotor ($\alpha \equiv 0$) ist $x = y = \varphi = 0$. Formulieren Sie linearisierte Bewegungsgleichungen für x, y und φ. Vernachlässigen Sie die explizite Abhängigkeit der Massenmatrix von t, indem Sie in ihr $r = 0$ setzen. Bestimmen Sie die stationäre Lösung dieser Gleichung.

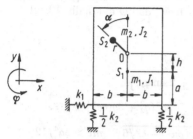

Abb. 2.33.

15. Berechnen Sie die Amplituden Q_1, Q_2, Q_3 der stationären Schwingung, die das System von Abb. 2.15 ausführt, wenn am mittleren Körper 2 die harmonische Erregerkraft $F_0 \cos \Omega t$ angreift. Verwenden Sie die Größen $Q_0 = F_0/k$ und $\eta = \Omega/\omega_0$ mit $\omega_0^2 = k/m$.

16. Wie groß ist die statische Verschiebung q_i von Körper i in Abb. 2.21 infolge einer konstanten Kraft F an Körper $j \leq i$?

17. In Abb. 2.18b mit $d = \sqrt{mk}$ greift an Körper j ($1 \leq j \leq n$ beliebig) die Erregerkraft $F_0 e^{i\Omega t}$ an. Welche komplexe Amplitude Q_i hat die stationäre Schwingung von Körper i ($i \geq j$)? Hinweis: Verwenden Sie die Größe $\eta = \Omega/\omega_0$ mit $\omega_0 = \sqrt{k/m}$ und führen Sie $x = 1 + i\eta$ ein. Modifizieren Sie Gl. (2.107). Übernehmen Sie D_{j-1} und D_n aus Beisp. 2.13. Verwenden Sie Gl. (2.113) für D_{n-i}.

18. Auf die Masse m_2 in Abb. 2.3 wirkt eine Kraft $F(t)$ mit dem Graph von Abb. 1.26. Berechnen Sie mit Hilfe der Lösung (1.92) des Einmassenschwingers die Ausschläge $q_i(t)$ ($i = 1, 2, 3$) aller drei Massen. Hinweis: Verwenden Sie Gl. (2.145). Stellen Sie alle Gleichungen zusammen, die in diesem Zusammenhang benötigt werden und schreiben Sie ein FORTRAN-Programm, das die Lösungen $q_i(t)$ plottet.

2.8.1 Lösungen zu den Aufgaben

1. $\begin{pmatrix} J + m_1(r-a)^2 + m_2(r-b)^2 & -m_2\ell(r-b) \\ -m_2\ell(r-b) & m_2\ell^2 \end{pmatrix} \ddot{q}$

$$+ g \begin{pmatrix} m_1 a + m_2 b & 0 \\ 0 & m_2\ell \end{pmatrix} q = 0, \qquad m_1 a + m_2 b > 0, \quad \ell > 0.$$

$\ell < 0$, $a < 0$ und $b < 0$ bedeuten, daß das Pendel in der Gleichgewichtslage aufrecht steht bzw., daß S oberhalb A liegt bzw., daß O oberhalb A liegt.

2. $V(q_1, q_2) = g\big\{[m\ell + \varrho a^2 h(H - h/2)](1 - \cos q_1)$

$$+ \tfrac{1}{24}\varrho a^4 \tan q_2(\tan q_2 \cos q_1 + 2\sin q_1)\big\}$$

$$= g\big\{\tfrac{1}{2}[m\ell + \varrho a^2 h(H - h/2)]q_1^2 + \tfrac{1}{24}\varrho a^4(q_2^2 + 2q_1 q_2)\big\} + \cdots,$$

$$H - s < h < H + s, \qquad s = \sqrt{H^2 + 2m\ell/(\varrho a^2) - a^2/6}, \quad m\ell > \varrho a^4/12$$

3. Die Eigenkreisfrequenzen sind ω_0, $2\omega_0$, $3\omega_0$ bei System 1 und $2\omega_0$, $4\omega_0$, $6\omega_0$ bei den Systemen 2 und 3

4. $\omega_1 = \sqrt{g/l}, \quad \omega_2 = \sqrt{g/l + 2k/m}, \qquad \Phi = \begin{pmatrix} 1 & 1 \\ 1 & -1 \end{pmatrix},$

$$q(t) = \tfrac{A}{2}\begin{pmatrix} \cos\omega_1 t + \cos\omega_2 t \\ \cos\omega_1 t - \cos\omega_2 t \end{pmatrix} = A\begin{pmatrix} \cos\tfrac{1}{2}(\omega_1 - \omega_2)t \, \cos\tfrac{1}{2}(\omega_2 + \omega_1)t \\ \sin\tfrac{1}{2}(\omega_1 - \omega_2)t \, \sin\tfrac{1}{2}(\omega_2 + \omega_1)t \end{pmatrix}.$$

Im Fall $\omega_2 - \omega_1 \ll \omega_2 + \omega_1$, d.h. $k/m \ll g/\ell$, sind das Schwebungen (s. (0.6) und Abb. 0.1)

5. $m\ddot{q}_1 - 2m\Omega\dot{q}_2 + (k_1 - m\Omega^2)q_1 = 0,$

$m\ddot{q}_2 + 2m\Omega\dot{q}_1 + (k_2 - m\Omega^2)q_2 = 0,$

$$q'' + \begin{pmatrix} 0 & -2\eta_0 \\ 2\eta_0 & 0 \end{pmatrix} q' + \begin{pmatrix} 1 + \mu - \eta_0^2 & 0 \\ 0 & 1 - \mu - \eta_0^2 \end{pmatrix} q = 0,$$

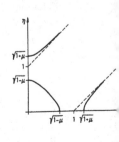

$\Lambda_{1,2}^2 = -(1 + \eta_0^2) \pm \sqrt{\mu^2 + 4\eta_0^2}.$ Das System ist instabil im Fall $\sqrt{1 - \mu} < \eta_0 < \sqrt{1 + \mu}$, d.h. $\omega_{10} < \Omega < \omega_{20}$,

$\eta_{1,2}^2 = 1 + \eta_0^2 \mp \sqrt{\mu^2 + 4\eta_0^2}$

6. $q'' + \begin{pmatrix} 2D & -2\eta_0 \\ 2\eta_0 & 2D \end{pmatrix} q' + \begin{pmatrix} 1 + \mu - \eta_0^2 & -2D\eta_0 \\ 2D\eta_0 & 1 - \mu - \eta_0^2 \end{pmatrix} q = 0,$

asymptotisch stabil, wenn $\mu < \sqrt{(1 - \eta_0^2)^2 + 4D^2\eta_0^2}$

7. $\frac{1}{(a+b)^2} \begin{pmatrix} mb^2 + J & mab - J \\ mab - J & ma^2 + J \end{pmatrix} \ddot{q} + \begin{pmatrix} d_1 & 0 \\ 0 & d_2 \end{pmatrix} \dot{q} + \begin{pmatrix} k_1 & 0 \\ 0 & k_2 \end{pmatrix} q$

$= -v^2 \frac{1}{(a+b)^2} \begin{pmatrix} mb^2 + J & mab - J \\ mab - J & ma^2 + J \end{pmatrix} \begin{pmatrix} u''(x_0 + a + vt) \\ u''(x_0 - b + vt) \end{pmatrix}$

8. $\begin{pmatrix} J_1 + m_2\ell^2 & m_2\ell\ell_2 \\ m_2\ell\ell_2 & J_2 \end{pmatrix} \ddot{q} + \begin{pmatrix} g(m_1\ell_1 + m_2\ell) & 0 \\ 0 & gm_2\ell_2 \end{pmatrix} q = 0,$

$\ell = (J_1\ell_2 - J_2\ell_1 m_1/m_2) / [J_2 + \ell_2(m_1\ell_1 - m_2\ell_2)]$

9.

	System 1	System 2	System 3
ω_1^2	k/m	k/m	k/m
$\omega_2^2 = \omega_3^2$	$4k/m$	$9k/m$	$7k/m$
Φ	$\begin{pmatrix} \sqrt{2} & \sqrt{3} & 1 \\ \sqrt{2} & 0 & -2 \\ \sqrt{2} & -\sqrt{3} & 1 \end{pmatrix}$	$\begin{pmatrix} \sqrt{3} & -\sqrt{2} & -1 \\ \sqrt{3} & 2\sqrt{2} & -1 \\ \sqrt{3} & 0 & 3 \end{pmatrix}$	$\begin{pmatrix} 1 & -2 & -1 \\ 1 & 1 & -1 \\ 1 & 0 & 1 \end{pmatrix}$

10. $\omega_1^2 \le 0,166667\omega_0^2$

11. $q(\tau) = \mathrm{e}^{-3\tau} \begin{pmatrix} a_0 + 10b_0\tau \\ b_0 \end{pmatrix} + \mathrm{e}^{\frac{-\tau}{2}} \left\{ \left[A \begin{pmatrix} 7 \\ 19 \end{pmatrix} + B\sqrt{11} \begin{pmatrix} 1 \\ 7 \end{pmatrix} \right] \cos \frac{\tau\sqrt{11}}{2} \right.$

$\left. + \left[B \begin{pmatrix} 7 \\ 19 \end{pmatrix} - A\sqrt{11} \begin{pmatrix} 1 \\ 7 \end{pmatrix} \right] \sin \frac{\tau\sqrt{11}}{2} \right\}$

12. Die Systeme 1 und 2 haben die 6fache Wurzel $\Lambda = -1$, die Systeme 3 bis 6 die 4fache Wurzel -1 und System 7 die 4fache Wurzel -2; System 3 hat die Doppelwurzel -2; die Systeme 4 bis 7 haben die Wurzeln $-1 \pm \mathrm{i}$. Die Lösungen q_i $(i = 1, \ldots, 7)$ sind mit Integrationskonstanten A, B, C, D, E, F:

$$q_1 = \mathrm{e}^{-\tau} \begin{bmatrix} A + D\tau + \frac{1}{2}E\tau^2 + \frac{1}{6}(D + F - B)\tau^3 + \frac{1}{24}(E - C)\tau^4 + \frac{1}{120}(D - B)\tau^5 \\ B + E\tau + \frac{1}{2}(D + F - B)\tau^2 + \frac{1}{6}(E - C)\tau^3 + \frac{1}{24}(D - B)\tau^4 \\ C + F\tau + \frac{1}{2}(E - C)\tau^2 + \frac{1}{6}(D - B)\tau^3 \end{bmatrix}$$

$$q_2 = \mathrm{e}^{-\tau} \begin{bmatrix} A + D\tau + \frac{1}{2}E\tau^2 + \frac{1}{6}(D + F - B)\tau^3 + \frac{1}{16}(E - C)\tau^4 + \frac{1}{240}(D - B)\tau^5 \\ B + E\tau + \frac{1}{2}(D + F - B)\tau^2 + \frac{1}{4}(E - C)\tau^3 + \frac{1}{48}(D - B)\tau^4 \\ C + F\tau + \frac{3}{4}(E - C)\tau^2 + \frac{1}{12}(D - B)\tau^3 \end{bmatrix}$$

$$q_3 = e^{-\tau} \begin{bmatrix} A + D\tau + \frac{1}{2}(D-C)\tau^2 + \frac{1}{6}(D-B)\tau^3 \\ B + (D-C)\tau + \frac{1}{2}(D-B)\tau^2 \\ C + (B-C)\tau + \frac{1}{2}(D-B)\tau^2 \end{bmatrix} + e^{-2\tau} \begin{bmatrix} E \\ -E \\ F - 2E\tau \end{bmatrix}$$

$$q_4 = e^{-\tau} \begin{bmatrix} A + D\tau & +F\cos\tau - E\sin\tau \\ B + \frac{3}{2}A\tau + \frac{3}{4}D\tau^2 & +E\cos\tau + F\sin\tau \\ C + \frac{1}{2}(2B+D)\tau + \frac{3}{4}A\tau^2 + \frac{1}{4}D\tau^3 & -F\cos\tau + E\sin\tau \end{bmatrix}$$

$$q_5 = e^{-\tau} \begin{bmatrix} A + D\tau + C\tau^2 + \frac{1}{3}(D-B)\tau^3 & -F\cos\tau + E\sin\tau \\ B + 2C\tau + (D-B)\tau^2 & +E\cos\tau + F\sin\tau \\ C + (D-B)\tau & -F\cos\tau + E\sin\tau \end{bmatrix}$$

$$q_6 = e^{-\tau} \begin{bmatrix} A + D\tau + \frac{1}{2}(B-C)\tau^2 + \frac{1}{6}(D-B)\tau^3 & -F\cos\tau + E\sin\tau \\ B + (B-C)\tau + \frac{1}{2}(D-B)\tau^2 & +E\cos\tau + F\sin\tau \\ C + (2A-C-D)\tau + \frac{1}{2}(D-B)\tau^2 & -F\cos\tau + E\sin\tau \end{bmatrix}$$

$$q_7 = e^{-2\tau} \begin{bmatrix} A + D\tau \\ B \\ C - D\tau \end{bmatrix} + e^{-\tau} \begin{bmatrix} (E-F)\cos\tau + (E+F)\sin\tau \\ 2E\cos\tau + 2F\sin\tau \\ (E-F)\cos\tau + (E+F)\sin\tau \end{bmatrix}$$

13. $\alpha = 1, 4, 9$

14. Die Gleichung für y ist von den beiden anderen entkoppelt:

$$\begin{pmatrix} m_1 + m_2 & -m_2 h \\ -m_2 h & J_1 + J_2 + m_2 h^2 \end{pmatrix} \begin{pmatrix} \ddot{x} \\ \ddot{\varphi} \end{pmatrix} + \begin{pmatrix} k_1 & k_1 a \\ k_1 a & k_1 a^2 + k_2 b^2 \end{pmatrix} \begin{pmatrix} x \\ \varphi \end{pmatrix}$$

$$= m_2 r \Omega^2 \sin \Omega t \begin{pmatrix} -1 \\ h \end{pmatrix}, \qquad (m_1 + m_2)\ddot{y} + k_2 y = m_2 r \Omega^2 \cos \Omega t$$

Die Matrizengleichung hat die Form $M\ddot{q} + Kq = Q(t)$.

$$q(t) = (K - \Omega^2 M)^{-1} Q(t), \quad y(t) = \frac{m_2 r \Omega^2}{k_2 - (m_1 + m_2)\Omega^2} \cos \Omega t$$

Die Inversion und die Division sind bei Resonanz unmöglich.

15. $Q_1 = Q_3 = \dfrac{-Q_0}{(1-\eta^2)(5-\eta^2)}, \quad Q_2 = (2-\eta^2)Q_1$

16. $q_i = \dfrac{F}{k} \dfrac{(1-a)\left(1-a^{2j}\right)\left(1-a^{2(n+1-i)}\right)}{(1+a)\left(1-a^{2(n+1)}\right)} a^{i-j}, \qquad a = \dfrac{\sqrt{1+4c}-1}{\sqrt{1+4c}+1}$

17. $Q_i = \dfrac{F_0}{k} x^{i+j-2(n+1)}(x^{2(n+1-i)} - 1)/(x^2 - 1), \qquad x = 1 + i\eta$

3 Parametererregte Schwingungen

Die bisher untersuchten erzwungenen Schwingungen wurden durch Differentialgleichungen des Typs $m\ddot{q} + d\dot{q} + kq = F(t)$ beschrieben. Ihr Kennzeichen sind konstante Parameter m, d und k und eine von t abhängige, vorgegebene Erregerfunktion $F(t)$. Die in diesem Kapitel untersuchten linearen Schwingungen sind dadurch gekennzeichnet, daß auch die Parameter m, d und k vorgegebene Funktionen der Zeit sind. Bis einschließlich Abschnitt 3.2.6 wird vorausgesetzt, daß die Erregerfunktion $F(t) \equiv 0$ ist. Schwingungen dieser Art werden also durch Differentialgleichungen des Typs $m(t)\ddot{q} + d(t)\dot{q} + k(t)q = 0$ beschrieben. Sie werden *parametererregte Schwingungen* genannt. Ihre Gleichung nimmt nach Division durch $m(t)$ die Form an:

$$\ddot{q}(t) + p_1(t)\dot{q}(t) + p_2(t)q = 0. \tag{3.1}$$

Im Gegensatz zur Gleichung einer erzwungenen Schwingung hat diese Gleichung die spezielle Lösung $q(t) \equiv 0$. Das ist eine Gleichgewichtslage. Eine wesentliche Frage ist, ob $q(t)$ klein oder wenigstens beschränkt bleibt, wenn kleine Anfangsstörungen $q(0) \neq 0$ und $\dot{q}(0) \neq 0$ vorgegeben sind. Das ist die Frage nach der Stabilität. In Abschnitt 3.2.4 wird dargestellt, daß man sie bei Differentialgleichungen mit periodischen Koeffizienten $p_1(t)$ und $p_2(t)$ leicht beantworten kann. Zunächst wird ein vollständig lösbares Beispiel mit nichtperiodischen Koeffizienten behandelt.

3.1 Das Pendel mit veränderlicher Länge

Abb. 3.1 zeigt eine Punktmasse m (einen Förderkorb) an einem masselosen Seil. Ein Aufzug verändert die Seillänge in vorgegebener Weise $\ell(t)$. Mit der Lagrangeschen Funktion $L = T - V = \frac{1}{2}m(\dot{\ell}^2 + \ell^2\dot{\varphi}^2) + mg\ell\cos\varphi$ ergibt sich für die Koordinate φ die Differentialgleichung

$$m\ell^2(t)\ddot{\varphi} + 2m\ell(t)\dot{\ell}(t)\dot{\varphi} + mg\ell(t)\sin\varphi = 0.$$

Für kleine Schwingungen ($\sin\varphi \approx \varphi$) erhält man die lineare Differentialgleichung mit Parametererregung:

$$\ddot{\varphi} + 2\frac{\dot{\ell}(t)}{\ell(t)}\dot{\varphi} + \frac{g}{\ell(t)}\varphi = 0. \tag{3.2}$$

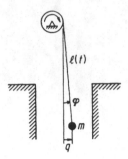

Abb. 3.1. Pendel mit veränderlicher Länge

In einem engen Aufzugschacht ist der horizontale Pendelausschlag $q = \ell(t)\varphi$ von größerer Bedeutung als der Winkel φ. Daher wählen wir ihn als neue Variable. Aus der Definition folgt $\dot{q} = \ell\dot{\varphi} + \dot{\ell}\varphi$, $\ddot{q} - 2\dot{\ell}\dot{\varphi} - \ddot{\ell}\varphi = \ell\ddot{\varphi}$. Der Ausdruck für $\ell\ddot{\varphi}$ wird in die mit $\ell(t)$ multiplizierte Gl. (3.2) eingesetzt. Das Ergebnis ist $\ddot{q} + (g - \ddot{\ell})\varphi = 0$ oder schließlich

$$\ddot{q} + \frac{g - \ddot{\ell}(t)}{\ell(t)}\, q = 0. \tag{3.3}$$

Im folgenden wird der technisch wichtige Sonderfall untersucht, daß die Pendellänge mit konstanter Geschwindigkeit v zu- oder abnimmt: $\ell(t) = \ell_0 + vt$. Die Gleichung nimmt dann die Form an:

$$\ddot{q} + \frac{g}{\ell_0 + vt}\, q = 0. \tag{3.4}$$

Die Frage nach der Stabilität ist die folgende für die Betriebssicherheit wesentliche Frage: Verläuft eine durch unvermeidliche Anfangsstörungen in Gang gesetzte Schwingung $q(t)$ gedämpft oder angefacht oder mit konstanter Amplitude, und welchen Einfluß hat dabei das Vorzeichen von v? Beim Absenken des Förderkorbes ist $v > 0$ und beim Anheben ist $v < 0$.

Als neue unabhängige Variable führt man die auf die konstante Länge v^2/g bezogene, normierte Pendellänge

$$x = \frac{\ell_0 + vt}{v^2/g} \tag{3.5}$$

ein. Aus der Definition folgt

$$\dot{q} = \frac{\mathrm{d}q}{\mathrm{d}x}\frac{\mathrm{d}x}{\mathrm{d}t} = \frac{g}{v}\frac{\mathrm{d}q}{\mathrm{d}x} = \frac{g}{v}\, q', \qquad \ddot{q} = \frac{g^2}{v^2}\, q''.$$

Der Strich $'$ kennzeichnet die Ableitung nach x. Wenn man das und (3.5) in (3.4) einsetzt, ergibt sich die parameterfreie Differentialgleichung

$$q'' + \frac{q}{x} = 0. \tag{3.6}$$

Sie ist nicht durch elementare Funktionen lösbar. Durch weitere Transformationen wird sie in eine in der Mathematik übliche Standardform gebracht. Eine neue unabhängige Variable z und eine neue abhängige Variable u werden durch die Gleichungen definiert (s. [18]):

$$z = 2\sqrt{x}, \qquad u = q/z. \tag{3.7}$$

Daraus ergeben sich die Beziehungen

$$x = \frac{z^2}{4}, \qquad \frac{\mathrm{d}z}{\mathrm{d}x} = \frac{1}{\sqrt{x}} = \frac{2}{z}, \qquad q = zu, \qquad \frac{q}{x} = 4\frac{u}{z} \tag{3.8}$$

und mit ihrer Hilfe weiterhin

$$q' = \frac{\mathrm{d}q}{\mathrm{d}z}\frac{\mathrm{d}z}{\mathrm{d}x} = \frac{\mathrm{d}}{\mathrm{d}z}(zu)\frac{2}{z} = 2\left(\frac{\mathrm{d}u}{\mathrm{d}z} + \frac{u}{z}\right),$$

$$q'' = \frac{\mathrm{d}q'}{\mathrm{d}z}\frac{\mathrm{d}z}{\mathrm{d}x} = 2\frac{\mathrm{d}}{\mathrm{d}z}\left(\frac{\mathrm{d}u}{\mathrm{d}z} + \frac{u}{z}\right)\frac{2}{z} = \frac{4}{z}\left(\frac{\mathrm{d}^2u}{\mathrm{d}z^2} + \frac{1}{z}\frac{\mathrm{d}u}{\mathrm{d}z} - \frac{u}{z^2}\right).$$

q'' und $q/x = 4u/z$ werden in (3.6) eingesetzt. Wenn man dann noch mit $z^3/4$ multipliziert, ergibt sich die Differentialgleichung

$$z^2\frac{\mathrm{d}^2u}{\mathrm{d}z^2} + z\frac{\mathrm{d}u}{\mathrm{d}z} + (z^2 - 1)u = 0. \tag{3.9}$$

Sie ist komplizierter als Gl. (3.6), ist aber die ausgiebig untersuchte Standardform einer Bessel-Differentialgleichung der Ordnung 1 (diese Ordnungsangabe hat nichts mit der Ordnung 2 der Differentialgleichung zu tun, sondern bezieht sich auf die 1 in dem Klammerausdruck $z^2 - 1$; bei einer Bessel-Gleichung der Ordnung ν steht dort $z^2 - \nu^2$). Die Differentialgleichung hat zwei linear unabhängige Fundamentallösungen. Sie sind nicht eindeutig, denn Linearkombinationen von Fundamentallösungen sind ihrerseits Fundamentallösungen. Zwei besondere Fundamentallösungen werden Besselfunktion 1. Art $J_1(z)$ und Besselfunktion 2. Art $Y_1(z)$ (jeweils der Ordnung 1) genannt. [18] S. 287 ff. zeigt, wie man aus der Differentialgleichung Reihenentwicklungen für sie findet. Diese Reihen konvergieren sehr schlecht und sie lassen den Verlauf der Funktionen nicht erkennen. Für praktische Anwendungen sind die leicht auswertbaren und sehr genauen Näherungen vorzuziehen (s. [7] S. 370):

$$-3 \leq z \leq 3: \quad J_1(z) = z\sum_{\imath=0}^{6} a_\imath(z/3)^{2\imath} + z\varepsilon_1,$$

$$Y_1(z) = \frac{2}{\pi}\ln\frac{z}{2}\,J_1(z) + \frac{1}{z}\sum_{\imath=0}^{6} b_\imath(z/3)^{2\imath} + \frac{\varepsilon_2}{z},$$

$$3 \leq z < \infty: \quad J_1(z) = z^{-1/2}f(z)\cos\Theta(z), \quad Y_1(z) = z^{-1/2}f(z)\sin\Theta(z),$$

$$f(z) = \sum_{\imath=0}^{6} c_i(3/z)^\imath + \varepsilon_3, \qquad \Theta(z) = z - \sum_{\imath=0}^{6} d_\imath(3/z)^\imath + \varepsilon_4.$$

Tabelle 3.1. Koeffizienten zur Approximation von J_1 und Y_1

i	a_i	b_i	c_i	d_i
0	+0,5	−0,6366198	+0,79788456	−2,35619449
1	−0,56249985	+0,2212091	+0,00000156	+0,12499612
2	+0,21093573	+2,1682709	+0,01659667	+0,00005650
3	−0,03954289	−1,3164827	+0,00017105	−0,00637879
4	+0,00443319	+0,3123951	−0,00249511	+0,00074348
5	−0,00031761	−0,0400976	+0,00113653	+0,00079824
6	+0,00001109	+0,0027873	−0,00020033	−0,00029166

Die Koeffizienten dieser Formeln sind in Tabelle 3.1 zusammengestellt. Die Fehlerglieder ε_i $(i = 1, \ldots, 4)$ sind dem Betrage nach kleiner als $1,1 \times 10^{-7}$. Abb. 3.2 zeigt die Funktionen $J_1(z)$ und $Y_1(z)$. Beide sind gedämpfte Schwingungen. Bei $z = 0$ hat J_1 eine Nullstelle und Y_1 einen Pol 1. Ordnung. Die Nullstellen sind nicht äquidistant. Ihre Abstände sind $> \pi$ und streben mit $z \to \infty$ gegen π.

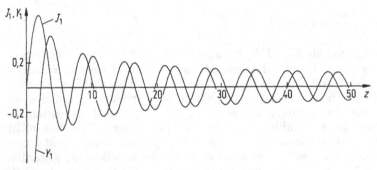

Abb. 3.2. Besselfunktionen $J_1(z)$ und $Y_1(z)$

Aus   (3.7) ergibt sich für den horizontalen Pendelausschlag $q(x)$ die Lösung

$$q(x) = zu(z) = 2\sqrt{x}\,u\big(2\sqrt{x}\big) = C_1 \underbrace{\sqrt{x}\,J_1\big(2\sqrt{x}\big)}_{q_1(x)} + C_2 \underbrace{\sqrt{x}\,Y_1\big(2\sqrt{x}\big)}_{q_2(x)}$$

mit Integrationskonstanten C_1 und C_2. Die Funktionen $q_1(x)$ und $q_2(x)$ sind in Abb. 3.3 dargestellt. Je nach dem Vorzeichen der Geschwindigkeit v wird das Diagramm von links nach rechts oder von rechts nach links durchlaufen. Beide Funktionen sind bei wachsender Pendellänge ($v > 0$) angefachte und bei abnehmender Pendellänge ($v < 0$) gedämpfte Schwingungen. Beim Absenken einer Last mit konstanter Geschwindigkeit $v > 0$ besteht also bei hinreichend großen Anfangsstörungen (d.h. bei hinreichend großen Konstanten C_1 und C_2) und bei hinreichend großem Zuwachs der normierten Seillänge

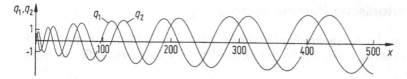

Abb. 3.3. Der horizontale Pendelausschlag $q(x)$ ist eine Linearkombination der beiden dargestellten Funktionen. Das Argument $x = (\ell_0 + vt)g/v^2$ ist die zu- oder abnehmende, normierte Pendellänge

x die Gefahr großer Ausschläge. Die Anfachung ist allerdings sehr schwach und umso schwächer, je größer x ist. Erst bei $x > 10^5$ haben die Funktionen Beträge > 10. In diesem Zusammenhang muß noch einmal daran erinnert werden, daß q der horizontale Schwingungsausschlag der Pendelmasse und nicht der Winkelausschlag ist. Der Winkel ist mit neu definierten Konstanten C_1 und C_2

$$\varphi(x) = \frac{q(x)}{xv^2/g} = C_1 \underbrace{\frac{1}{\sqrt{x}} J_1\big(2\sqrt{x}\big)}_{\varphi_1(x)} + C_2 \underbrace{\frac{1}{\sqrt{x}} Y_1\big(2\sqrt{x}\big)}_{\varphi_2(x)}.$$

Die Funktionen $\varphi_1(x)$ und $\varphi_2(x)$ sind in Abb. 3.4 dargestellt. Der Winkel φ wird bei $v > 0$ gedämpft und bei $v < 0$ angefacht. Jeder, der einmal Spaghetti auf unfeine Art mit dem Mund eingesogen hat, kennt diese Erscheinung. Abschließend sei noch einmal daran erinnert, daß die Ausgangsdifferentialgleichung (3.2) $\sin\varphi \approx \varphi$ voraussetzt. Daraus folgt, daß bei Bewegungen mit $v < 0$ im Grenzfall $x \to 0$ nicht nur das Ergebnis für $\varphi(x)$, sondern auch das für $q(x)$ seine Gültigkeit verliert. Bei $x = 0$ muß $q = 0$ sein. Die Näherungslösung für die Funktion $\sqrt{x}Y_1\big(2\sqrt{x}\big)$ hat bei $x = 0$ aber den endlichen Wert $b_0/2$.

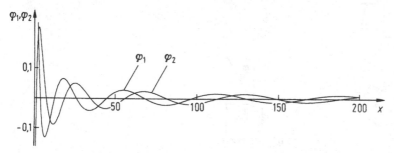

Abb. 3.4. Der Winkelausschlag $\varphi(x)$ ist eine Linearkombination der beiden dargestellten Funktionen

3.2   Periodische Parametererregung

In diesem und in den folgenden Abschnitten werden parametererregte Schwingungen untersucht, die durch eine dimensionslos formulierte Differentialgleichung der Form

$$q'' + p_1(\tau)q' + p_2(\tau)q = 0, \qquad \left. \begin{array}{l} p_1(\tau + \tau_\mathrm{p}) \equiv p_1(\tau), \\ p_2(\tau + \tau_\mathrm{p}) \equiv p_2(\tau) \end{array} \right\} \qquad (3.10)$$

beschrieben werden. Von den Koeffizienten $p_1(\tau)$ und $p_2(\tau)$ wird nur vorausgesetzt, daß sie beliebige stückweise stetige periodische Funktionen mit ein- und derselben Periode τ_p sind. Der Übergang von dimensionsbehafteten Variablen q^* und t zu dimensionslosen Variablen q und τ ist durch die Definitionen $q = q^*/q_0^*$ und $\tau = t/t_0$ mit beliebigen Konstanten q_0^* und t_0 möglich. Gl. (3.10) beschreibt viele technische Systeme.

Beispiel 3.1. Gl. (3.3) ist die linearisierte Differentialgleichung für den horizontalen Ausschlag q eines Pendels mit veränderlicher Länge $\ell(t)$. Wenn $\ell(t)$ eine periodische Funktion der Zeit ist, dann ist auch der Koeffizient von q periodisch. Diese Gleichung muß noch dimensionslos formuliert werden, um die Form (3.10) zu haben. Ende des Beispiels.

Beispiel 3.2. Abb. 3.5a,b zeigt ein hängendes (a) und ein (fast aufrecht) stehendes Pendel (b), dessen Lager in vertikaler Richtung eine vorgegebene Bewegung $u(t)$ ausführt. Man formuliere für beide Pendel eine Bewegungsgleichung für die jeweils mit φ bezeichnete Koordinate. Gegeben sind die Masse m, das Trägheitsmoment J^S bezüglich des Schwerpunkts S und die Länge ℓ. Ein Zeigermeßgerät auf schwingender Unterlage verhält sich wie ein Pendel mit bewegtem Lager. Instabilität führt bei ihm zu fehlerhafter Anzeige.

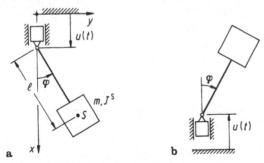

Abb. 3.5. Das hängende (a) und das stehende Pendel (b) mit vorgegebener Bewegung $u(t)$ des Lagers

Lösung: Beim hängenden Pendel hat S im Inertialsystem x, y die Lagekoordinaten $x_\mathrm{S} = u + \ell\cos\varphi$, $y_\mathrm{S} = \ell\sin\varphi$ und die Geschwindigkeitskoordinaten $\dot{x}_\mathrm{S} =$

$\dot{u} - \ell\dot{\varphi}\sin\varphi$, $\dot{y}_S = \ell\dot{\varphi}\cos\varphi$. Damit ist die Lagrangefunktion

$$L = \tfrac{1}{2}J^S\dot{\varphi}^2 + \tfrac{1}{2}m(\dot{x}_S^2 + \dot{y}_S^2) + mgx_S$$
$$= \tfrac{1}{2}J\dot{\varphi}^2 + \tfrac{1}{2}m(\dot{u}^2 - 2\ell\dot{u}\dot{\varphi}\sin\varphi) + mg(u + \ell\cos\varphi)$$

mit $J = J^S + m\ell^2$. Mit ihr erhält man die gesuchte Differentialgleichung:

$$J\ddot{\varphi} + mg\ell(1 - \ddot{u}/g)\sin\varphi = 0.$$

Beim stehenden Pendel muß man φ durch $\pi - \varphi$ und u durch $-u$ ersetzen. Das Ergebnis ist die Gleichung $J\ddot{\varphi} + mg\ell(-1 - \ddot{u}/g)\sin\varphi = 0$. Von besonderem Interesse ist die harmonische Erregung $u(t) = u_0\cos\Omega t$. Wenn man sich in beiden Fällen auf kleine Schwingungen um die jeweilige Gleichgewichtslage beschränkt ($\sin\varphi \approx \varphi$), dann lauten die Gleichungen

$$\ddot{\varphi} + \omega_0^2\left(\pm 1 + \tfrac{u_0\Omega^2}{g}\cos\Omega t\right)\varphi = 0 \qquad \begin{cases} +1 \text{ beim hängenden Pendel} \\ -1 \text{ beim stehenden Pendel.} \end{cases} \qquad (3.11)$$

Darin ist $\omega_0 = \sqrt{mg\ell/J}$ die Eigenkreisfrequenz des hängenden Pendels ohne Erregung des Aufhängepunktes. Wenn man $\tau = \omega_0 t$ oder $\tau = \Omega t$ einführt, dann entsteht eine dimensionslose Differentialgleichung der Form (3.10). Sie heißt *Mathieugleichung*. Sie ist nicht in geschlossener Form lösbar. Das Stabilitätsverhalten der Lösung ist sehr interessant und kompliziert. Es wird in Abschnitt 3.2.5 untersucht.

Der Vergleich von Abb. 3.5 mit Abb. 1.16b zeigt, daß ein und dieselbe Erregung, nämlich die Fußpunkterregung $u(t)$, je nach der Art des mechanischen Systems entweder parametererregte Schwingungen oder erzwungene Schwingungen verursacht. Beide werden unter dem Oberbegriff fremderregte Schwingungen zusammengefaßt. Ende des Beispiels.

3.2.1 Der Satz von Floquet

Nach diesen einführenden Beispielen wird Gl. (3.10) untersucht. Das Ziel sind Aussagen über Eigenschaften der allgemeinen Lösung für beliebige τ_p-periodische Koeffizienten $p_1(\tau)$ und $p_2(\tau)$, insbesondere über Stabilitätseigenschaften. Gl. (3.10) wird als System von 2 Differentialgleichungen 1. Ordnung, also in der Zustandsform, geschrieben. Zu diesem Zweck führt man die neuen Variablen $z_1 = q$ und $z_2 = q'$ ein. Dann ist $z_1' = z_2$, und mit (3.10) ergibt sich $z_2' = -p_1(\tau)z_2 - p_2(\tau)z_1$. Diese Gleichungen 1. Ordnung werden in der Matrixgleichung zusammengefaßt:

$$z' = A(\tau)z. \tag{3.12}$$

Die Definitionen der Matrizen sind

$$z(\tau) = \begin{pmatrix} q(\tau) \\ q'(\tau) \end{pmatrix}, \qquad A(\tau) = \begin{pmatrix} 0 & 1 \\ -p_2(\tau) & -p_1(\tau) \end{pmatrix}. \tag{3.13}$$

Die allgemeine Lösung $z(\tau)$ von (3.12) ist eine Linearkombination von zwei Fundamentallösungen. Als solche können zwei beliebige linear unabhängige

Lösungen $[\,q_1(\tau)\ \ q_1'(\tau)\,]^{\mathrm{T}}$ und $[\,q_2(\tau)\ \ q_2'(\tau)\,]^{\mathrm{T}}$ verwendet werden. Mit ihnen wird die sog. *Fundamentalmatrix* gebildet. Sie ist die 2×2-Matrix

$$\boldsymbol{\Phi}(\tau) = \begin{pmatrix} q_1(\tau) & q_2(\tau) \\ q_1'(\tau) & q_2'(\tau) \end{pmatrix}.$$

Im folgenden sind $z_1(\tau)$ und $z_2(\tau)$ die speziellen Lösungen mit den Anfangsbedingungen

$$z_1(0) = [\,1\ \ 0\,]^{\mathrm{T}}, \qquad z_2(0) = [\,0\ \ 1\,]^{\mathrm{T}}. \tag{3.14}$$

Die mit ihnen gebildete Fundamentalmatrix wird auch $\boldsymbol{\Phi}(\tau)$ genannt. Sie hat den Anfangswert $\boldsymbol{\Phi}(0) = \boldsymbol{I}$:

$$\boldsymbol{\Phi}(\tau) = \Big(\,z_1(\tau)\ \ z_2(\tau)\,\Big), \qquad \boldsymbol{\Phi}(0) = \boldsymbol{I}. \tag{3.15}$$

Mit ihr kann man die allgemeine Lösung $z(\tau) = [\,q(\tau)\ \ q'(\tau)\,]^{\mathrm{T}}$ zu beliebigen Anfangsbedingungen $z(0) = z_0$ in der bequemen Form schreiben:

$$z(\tau) = \boldsymbol{\Phi}(\tau)z_0, \qquad \boldsymbol{\Phi}(0) = \boldsymbol{I}, \qquad z_0 = [\,q(0)\ \ q'(0)\,]^{\mathrm{T}}. \tag{3.16}$$

Man muß allerdings noch beweisen, daß $\boldsymbol{\Phi}(\tau)$ nichtsingulär ist. Andernfalls wären die speziellen Lösungen mit den Anfangsbedingungen (3.14) linear abhängig und als Fundamentallösungen unbrauchbar. Zum Beweis betrachtet man die Determinante von $\boldsymbol{\Phi}(\tau)$, die sog. *Wronskideterminante*

$$W(\tau) = \mathrm{Det}\,\boldsymbol{\Phi}(\tau) = q_1(\tau)q_2'(\tau) - q_2(\tau)q_1'(\tau). \tag{3.17}$$

Sie hat die Ableitung $W' = q_1q_2'' - q_2q_1''$. Da q_1 und q_2 Lösungen der Differentialgleichung (3.10) sind, ist $q_i'' = -p_1q_i' - p_2q_i$ $(i = 1, 2)$. Damit ergibt sich

$$W' = -q_1(p_1q_2' + p_2q_2) + q_2(p_1q_1' + p_2q_1) = -p_1(q_1q_2' - q_2q_1')$$

oder schließlich $W' = -p_1(\tau)W$. Das ist eine Differentialgleichung für W. Sie hat die Lösung

$$W(\tau) = \mathrm{Det}\,\boldsymbol{\Phi}(\tau) = W(0)\exp\Big(-\int_0^\tau p_1(\bar{\tau})\,\mathrm{d}\bar{\tau}\Big). \tag{3.18}$$

Daraus folgt: Wenn $W(0) \neq 0$ ist, dann ist $W(\tau) \neq 0$ für alle τ. Mit den speziellen Lösungsfunktionen von Gl. (3.15) ist $W(0) = 1$. Sie sind also als Fundamentallösungen zulässig.

Die Fundamentalmatrix hat außer den schon genannten noch weitere wichtige Eigenschaften. Da jede ihrer beiden Spalten die Differentialgleichung (3.12) erfüllt, erfüllt auch sie selbst die Differentialgleichung:

$$\boldsymbol{\Phi}' = \boldsymbol{A}(\tau)\boldsymbol{\Phi}. \tag{3.19}$$

Zum Beweis setzt man den Ausdruck (3.15) in (3.19) ein und multipliziert die rechte Seite aus.

Auch $\Phi(\tau + \tau_\mathrm{p})$ erfüllt die Differentialgleichung (3.12). Um das zu sehen, braucht man diesen Ausdruck nur einzusetzen, die Periodizitätseigenschaft $A(\tau) \equiv A(\tau + \tau_\mathrm{p})$ zu beachten und $(\tau + \tau_\mathrm{p})$ wieder in τ umzubenennen.

Ebenso überzeugt man sich durch Einsetzen, daß auch der Ausdruck $\Phi(\tau)\Phi(\tau_\mathrm{p})$ die Differentialgleichung (3.12) erfüllt. Da überdies $\Phi(\tau + \tau_\mathrm{p})$ und $\Phi(\tau)\Phi(\tau_\mathrm{p})$ denselben Anfangswert für $\tau = 0$ haben, nämlich $\Phi(\tau_\mathrm{p})$, gilt wegen der Eindeutigkeit von Lösungen die Identität

$$\Phi(\tau + \tau_\mathrm{p}) \equiv \Phi(\tau)\Phi(\tau_\mathrm{p}). \tag{3.20}$$

Die Matrix $\Phi(\tau_\mathrm{p})$ wird *Monodromiematrix* genannt (mono = einmal, dromos = Lauf, also Matrix nach Durchlauf einer Periode). Aus (3.20) und (3.16) ergibt sich für das Verhalten der allgemeinen Lösung der Differentialgleichung bei Zuwachs der Zeit um eine Periode die Identität

$$z(\tau + \tau_\mathrm{p}) \equiv \Phi(\tau)\Phi(\tau_\mathrm{p})z_0. \tag{3.21}$$

Sie ist die Grundlage für effiziente numerische Lösungsverfahren der Differentialgleichung bei vorgegebenen Anfangswerten z_0. Sie ist auch die Grundlage für den Beweis des Satzes von Floquet. Dieser macht folgende Aussage.

Satz: Die allgemeine Lösung $z(\tau)$ von (3.12) enthält i. allg. zwei linear unabhängige Lösungen $y_1(\tau)$ und $y_2(\tau)$ mit den Eigenschaften

$$y_i(\tau + \tau_\mathrm{p}) \equiv s_i\, y_i(\tau) \qquad (i = 1, 2) \tag{3.22}$$

und in Sonderfällen zwei linear unabhängige Lösungen $y_1(\tau)$ und $y_2(\tau)$ mit den Eigenschaften

$$y_1(\tau + \tau_\mathrm{p}) \equiv s\, y_1(\tau), \tag{3.23}$$

$$y_2(\tau + \tau_\mathrm{p}) \equiv s[y_1(\tau) + y_2(\tau)]. \tag{3.24}$$

Dabei sind s_1 und s_2 die voneinander verschiedenen Wurzeln und s die Doppelwurzel einer *charakteristischen quadratischen Gleichung*, die der Differentialgleichung zugeordnet ist. Die Wurzeln sind $\neq 0$. In (3.22) können die Wurzeln und die Funktionen $y_1(\tau)$ und $y_2(\tau)$ konjugiert komplex sein.

Die praktische Bedeutung dieses Satzes liegt vor allem darin, daß die Wurzeln s_1 und s_2 bzw. s über die Stabilität der allgemeinen Lösung entscheiden. Einfache Stabilitätskriterien werden im nächsten Abschnitt formuliert. Zunächst wird der Satz bewiesen. Dabei wird die charakteristische quadratische Gleichung angegeben.

Beweis: Man beweist zunächst die Behauptung, daß es mindestens eine Lösung $z(\tau)$ von (3.12) mit der Eigenschaft $z(\tau + \tau_\mathrm{p}) \equiv sz(\tau)$ mit $s \neq 0$

gibt. Auf der linken Seite setzt man (3.21) und auf der rechten (3.16) ein und erhält die Identität

$$\Phi(\tau)\Phi(\tau_p)z_0 \equiv s\Phi(\tau)z_0. \tag{3.25}$$

Sie liegt genau dann vor, wenn

$$[\Phi(\tau_p) - sI]z_0 = 0 \tag{3.26}$$

ist. Das ist ein Eigenwertproblem mit Eigenwerten s und Eigenvektoren z_0 der Monodromiematrix $\Phi(\tau_p)$. Die Eigenwerte sind die Wurzeln der Gleichung Det $[\Phi(\tau_p) - sI] = 0$ oder ausführlich

$$s^2 - s[q_1(\tau_p) + q_2'(\tau_p)] + \text{Det}\,\Phi(\tau_p) = 0. \tag{3.27}$$

Das ist die oben angekündigte charakteristische quadratische Gleichung. Zwischen den Wurzeln und den Koeffizienten der Gleichung bestehen nach den Vietaschen Wurzelsätzen die Beziehungen (s. Gl. (3.18))

$$s_1 + s_2 = q_1(\tau_p) + q_2'(\tau_p), \quad s_1 s_2 = \text{Det}\,\Phi(\tau_p) = \exp\left(-\int_0^{\tau_p} p_1(\tau)\,d\tau\right). \tag{3.28}$$

Aus der zweiten Beziehung folgt, daß beide Eigenwerte ungleich null sind. Damit ist die Existenz wenigstens einer Lösung mit der Eigenschaft $z(\tau + \tau_p) \equiv sz(\tau)$ $(s \neq 0)$ schon bewiesen. Die übrigen Aussagen des Floquetschen Satzes ergeben sich aus elementaren Eigenschaften der Eigenvektoren von Gl. (3.26) im allgemeinen Fall $s_1 \neq s_2$ und im Sonderfall $s_1 = s_2$.

Der allgemeine Fall $s_1 \neq s_2$: Es gibt zwei voneinander linear unabhängige Eigenvektoren z_{01} und z_{02}. Sie definieren zwei linear unabhängige Lösungen $y_1(\tau) = \Phi(\tau)z_{01}$ und $y_2(\tau) = \Phi(\tau)z_{02}$ mit den Eigenschaften (3.22).

Der Sonderfall $s_1 = s_2$: Zur Vereinfachung der Schreibweise seien die Elemente der Monodromiematrix $\Phi(\tau_p)$ jetzt wie folgt bezeichnet:

$$\Phi(\tau_p) = \begin{pmatrix} q_1(\tau_p) & q_2(\tau_p) \\ q_1'(\tau_p) & q_2'(\tau_p) \end{pmatrix} = \begin{pmatrix} c_{11} & c_{12} \\ c_{21} & c_{22} \end{pmatrix}. \tag{3.29}$$

Die notwendige Bedingung für eine Doppelwurzel von Gl. (3.27) und die Doppelwurzel $s_1 = s_2 = s$ selbst haben die Formen

$$(c_{11} - c_{22})^2 = -4c_{12}c_{21}, \quad s = (c_{11} + c_{22})/2. \tag{3.30}$$

Man muß drei Fälle unterscheiden, und zwar Fall I) $c_{12} = c_{21} = 0$, Fall II) $c_{12} \neq 0$, c_{21} beliebig und Fall III) $c_{21} \neq 0$, c_{12} beliebig.

Fall I: $c_{12} = c_{21} = 0$. Aus (3.30) folgt $c_{11} = c_{22}$. Die Monodromiematrix ist also ein Vielfaches der Einheitsmatrix. In diesem Fall ist (3.26) für alle Vektoren z_0 erfüllt. Mit anderen Worten: Jede Lösung $\Phi(\tau)z_0$ der Differentialgleichung hat die Eigenschaft (3.23).

Fall II: $c_{12} \neq 0$. Zum Eigenwert s wird aus (3.26) der Eigenvektor $z_0 = [c_{12} \quad s - c_{11}]^T$ berechnet. Die zugehörige Lösung $y_1(\tau) = \Phi(\tau)z_0$ hat die Eigenschaft (3.23). Mit dem Ausdruck (3.15) für $\Phi(\tau)$ ist

$$y_1(\tau) = c_{12}z_1(\tau) + (s - c_{11})z_2(\tau). \tag{3.31}$$

Eine weitere, linear unabhängige Lösung $y_2(\tau)$ mit der Eigenschaft $y_2(\tau + \tau_p) \equiv s\, y_2(\tau)$ existiert nicht. Der Satz von Floquet behauptet, daß es eine von $y_1(\tau)$ linear unabhängige Lösung $y_2(\tau)$ mit der Eigenschaft (3.24) gibt. Im folgenden wird bewiesen, daß

$$y_2(\tau) = sz_2(\tau) = s\Phi(\tau)[0 \ 1]^T$$

diese Lösung ist. Zunächst einmal sind $y_1(\tau)$ und $y_2(\tau)$ in der Tat linear unabhängig, denn die Wronskideterminante (3.17) zu diesen beiden Lösungen hat den Anfangswert $W(0) = sc_{12} \neq 0$. Mit (3.21), (3.20) und (3.15) ergibt sich

$$y_2(\tau + \tau_p) = s\big(\, z_1(\tau) \quad z_2(\tau)\,\big)\Phi(\tau_p)[0 \ 1]^T = s[c_{12}z_1(\tau) + c_{22}z_2(\tau)]$$

oder mit $c_{22} = 2s - c_{11}$ und mit (3.31)

$$y_2(\tau + \tau_p) = s[c_{12}z_1(\tau) + (s - c_{11})z_2(\tau) + sz_2(\tau)] = s[y_1(\tau) + y_2(\tau)].$$

Das ist die Eigenschaft (3.24).

Fall III: $c_{21} \neq 0$. Leichte Modifikationen der Argumentation im Fall II führen zu den linear unabhängigen Lösungen $y_1(\tau) = (s - c_{22})z_1(\tau) + c_{21}z_2(\tau)$ und $y_2(\tau) = sz_1(\tau)$ und zu der Aussage, daß sie die Eigenschaften (3.23) und (3.24) haben. Damit ist der Satz von Floquet vollständig bewiesen.

Aus den Eigenschaften (3.22) bis (3.24) der Lösungsfunktionen $y_1(\tau)$ und $y_2(\tau)$ ergeben sich weitere Eigenschaften. Sei s_i eine Wurzel oder Doppelwurzel, und sei $y_i(\tau)$ die zugehörige Funktion mit der Eigenschaft (3.22). Man definiert die Funktion $u_i(\tau) = \mathrm{e}^{-\lambda_i\tau}y_i(\tau)$ mit einer Zahl λ_i, die durch die Gleichung $\mathrm{e}^{\lambda_i\tau_p} = s_i$ definiert ist. Die Funktion hat wegen (3.22) die Eigenschaft

$$u_i(\tau + \tau_p) = \mathrm{e}^{-\lambda_i\tau}\mathrm{e}^{-\lambda_i\tau_p}y_i(\tau + \tau_p) \equiv \mathrm{e}^{-\lambda_i\tau}\frac{1}{s_i}s_iy_i(\tau) = u_i(\tau). \tag{3.32}$$

Sie ist also τ_p-periodisch. Damit ergibt sich folgende Aussage. Die Funktionen in (3.22) und (3.23) haben die Form $y_i(\tau) = \mathrm{e}^{\lambda_i\tau}u_i(\tau)$ mit Konstanten λ_i und mit τ_p-periodischen Funktionen $u_i(\tau)$.

Im Zusammenhang mit reellen Wurzeln $s_i < 0$ und mit konjugiert komplexen Wurzeln ist ein Kommentar zu dieser Aussage angebracht. Sei zunächst s_i eine reelle Wurzel. In der schon definierten Funktion $u_i(\tau) = \mathrm{e}^{-\lambda_i\tau}y_i(\tau)$ sei jetzt die Größe λ_i durch $\mathrm{e}^{\lambda_i\tau_p} = |s_i|$ definiert, damit sie reell ist. Dann nimmt Gl. (3.32) die Form an: $u_i(\tau + \tau_p) \equiv$ $\mathrm{e}^{-\lambda_i \tau} \frac{1}{|s_i|} s_i y_i(\tau) = u_i(\tau) \operatorname{sign} s_i$. Aus der Identität $u_i(\tau + \tau_p) \equiv -u_i(\tau)$ im Fall $s_i < 0$ folgt $u_i(\tau + 2\tau_p) \equiv u_i(\tau)$. Dieser Schluß ist aber nicht umkehrbar. Also ist $u_i(\tau)$ im Fall $s_i > 0$ eine τ_p-periodische Funktion und im Fall $s_i < 0$ eine $2\tau_p$-periodische Funktion mit der Eigenschaft $u_i(\tau + \tau_p) \equiv -u_i(\tau)$. Beispiele für $2\tau_p$-periodische Funktionen dieser Art sind $\cos \tau$ und $\sin \tau$ mit $\tau_p = \pi$. Zusammenfassend ist festzustellen: Im Fall reeller Wurzeln haben die Funktionen in (3.22) und (3.23) die Form $y_i(\tau) = \mathrm{e}^{\lambda_i \tau} u_i(\tau)$ mit reellen Konstanten λ_i und mit entweder τ_p-periodischen oder speziellen $2\tau_p$-periodischen, reellen Funktionen $u_i(\tau)$.

Zu konjugiert komplexen Wurzeln s_1, s_2 gehören konjugiert komplexe Funktionen $y_{1,2}(\tau) = U(\tau) \pm \mathrm{i} V(\tau)$ und konjugiert komplexe Zahlen $\lambda_{1,2} = \alpha \pm \mathrm{i}\beta$. In einer reellen Darstellung taucht infolge der Beziehung $\mathrm{e}^{\lambda \tau} = \mathrm{e}^{\alpha \tau}(\cos \beta \tau \pm \mathrm{i} \sin \beta \tau)$ die Periode $2\pi/\beta$ zusätzlich zur Periode τ_p auf. Die Folge ist, daß die reellen Funktionen $U(\tau)$ und $V(\tau)$ i. allg. nicht in der Form $\mathrm{e}^{\alpha \tau} u_i(\tau)$ mit periodischen Funktionen $u_i(\tau)$ darstellbar sind. Dieses Problem existiert in den Fällen $\beta = 0$ und $\beta = \pi$ nicht. Das sind die oben behandelten Fälle von reellen Wurzeln $s_i > 0$ bzw. $s_i < 0$.

Jetzt wird noch gezeigt, welche Schlüsse man aus der Eigenschaft (3.24) ziehen kann. Die Doppelwurzel s ist stets reell, so daß die Funktionen $y_1(\tau)$ und $y_2(\tau)$ reell sind. Nach dem vorher Gesagten hat $y_1(\tau)$ die Darstellung $\mathrm{e}^{\lambda \tau} u_1(\tau)$ mit $\mathrm{e}^{\lambda \tau_p} = |s|$ und $u_1(\tau + \tau_p) \equiv u_1(\tau) \operatorname{sign} s$. Analog zu $u_1(\tau)$ wird die Funktion

$$v(\tau) = \mathrm{e}^{-\lambda \tau} y_2(\tau) \tag{3.33}$$

definiert. Sie hat wegen (3.24) die Eigenschaft

$$v(\tau + \tau_p) \equiv \mathrm{e}^{-\lambda \tau} \mathrm{e}^{-\lambda \tau_p} y_2(\tau + \tau_p) = \mathrm{e}^{-\lambda \tau} \frac{1}{|s|} s[y_1(\tau) + y_2(\tau)]$$

$$= [u_1(\tau) + v(\tau)] \operatorname{sign} s. \tag{3.34}$$

Eine weitere Funktion $u_2(\tau)$ wird definiert durch die Gleichung

$$u_2(\tau) = v(\tau) - \frac{\tau}{\tau_p} u_1(\tau). \tag{3.35}$$

Sie hat wegen (3.34) und wegen der Periodizität von $u_1(\tau)$ die Eigenschaft

$$u_2(\tau + \tau_p) = [u_1(\tau) + v(\tau)] \operatorname{sign} s - \frac{\tau + \tau_p}{\tau_p} u_1(\tau) \operatorname{sign} s$$

$$= \left[v(\tau) - \frac{\tau}{\tau_p} u_1(\tau) \right] \operatorname{sign} s = u_2(\tau) \operatorname{sign} s.$$

Das ist dieselbe Eigenschaft, die auch $u_1(\tau)$ hat. Aus (3.33) und (3.35) ergibt sich also für $y_2(\tau)$ die reelle Darstellung

$$y_2(\tau) = \mathrm{e}^{\lambda \tau} \left[\frac{\tau}{\tau_p} u_1(\tau) + u_2(\tau) \right] \tag{3.36}$$

mit periodischen Funktionen $u_1(\tau)$ und $u_2(\tau)$. Damit ist die Diskussion von Eigenschaften der Lösungsfunktionen abgeschlossen.

Im Zusammenhang mit diesen Eigenschaften ist der folgende Satz interessant, der den Satz von Floquet umkehrt.

Satz: a) Zu zwei beliebigen 2mal differenzierbaren, reellen, τ_p-periodischen Funktionen $u_1(\tau)$ und $u_2(\tau)$ und zu zwei beliebigen reellen Konstanten λ_1 und λ_2 gibt es eine reelle Differentialgleichung $q'' + p_1(\tau)q' + p_2(\tau)q = 0$ mit entweder τ_p-periodischen oder $(\tau_\mathrm{p}/2)$-periodischen Koeffizienten $p_1(\tau)$ und $p_2(\tau)$, deren allgemeine Lösung die Funktion $q(\tau) = C_1 e^{\lambda_1 \tau} u_1(\tau) + C_2 e^{\lambda_2 \tau} u_2(\tau)$ mit beliebigen Konstanten C_1 und C_2 ist.

b) Zu zwei beliebigen 2mal differenzierbaren, reellen τ_p-periodischen Funktionen $u_1(\tau)$ und $u_2(\tau)$ und zu einer beliebigen reellen Konstanten λ gibt es eine reelle Differentialgleichung derselben Form, deren allgemeine Lösung die Funktion $q(\tau) = e^{\lambda \tau}\{C_1 u_1(\tau) + C_2[\tau u_1(\tau) + u_2(\tau)]\}$ mit beliebigen Konstanten C_1 und C_2 ist.

Zum Beweis werden $p_1(\tau)$ und $p_2(\tau)$ explizit berechnet. Zunächst der Fall (a). Man bildet q' und q'' und den Ausdruck $q'' + p_1 q' + p_2 q$ mit unbestimmten Funktionen p_1 und p_2. Er ist eine Linearkombination von $e^{\lambda_1 \tau}$ und $e^{\lambda_2 \tau}$. Aus der Bedingung, daß die beiden Koeffizienten identisch null sind, ergeben sich zwei inhomogene, lineare Gleichungen für $p_1(\tau)$ und $p_2(\tau)$. Ihre Lösungen sind die gesuchten Koeffizienten:

$$p_1(\tau) = \frac{-u_2(\lambda_1^2 u_1 + 2\lambda_1 u_1' + u_1'') + u_1(\lambda_2^2 u_2 + 2\lambda_2 u_2' + u_2'')}{u_2(\lambda_1 u_1 + u_1') - u_1(\lambda_2 u_2 + u_2')},$$

$$p_2(\tau) = \frac{(\lambda_2 u_2 + u_2')(\lambda_1^2 u_1 + 2\lambda_1 u_1' + u_1'') - (\lambda_1 u_1 + u_1')(\lambda_2^2 u_2 + 2\lambda_2 u_2' + u_2'')}{u_2(\lambda_1 u_1 + u_1') - u_1(\lambda_2 u_2 + u_2')}.$$

Die Periodizität der Funktionen ergibt sich aus den Ausführungen weiter oben. Offensichtlich können die Nennerausdrücke an einzelnen Stellen und sogar identisch verschwinden. Auf die Angabe von Bedingungen dafür, daß dies nicht eintritt, wird hier verzichtet.

Im Fall (b) ist die entsprechende Bedingung, daß die Koeffizienten von $C_1 e^{\lambda \tau}$, von $C_2 e^{\lambda \tau}$ und von $C_2 \tau e^{\lambda \tau}$ identisch null sind. Eine einfache Rechnung zeigt, daß von diesen drei Bedingungsgleichungen nur zwei unabhängig sind. Ihre Lösungen sind die gesuchten Koeffizienten:

$$p_1(\tau) = -2\lambda - \frac{\frac{\mathrm{d}}{\mathrm{d}\tau}(u_1^2 + u_1 u_2' - u_1' u_2)}{u_1^2 + u_1 u_2' - u_1' u_2} = -2\lambda - \frac{\mathrm{d}}{\mathrm{d}\tau} \ln(u_1^2 + u_1 u_2' - u_1' u_2),$$

$$p_2(\tau) = -\lambda[p_1(\tau) + \lambda] + \frac{u_1'(u_1' + u_2'') - u_1''(u_1 + u_2') + u_1'^2}{u_1^2 + u_1 u_2' - u_1' u_2}.$$

Ende des Beweises.

3.2.2 Stabilitätskriterien

Nach dem Satz von Floquet ist die allgemeine Lösung der Differentialgleichung (3.12) als Linearkombination zweier Funktionen $y_1(\tau)$ und $y_2(\tau)$ darstellbar, die entweder die Eigenschaften (3.22) oder die Eigenschaften (3.23) und (3.24) haben. Über die Stabilität der allgemeinen Lösung entscheidet der größere der beiden Beträge $|s_1|$ und $|s_2|$. Tabelle 3.2 stellt die Stabilitätskriterien zusammen. Die Merkmale der Fälle II und III sind im Beweis des Satzes von Floquet erklärt: Doppelwurzel s; c_{12} und c_{21} nicht zugleich null.

Tabelle 3.2. Stabilitätskriterien

	$|s_2| < 1$	$|s_2| = 1$	$|s_2| > 1$
$|s_1| < 1$	asympt. stabil	grenzstabil	instabil
$|s_1| = 1$	grenzstabil	Fall II,III: instabil sonst: grenzstabil	instabil
$|s_1| > 1$	instabil	instabil	instabil

Zwischen den Wurzeln s_1 und s_2 bestehen die Beziehungen (3.28). Viele praktisch wichtige Gleichungen zeichnen sich durch die Eigenschaft $p_1(\tau) \equiv 2D = \text{const.}$ aus. Bei ihnen haben die Gln. (3.28) die Formen

$$s_1 + s_2 = q_1(\tau_{\mathrm{p}}) + q_2'(\tau_{\mathrm{p}}), \qquad s_1 s_2 = \begin{cases} e^{-2D\tau_{\mathrm{p}}} & (p_1 \equiv 2D) \\ 1 & (p_1 \equiv 0). \end{cases} \qquad (3.37)$$

Die Mathieugleichung (3.11) und andere Gleichungen haben außer der Eigenschaft $p_1 \equiv 0$ auch noch die Eigenschaft, daß $p_2(\tau)$ eine gerade Funktion ist. Dann ist, wie weiter unten bewiesen wird,

$$q_2'(\tau_{\mathrm{p}}) = q_1(\tau_{\mathrm{p}}) \qquad \text{oder} \qquad c_{22} = c_{11}. \qquad (3.38)$$

Die Gln. (3.37) nehmen dann die besonders einfachen Formen an:

$$s_1 + s_2 = 2q_1(\tau_{\mathrm{p}}), \qquad s_1 s_2 = 1 \qquad (p_1 \equiv 0,\ p_2 \text{ ger. Fkt.}). \qquad (3.39)$$

Zum Beweis für (3.38) betrachte man die Funktion $q_1^*(\tau) = q_1(-\tau)$. Sie erfüllt offensichtlich sowohl die Anfangsbedingungen von $q_1(\tau)$ als auch die Differentialgleichung $q^{*\prime\prime} + p_2(\tau)q^* = 0$, wenn p_2 eine gerade Funktion ist. Folglich ist $q_1^*(\tau)$ mit $q_1(\tau)$ identisch. Das bedeutet, daß $q_1(\tau)$ eine gerade Funktion ist. Dann ist $q_1'(\tau)$ eine ungerade Funktion. Als nächstes betrachte man die Funktion $q_2^*(\tau) = -q_2(-\tau)$. Sie erfüllt sowohl die Anfangsbedingungen von $q_2(\tau)$ als auch die Differentialgleichung, wenn p_2 eine gerade Funktion ist. Folglich ist sie mit $q_2(\tau)$ identisch. Das bedeutet, daß $q_2(\tau)$ eine ungerade Funktion ist. Dann ist $q_2'(\tau)$ eine gerade Funktion. Aus (3.29) ergibt sich die erste der folgenden Gleichungen. Die zweite ist eine Wiederholung von (3.29).

$$\Phi(-\tau_{\mathrm{p}}) = \begin{pmatrix} c_{11} & -c_{12} \\ -c_{21} & c_{22} \end{pmatrix}, \qquad \Phi(\tau_{\mathrm{p}}) = \begin{pmatrix} c_{11} & c_{12} \\ c_{21} & c_{22} \end{pmatrix}.$$

Gl. (3.20) nimmt mit $\tau = -\tau_p$ die Form $I = \Phi(-\tau_p)\Phi(\tau_p)$ an oder $\Phi(-\tau_p) = [\Phi(\tau_p)]^{-1}$. Das ist die Gleichung

$$\begin{pmatrix} c_{11} & -c_{12} \\ -c_{21} & c_{22} \end{pmatrix} = \begin{pmatrix} c_{22} & -c_{12} \\ -c_{21} & c_{11} \end{pmatrix},$$

denn aus (3.18) folgt wegen $p_1 \equiv 0$, daß $\mathrm{Det}\,\Phi(\tau_p) = W(0) = 1$ ist. Damit ist (3.38) bewiesen. Die Gln. (3.37) und (3.39) werden bei nichtnumerischen Stabilitätsanalysen in Abschnitt 3.2.4 verwendet.

3.2.3 Numerische Lösungen

Eine typische praktische Aufgabe lautet: Gegeben sind eine Differentialgleichung $q'' + p_1(\tau)q' + p_2(\tau)q = 0$ mit τ_p-periodischen Koeffizienten sowie Anfangsbedingungen $q(0) = q_0$, $q'(0) = q_0'$. Durch numerische Integration berechne man die Lösung $q(\tau)$ in einem gewissen Intervall $0 \leq \tau \leq \tau_1$. Außerdem stelle man die Stabilitätseigenschaften der allgemeinen Lösung für beliebige Anfangsbedingungen fest.

Numerische Integrationsroutinen für Differentialgleichungen setzen stets die Zustandsform (3.12) der Differentialgleichung voraus. Man kann diese Gleichung mit den gegebenen Anfangsbedingungen $z(0) = [q_0 \ \ q_0']^T$ im Intervall $0 \leq \tau \leq \tau_1$ numerisch integrieren. Für den ersten Teil der Aufgabe es aber zweckmäßiger und für den zweiten sogar notwendig, wie folgt vorzugehen. Man berechnet durch numerische Integration zunächst die Lösungen $z_1(\tau)$ und $z_2(\tau)$ zu den speziellen Anfangsbedingungen $z_1(0) = [1 \ \ 0]^T$ bzw. $z_2(0) = [0 \ \ 1]^T$, und zwar nur im Intervall $0 \leq \tau \leq \tau_p$. Mit diesen Lösungen hat man die Fundamentalmatrix $\Phi(\tau)$ von Gl. (3.15) im selben Intervall und insbesondere die Monodromiematrix $\Phi(\tau_p)$. Mit der Monodromiematrix berechnet man aus Gl. (3.27) die Wurzeln s_1 und s_2. Sie bestimmen nach Tabelle 3.2 die Stabilitätseigenschaften der allgemeinen Lösung. Die Lösung zu den gegebenen Anfangsbedingungen $z(0) = [q_0 \ \ q_0']^T$ ist nach Gl. (3.16) $z(\tau) = \Phi(\tau)z_0$. Funktionswerte für $\tau > \tau_p$ werden nicht durch Fortsetzung der numerischen Integration berechnet, sondern durch Multiplikation aus Gl. (3.21): $z(\tau + \tau_p) \equiv \Phi(\tau)\Phi(\tau_p)z_0 = \Phi(\tau)z(\tau_p)$. Wegen der Beschränkung der Integration auf eine einzige Periode ist der Rechenaufwand klein.

Die Schilderung des Lösungsverfahrens zeigt, daß man die für den Floquetschen Satz so wichtigen Funktionen $y_1(\tau)$ und $y_2(\tau)$ mit den Eigenschaften (3.22) bis (3.24) nicht berechnen muß. Mit Ausnahme der evtl. komplexen Wurzeln s_1 und s_2 ist die gesamte Rechnung reell.

Beispiel 3.3. Gegeben ist die Differentialgleichung

$$q'' + \frac{2\cos 2\tau}{10 - \sin 2\tau}\, q' + \frac{970 + 101\sin 2\tau}{100(10 - \sin 2\tau)}\, q = 0. \tag{3.40}$$

Man untersuche die Stabilitätseigenschaft ihrer Lösungen.
Lösung: Die Koeffizienten der Differentialgleichung haben die Periode π. Numerische Integrationen mit den Anfangsbedingungen $[1 \ \ 0]^T$ und $[0 \ \ 1]^T$ liefern die

Funktionen $z_i(\tau)$ $(i = 1, 2)$ im Intervall $0 \leq \tau \leq \pi$. Mit den Zahlenwerten bei $\tau = \pi$ erhält man die Monodromiematrix und die Wurzeln der charakteristischen quadratischen Gl. (3.27):

$$\boldsymbol{\Phi}(\tau_{\mathrm{p}}) \approx \begin{pmatrix} -1,369 & 0 \\ -0,064 & -0,730 \end{pmatrix}, \qquad \begin{array}{l} s_1 \approx -1,369 \\ s_2 \approx -0,730. \end{array}$$

Wegen $|s_1| > 1$ ist die allgemeine Lösung der Differentialgleichung instabil.

Diese numerischen Ergebnisse sind überprüfbar. Die Differentialgleichung wurde nämlich mit Hilfe des Satzes, der den Satz von Floquet umkehrt, so konstruiert, daß ihre allgemeine Lösung eine Linearkombination der Funktionen $y_1(\tau) = \mathrm{e}^{+\tau/10} \cos \tau$ und $y_2(\tau) = \mathrm{e}^{-\tau/10} \sin \tau$ ist. Sie haben die in Gl. (3.22) angegebene Eigenschaft $y_1(\tau + \pi) \equiv s_1 y_1(\tau)$, $y_2(\tau + \pi) \equiv s_2 y_2(\tau)$ mit $s_1 = -\mathrm{e}^{+\pi/10}$ und $s_2 = -\mathrm{e}^{-\pi/10}$. Das sind die oben berechneten Wurzeln. Hier liegt der früher diskutierte Fall vor, daß die Periode der Faktoren $\cos \tau$ und $\sin \tau$ in den Lösungen doppelt so groß ist wie die Periode der Koeffizienten in der Differentialgleichung. Obwohl man bei numerischen Rechnungen die Funktionen $y_1(\tau)$ und $y_2(\tau)$ gar nicht benötigt, kann man sie natürlich berechnen. Im vorliegenden Fall sind sie reell. Die Monodromiematrix hat die Eigenvektoren $z_{01} = [\, 1 \quad 1/10 \,]^{\mathrm{T}}$ und $z_{02} = [\, 0 \quad 1 \,]^{\mathrm{T}}$. Der Beweis des Floquetschen Satzes hat gezeigt, daß die Funktionen $\boldsymbol{\Phi}(\tau) z_{0i}(\tau)$ $(i = 1, 2)$ Vielfache der Funktionen $\mathrm{e}^{+\tau/10} \cos \tau$ und $\mathrm{e}^{-\tau/10} \sin \tau$ sind. Hier wurden die Eigenvektoren so normiert, daß die Faktoren 1 sind. Ende des Beispiels.

3.2.4   Stabilitätsgrenzen

Die periodischen Koeffizienten $p_1(\tau)$ und $p_2(\tau)$ einer Differentialgleichung enthalten i. allg. eine gewisse Anzahl von Parametern. Man stelle sich ein kartesisches Koordinatensystem mit ebensovielen Dimensionen vor, wie Parameter vorhanden sind. Auf jeder Koordinatenachse wird ein Parameter aufgetragen. In einem gewissen Parametergebiet in dem so definierten Raum ist die Lösung stabil (asymptotisch stabil oder grenzstabil) und im Rest des Raums ist sie instabil. Man nennt diese beiden Gebiete das Stabilitätsgebiet und das Instabilitätsgebiet und die Grenzfläche zwischen ihnen die *Stabilitätsgrenze*. Im Fall von zwei Parametern ist die Stabilitätsgrenze eine Linie in einem Diagramm, das *Stabilitätskarte* genannt wird.

Eine Stabilitätskarte kann mit numerischen Methoden wie folgt berechnet werden. Seien λ und γ die beiden Parameter, und sei $\lambda_{\min} \leq \lambda \leq \lambda_{\max}$, $\gamma_{\min} \leq \gamma \leq \gamma_{\max}$ das interessierende Gebiet im λ, γ-Diagramm. In einer äußeren Schleife für γ und einer inneren für λ mit hinreichend feiner Unterteilung berechnet man nach Abschnitt 3.2.3 für jede Parameterkombination (λ, γ) die über Stabilität entscheidende Größe $|s|_{\max}$. Wenn zwei aufeinanderfolgende Punkte (λ_1, γ) und (λ_2, γ) im Stabilitätsgebiet liegen, plottet man die Verbindungslinie der beiden Punkte. Das Ergebnis der Rechnung ist die Stabilitätskarte mit schraffiertem Stabilitätsgebiet. Man kann das Programm so schreiben, daß es als Eingabedaten nur die beiden Funktionen $p_1(\lambda, \gamma)$ und $p_2(\lambda, \gamma)$ sowie die Eckwerte $\lambda_{\min}, \lambda_{\max}, \gamma_{\min}, \gamma_{\max}$ und die Feinheit der Teilung benötigt.

Beispiel 3.4. In Gl. (3.3) für den horizontalen Ausschlag q des Pendels mit veränderlicher Länge sei $\ell(t) = \ell_0(1 + \gamma\cos\Omega t)$ mit Konstanten ℓ_0, Ω und $0 < \gamma < 1$. Mit den Größen $y = q/\ell_0$, $\tau = \Omega t$ und $\lambda = g/(\ell_0\Omega^2)$ entsteht eine dimensionslose Differentialgleichung für y. Wenn man Dämpfung hinzufügt, hat sie die Form

$$y'' + 2Dy' + \frac{\lambda + \gamma\cos\tau}{1 + \gamma\cos\tau}\, y = 0.$$

Abb. 3.6 zeigt die numerisch berechnete Stabilitätskarte im λ, γ-Diagramm im Bereich $0 < \lambda < 2{,}5$ und $0 < \gamma < 0{,}99$ für $D = 0{,}001$. Das Instabilitätsgebiet in der Umgebung von $\lambda = 1/4$ ist leicht zu erklären. Bei $\lambda = 1/4$ ist die Erregerkreisfrequenz $\Omega = 2\sqrt{g/\ell_0}$, d.h. das Doppelte der Eigenkreisfrequenz eines Pendels mit der konstanten Länge ℓ_0. Bei dieser Erregerkreisfrequenz wird die Masse jedesmal nach oben bzw. nach unten beschleunigt, wenn sich das Pendel mit konstanter Länge von rechts oder von links zur Gleichgewichtslage hinbewegt bzw. sich von ihr wegbewegt. Die dabei auftretenden Trägheitskräfte wirken in jeder Phase der Bewegung anfachend. Ende des Beispiels.

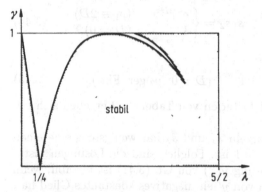

Abb. 3.6. Stabilitätskarte des Pendels mit periodisch veränderlicher Länge

Im folgenden werden analytische Näherungen für Stabilitätsgrenzen entwickelt. Wir beginnen mit der dimensionslosen Differentialgleichung

$$y'' + [2D + \hat{p}_1(\tau)]y' + \hat{p}_2(\tau)y = 0. \tag{3.41}$$

Die unabhängige Variable heißt y, weil die Bezeichnung q für eine andere Variable weiter unten reserviert wird. Der Koeffizient von y' ist bereits so aufgespalten, daß $2D$ das konstante Glied seiner Fourierreihe ist. Die Größen D, $\hat{p}_1(\tau)$ und $\hat{p}_2(\tau)$ sind i. allg. von den genannten Parametern abhängig. Die neue Variable q wird durch die Gleichung definiert:

$$y = q\exp\left[-\tfrac{1}{2}\int_0^\tau \hat{p}_1(\bar{\tau})\,d\bar{\tau}\right]. \tag{3.42}$$

Differentiation ergibt

$$y' = (q' - \tfrac{1}{2}\hat{p}_1 q) \exp\left[-\tfrac{1}{2} \int_0^\tau \hat{p}_1(\bar{\tau})\,d\bar{\tau} \right],$$

$$y'' = (q'' - \hat{p}_1 q' - \tfrac{1}{2}\hat{p}_1' q + \tfrac{1}{4}\hat{p}_1^2 q) \exp\left[-\tfrac{1}{2} \int_0^\tau \hat{p}_1(\bar{\tau})\,d\bar{\tau} \right].$$

Einsetzen der drei Ausdrücke in (3.41) liefert für q die Gleichung

$$q'' + 2Dq' + p_2(\tau)q = 0, \tag{3.43}$$
$$p_2(\tau) = \hat{p}_2(\tau) - \tfrac{1}{2}\hat{p}_1'(\tau) - D\hat{p}_1(\tau) - \tfrac{1}{4}\hat{p}_1^2(\tau).$$

Da die Fourierreihe von $\hat{p}_1(\tau)$ kein konstantes Glied enthält, ist die Exponentialfunktion in (3.42) eine periodische Funktion von τ. Das hat die Konsequenz, daß die Differentialgleichungen für $q(\tau)$ und für $y(\tau)$ dieselbe Stabilitätsgrenze haben. Die Gleichung für q hat die übliche Form $q'' + p_1(\tau)q' + p_2(\tau)q = 0$ mit der besonderen Eigenschaft $p_1(\tau) \equiv 2D = \text{const}$. Zwischen den Wurzeln der charakteristischen quadratischen Gleichung bestehen daher die Beziehungen (3.37),

$$s_1 + s_2 = q_1(\tau_\mathrm{p}) + q_2'(\tau_\mathrm{p}), \qquad s_1 s_2 = \begin{cases} e^{-2D\tau_\mathrm{p}} & (p_1 \equiv 2D) \\ 1 & (D = 0), \end{cases} \tag{3.44}$$

und ggf. die Beziehungen (3.39):

$$s_1 + s_2 = 2q_1(\tau_\mathrm{p}), \qquad s_1 s_2 = 1 \qquad (D = 0, \ p_2 \ \text{ger. Fkt.}). \tag{3.45}$$

Mit ihnen und mit den Stabilitätskriterien von Tabelle 3.2 ergeben sich folgende Aussagen.

Der Fall $D < 0$: Von den Wurzeln s_1 und s_2 hat wenigstens eine einen Betrag > 1, weil $s_1 s_2 = e^{-2D\tau_\mathrm{p}} > 1$ ist. Folglich sind die Lösungen instabil. Mit anderen Worten: Die Lösung $y(\tau)$ von Gl. (3.41) ist instabil, wenn die Fourierreihe des Koeffizienten von y' ein negatives konstantes Glied hat. Das ist eine starke Verallgemeinerung der Aussage, daß die Lösungen der Differentialgleichung $q'' + 2Dq' + q = 0$ im Fall $D < 0$ instabil sind. Die Untersuchung des Falles $D < 0$ ist hiermit beendet. In den Fällen $D > 0$ und $D = 0$ sind vergleichbar einfache Verallgemeinerungen nicht möglich. Vielmehr gilt folgendes.

Der Fall $D > 0$: Konjugiert komplexe Wurzeln und Doppelwurzeln sind vom Betrag $e^{-D\tau_\mathrm{p}} < 1$. Das bedeutet asymptotische Stabilität. Bei zwei verschiedenen, reellen Wurzeln sind folgende Fälle möglich:
a) Beide Wurzeln haben Beträge < 1 (asymptotisch stabile Lösungen)
b) eine Wurzel hat einen Betrag > 1 (instabile Lösungen)
c) die Wurzeln sind entweder $+1$ und $+e^{-2D\tau_\mathrm{p}}$ oder -1 und $-e^{-2D\tau_\mathrm{p}}$. In diesem Fall sind die Lösungen grenzstabil. Dieser Fall charakterisiert die Stabilitätsgrenze, d.h. die Grenze zwischen dem Parametergebiet mit asymptotisch stabilen Lösungen und dem Parametergebiet mit instabilen Lösungen. Genauer gesagt muß man von zwei Ästen der Stabilitätsgrenze sprechen. Sie

unterscheiden sich dadurch, daß entweder eine Wurzel $s = +1$ oder eine Wurzel $s = -1$ existiert. Auf dem Ast mit der Wurzel $s = +1$ existiert eine spezielle Lösung $q(\tau)$ mit der Eigenschaft $q(\tau + \tau_\mathrm{p}) \equiv +q(\tau)$ (s. (3.22)). Sie ist periodisch mit der Periode τ_p. Auf dem Ast mit der Wurzel $s = -1$ existiert eine spezielle Lösung mit der Eigenschaft $q(\tau + \tau_\mathrm{p}) \equiv -q(\tau)$. Sie ist periodisch mit der Periode $2\tau_\mathrm{p}$. Beide Äste sind dadurch gekennzeichnet, daß die erste Gl. (3.44) die eine oder die andere der beiden Formen annimmt:

$$q_1(\tau_\mathrm{p}) + q_2'(\tau_\mathrm{p}) = \pm\big(1 + \mathrm{e}^{-2D\tau_\mathrm{p}}\big). \tag{3.46}$$

Der Fall $D = 0$: Konjugiert komplexe Wurzeln haben den Betrag 1 (grenzstabile Lösungen). Von zwei verschiedenen, reellen Wurzeln ist eine vom Betrag > 1 (instabile Lösungen). Doppelwurzeln sind entweder $s_{1,2} = +1$ oder $s_{1,2} = -1$ (grenzstabile oder instabile Lösungen). Dieser Fall charakterisiert die Stabilitätsgrenze, d.h. die Grenze zwischen dem Parametergebiet mit grenzstabilen Lösungen und dem Parametergebiet mit instabilen Lösungen. Asymptotisch stabile Lösungen kommen nicht vor. An die Stelle der Bestimmungsgleichungen (3.46) für die Stabilitätsgrenze treten die Gleichungen

$$q_1(\tau_\mathrm{p}) + q_2'(\tau_\mathrm{p}) = \pm 2. \tag{3.47}$$

Wenn die Funktion $p_2(\tau)$ in (3.43) noch dazu eine gerade Funktion ist, vereinfachen sich die Gleichungen (3.47) wegen (3.45) weiter zu

$$q_1(\tau_\mathrm{p}) = \pm 1. \tag{3.48}$$

Um mit einer der Gln. (3.46) bis (3.48) Stabilitätsgrenzen bestimmen zu können, muß man die Lösungen $q_1(\tau)$ und $q_2(\tau)$ der Differentialgleichung mit den Anfangswerten $q_1(0) = 1$, $q_1'(0) = 0$ und $q_2(0) = 0$, $q_2'(0) = 1$ berechnen. Da keine geschlossenen Lösungen angebbar sind, wird ein Näherungsverfahren der sog. *Störungsrechnung* entwickelt. Die Differentialgleichung (3.43) wird in der Form

$$q'' + 2Dq' + [\lambda + \varepsilon\, u(\tau)]q = 0 \tag{3.49}$$

geschrieben. Darin ist λ das konstante Glied der Fourierreihe von $p_2(\tau)$. Die Funktion $u(\tau)$ ist folglich periodisch mit dem Mittelwert null. Die Größe ε ist ein Parameter, der als so klein vorausgesetzt wird, daß man eine Lösung $q(\tau)$ als konvergente Reihe in der Form

$$q(\tau) = \sum_{\imath=0}^{\infty} \varepsilon^{\,\imath} q^{(\imath)}(\tau) \tag{3.50}$$

ansetzen kann. Darin bezeichnet $q^{(\imath)}$ nicht die $\imath$te Ableitung, sondern die Funktion $\imath$ter Ordnung des Ansatzes. Der Ansatz wird in (3.49) eingesetzt. Man ordnet die Glieder nach Potenzen von ε und verlangt, daß der Koeffizient jeder Potenz gleich null ist. Das Ergebnis sind die Gleichungen

$$q^{(0)''} + 2Dq^{(0)'} + \lambda q^{(0)} = 0, \tag{3.51}$$

$$q^{(\imath)''} + 2Dq^{(\imath)'} + \lambda q^{(\imath)} = -u(\tau)q^{(\imath-1)}(\tau) \qquad (i = 1, 2, \ldots). \tag{3.52}$$

Sie werden sukzessive gelöst. Die Lösung für $q^{(0)}$ wird aus Gl.(1.32) übernommen. Die Lösung der Gleichung für $q^{(i)}$ ($i \geq 1$) ist die Summe aus der Lösung der homogenen Gleichung und einer partikulären Lösung der betreffenden inhomogenen Gleichung. Es ist zweckmäßig, die vorgeschriebenen Anfangsbedingungen mit der Lösung für $q^{(0)}$ zu erfüllen. Dann müssen die Lösungen aller Gln. (3.52) die homogenen Anfangsbedingungen $q^{(i)}(0) = 0$ und $q^{(i)'}(0) = 0$ erfüllen. Die Konstante λ kann positiv, null oder negativ sein. Wenn sie $\neq 0$ ist, kann man die Variable τ so definieren, daß $|\lambda| = 1$ ist. Das vereinfacht die Rechnung.

Wenn die Reihen konvergieren, und wenn ε hinreichend klein ist, dann erhält man mit den Reihengliedern bis einschließlich ε^i aus (3.46) bzw. (3.47) bzw. (3.48) eine Näherung i ter Ordnung für die Stabilitätsgrenze. Im nächsten Abschnitt wird als Beispiel die Stabilitätsgrenze der Mathieugleichung (3.11) bestimmt.

3.2.5 Die Stabilitätskarte der Mathieugleichung

Die Differentialgleichungen (3.11) des hängenden und des stehenden Pendels mit harmonisch bewegtem Aufhängepunkt sind Mathieugleichungen. Wir ersetzen in ihnen φ durch q, definieren $\varepsilon = u_0 \Omega^2 / g$ und $\eta = \Omega / \omega_0$ und normieren durch Einführung der Variablen $\tau = \omega_0 t$. Das Ergebnis sind die Gleichungen

$$q'' + (\pm 1 + \varepsilon \cos \eta \tau) q = 0 \tag{3.53}$$

($+1$ für das hängende Pendel, -1 für das stehende). Sie haben die Form von Gl. (3.49) mit $\lambda = +1$ oder -1, $D = 0$ und $u(\tau) = \cos \eta \tau$. Die Periode der Erregung ist $\tau_\mathrm{p} = 2\pi/\eta$. Die Gleichungen enthalten die beiden Parameter η und ε. Ihre Stabilitätsgrenzen sind Linien in einem η, ε-Diagramm. Für jede der beiden Gleichungen wird die Stabilitätsgrenze gesondert berechnet. Anschließend werden beide in einem einzigen Diagramm dargestellt. Die Möglichkeit dazu bietet die Tatsache, daß die Gleichungen mit der Variablen $\bar\tau = \Omega t$ in der einen Gleichung zusammengefaßt werden können:

$$\frac{\mathrm{d}^2 q}{\mathrm{d}\bar\tau^2} + (\lambda + \gamma \cos \bar\tau) q = 0, \tag{3.54}$$

$$\gamma = \frac{\varepsilon}{\eta^2} = \frac{u_0 \omega_0^2}{g}, \quad \lambda = \begin{cases} +1/\eta^2 = +\omega_0^2/\Omega^2 & \text{(hängendes Pendel)} \\ -1/\eta^2 = -\omega_0^2/\Omega^2 & \text{(stehendes Pendel).} \end{cases} \tag{3.55}$$

Das ist die übliche Darstellung der Mathieugleichung. Die beiden Stabilitätsgrenzen sind Linien in einem λ, γ-Diagramm, in dem die Halbebene $\lambda > 0$ das hängende und die Halbebene $\lambda < 0$ das stehende Pendel darstellen. Dieses λ, γ-Diagramm wird *Stabilitätskarte* der Mathieugleichung genannt.

Anmerkung: Die Normierung $\bar\tau = \Omega t$ bedeutet, daß nicht wie üblich die Eigenschwingung, sondern die Erregung die Periode 2π erhält. Das muß bei der Interpretation von Ergebnissen beachtet werden.

Jetzt wird wieder (3.53) betrachtet. Diese Gleichung erfüllt die Bedingungen $D = 0$ und $p_2 = $ ger. Fkt. (s. (3.45)), so daß Stabilitätsgrenzen durch die beiden Gleichungen (3.48) bestimmt werden. Mit (3.50) sind das die Gleichungen

$$\sum_{i=0}^{\infty} \varepsilon^i q^{(i)}(\tau_p) = \pm 1. \tag{3.56}$$

Die Gln. (3.51) und (3.52) für die Glieder der Reihe haben die speziellen Formen

$$q^{(0)''} \pm q^{(0)} = 0, \tag{3.57}$$

$$q^{(i)''} \pm q^{(i)} = -\cos \eta \tau\, q^{(i-1)}(\tau) \qquad (i = 1, 2, \ldots). \tag{3.58}$$

Die Anfangsbedingungen sind

$$q^{(0)}(0) = 1, \quad q^{(0)'}(0) = 0, \qquad q^{(i)}(0) = q^{(i)'}(0) = 0, \quad (i = 1, 2, \ldots). \tag{3.59}$$

Zur Erinnerung: Auf dem Ast der Stabilitätsgrenze, der durch die Gleichung mit dem Pluszeichen (mit dem Minuszeichen) definiert ist, existiert eine τ_p-periodische (bzw. eine $2\tau_p$-periodische) Lösung $q(\tau)$ der Differentialgleichung.

Gl. (3.53) zeigt, daß das Vorzeichen von ε keinen Einfluß auf das Stabilitätsverhalten hat, denn die Vorzeichenumkehr bedeutet nur eine Verschiebung des Anfangszeitpunkts: $-\varepsilon \cos \eta \tau = \varepsilon \cos(\eta \tau - \pi)$. Daraus folgt, daß in (3.56) $q^{(i)}(\tau_p) = 0$ ist, wenn i ungerade ist. Diese Aussage dient zur Rechenkontrolle.

Wir beginnen mit der Gleichung für das hängende Pendel (Pluszeichen in (3.57) und (3.58)). Die Lösung $q^{(0)}$ zu den vorgeschriebenen Anfangsbedingungen und die allgemeinen Lösungen $q_h^{(i)}$ der homogenen Gln. (3.58) sind

$$q^{(0)}(\tau) = \cos \tau, \qquad q_h^{(i)}(\tau) = a_i \cos \tau + b_i \sin \tau \qquad (i \geq 1). \tag{3.60}$$

In (3.58) für $q^{(1)}$ steht auf der rechten Seite die Funktion $-\cos \eta \tau\, q^{(0)} = -\cos \eta \tau \cos \tau$. Das im folgenden mehrfach verwendete Additionstheorem

$$\cos \eta \tau \cos(1 + k\eta)\tau = \tfrac{1}{2} \cos[1 + (k+1)\eta]\tau + \tfrac{1}{2} \cos[1 + (k-1)\eta]\tau \tag{3.61}$$

liefert mit $k = 0$ den Ausdruck

$$-\cos \eta \tau\, q^{(0)} = -\tfrac{1}{2} \cos(1 + \eta)\tau - \tfrac{1}{2} \cos(1 - \eta)\tau. \tag{3.62}$$

Tabelle 3.3 enthält die partikulären Lösungen von (3.58) zu diesen beiden Funktionen und zu allen anderen Funktionen, die mit $i \leq 6$ auftreten. Sie werden aus Gleichungen in Abschnitt 1.3.4 berechnet.
Zu dem Ausdruck (3.62) liefert die Tabelle für $q^{(1)}$ das Ergebnis

$$q^{(1)} = B_1 \cos(1 + \eta)\tau + B_2 \cos(1 - \eta)\tau + B_3 \cos \tau \tag{3.63}$$

Tabelle 3.3. Störungsfunktionen $f(\tau)$ und partikuläre Lösungen $q_\mathrm{p}(\tau)$ der Gleichung $q'' + q = f(\tau)$

$f(\tau)$	$q_\mathrm{p}(\tau)$
$\cos\tau$	$\frac{1}{2}\tau\sin\tau$
$\tau\sin\tau$	$\frac{1}{4}(-\tau^2\cos\tau + \tau\sin\tau)$
$\tau^2\cos\tau$	$\frac{1}{4}\tau^2\cos\tau + (\frac{1}{6}\tau^3 - \frac{1}{4}\tau)\sin\tau$
$k \neq 0:$	
$\cos(1 + k\eta)\tau$	$\alpha_k\cos(1 + k\eta)\tau$
$\tau\sin(1 + k\eta)\tau$	$\alpha_k\tau\sin(1 + k\eta)\tau + \beta_k\cos(1 + k\eta)\tau$
$\tau^2\cos(1 + k\eta)\tau$	$(\alpha_k\tau^2 + \gamma_k)\cos(1 + k\eta)\tau - 2\beta_k\tau\sin(1 + k\eta)\tau$
Konstanten:	$\alpha_k = 1/[1 - (1 + k\eta)^2], \quad \beta_k = -2\alpha_k^2(1 + k\eta),$ $\gamma_k = -2\alpha_k^2[1 + 4\alpha_k(1 + k\eta)^2]$

mit den Konstanten

$$B_1 = -\tfrac{1}{2}\alpha_1, \quad B_2 = -\tfrac{1}{2}\alpha_{-1}, \quad B_3 = -(B_1 + B_2).$$

Darin ist $B_3\cos\tau$ die Lösung $q_\mathrm{h}^{(1)}$ der homogenen Gleichung, und das Ergebnis für B_3 berücksichtigt die Anfangsbedingungen (3.59).

In (3.58) für $q^{(2)}$ steht auf der rechten Seite die Funktion

$$-\cos\eta\tau\, q^{(1)} = C_1\cos(1 + \eta)\tau + C_1\cos(1 - \eta)\tau$$
$$+ C_2\cos(1 + 2\eta)\tau + C_3\cos(1 - 2\eta)\tau + C_4\cos\tau$$

mit den Konstanten (s. (3.61))

$$C_1 = -\tfrac{1}{2}B_3, \quad C_2 = -\tfrac{1}{2}B_1, \quad C_3 = -\tfrac{1}{2}B_2, \quad C_4 = -\tfrac{1}{2}(B_1 + B_2).$$

Dazu liefert die Tabelle für $q^{(2)}$ das Ergebnis

$$q^{(2)} = D_1\cos(1 + \eta)\tau + D_2\cos(1 - \eta)\tau + D_3\cos(1 + 2\eta)\tau$$
$$+ D_4\cos(1 - 2\eta)\tau + D_5\tau\sin\tau + D_6\cos\tau \tag{3.64}$$

mit den Konstanten

$$D_1 = \alpha_1 C_1, \quad D_3 = \alpha_2 C_2, \quad D_5 = \tfrac{1}{2}C_4,$$
$$D_2 = \alpha_{-1} C_1, \quad D_4 = \alpha_{-2} C_3, \quad D_6 = -(D_1 + D_2 + D_3 + D_4).$$

Darin ist $D_6\cos\tau$ die Lösung $q_\mathrm{h}^{(2)}$ der homogenen Gleichung, und das Ergebnis für D_6 berücksichtigt die Anfangsbedingungen. In derselben Weise fortfahrend findet man mit durchaus erträglichem Aufwand auch $q^{(4)}$, $q^{(6)}$ usw. Wir begnügen uns mit der Näherung 2. Ordnung und berechnen für (3.56) aus (3.60), (3.63) und (3.64) die Funktionswerte $q^{(0)}(\tau_\mathrm{p})$, $q^{(1)}(\tau_\mathrm{p})$

und $q^{(2)}(\tau_p)$. Mit $\tau_p = 2\pi/\eta$ ist $\cos(1 + k\eta)\tau_p = \cos\tau_p$ für beliebige ganzzahlige k. Damit ergibt sich $q^{(0)}(\tau_p) = \cos\tau_p$, $q^{(1)}(\tau_p) = 0$ (erwartungsgemäß) und $q^{(2)}(\tau_p) = D_5\tau_p \sin\tau_p$ mit

$$D_5 = \tfrac{1}{2}C_4 = -\tfrac{1}{4}(B_1 + B_2) = \tfrac{1}{8}(\alpha_1 + \alpha_{-1}) = \frac{1}{4(4 - \eta^2)}.$$

Damit nehmen die Gln. (3.56) für die Stabilitätsgrenze in der Näherung 2. Ordnung die Form an:

$$\cos\frac{2\pi}{\eta} + \frac{\varepsilon^2}{4 - \eta^2}\frac{\pi}{2\eta}\sin\frac{2\pi}{\eta} = \pm 1. \tag{3.65}$$

Die Gleichung mit dem Pluszeichen ist erfüllt, wenn $\sin(2\pi/\eta) = 0$ und $\cos(2\pi/\eta) = +1$ ist. Das liefert die Lösungen $2\pi/\eta = 2n\pi$ oder $\eta = 1/n$ mit $n = 1, 2, \ldots$. Die Gleichung mit dem Minuszeichen ist im Fall $\eta \neq 2$ erfüllt, wenn $\sin(2\pi/\eta) = 0$ und $\cos(2\pi/\eta) = -1$ ist. Das liefert die Lösungen $2\pi/\eta = (2n - 1)\pi$ oder $\eta = 2/(2n - 1)$ mit $n = 2, 3, \ldots$. Daß $\eta = 2$ keine Lösung ist, kann man mit der l'Hospitalschen Regel leicht nachweisen.

Außer den genannten Lösungen hat jede der beiden Gln. (3.65) noch eine Lösung, die sich durch Auflösung nach ε ergibt. Vor der Auflösung werden noch die Beziehungen

$$\sin\frac{2\pi}{\eta} = 2\sin\frac{\pi}{\eta}\cos\frac{\pi}{\eta}, \quad 1 + \cos\frac{2\pi}{\eta} = 2\cos^2\frac{\pi}{\eta}, \quad 1 - \cos\frac{2\pi}{\eta} = 2\sin^2\frac{\pi}{\eta}$$

eingesetzt. Dann nehmen die Gleichungen die Formen an:

$$\varepsilon^2(\eta) = \begin{cases} +(4 - \eta^2)\dfrac{2\eta}{\pi}\tan\dfrac{\pi}{\eta} & (\tau_p\text{-per. Lösung}), \\[2ex] -(4 - \eta^2)\dfrac{2\eta}{\pi}\cot\dfrac{\pi}{\eta} & (2\tau_p\text{-per. Lösung}). \end{cases} \tag{3.66}$$

Mit Hilfe von (3.55) werden sie durch λ und γ ausgedrückt. Das Ergebnis ist

$$\gamma^2(\lambda) = \begin{cases} +(4\lambda - 1)\dfrac{2\sqrt{\lambda}}{\pi}\tan\left(\pi\sqrt{\lambda}\right) & (\tau_p\text{-per. Lösung}), \\[2ex] -(4\lambda - 1)\dfrac{2\sqrt{\lambda}}{\pi}\cot\left(\pi\sqrt{\lambda}\right) & (2\tau_p\text{-per. Lösung}). \end{cases} \tag{3.67}$$

Die Lösungen $\eta = 2/(2n - 1)$ und $\eta = 1/n$ sind die Geraden $\lambda = (2n - 1)^2/4$ für $n = 2, 3, \ldots$ bzw. $\lambda = n^2$ für $n = 1, 2, \ldots$. Abb. 3.7 zeigt im Bereich $\lambda > 0$ die berechnete Stabilitätsgrenze. Die Ziffern 1 und 2 kennzeichnen die beiden Äste, auf denen eine τ_p-periodische Lösung $q(\tau)$ bzw. eine $2\tau_p$-periodische Lösung $q(\tau)$ existiert.

Bevor die Ergebnisse interpretiert werden, werden die entsprechenden Formeln für das stehende Pendel entwickelt, d.h. für Gl. (3.53) mit dem Minuszeichen. Auch in den Gln.(3.57) und (3.58) gilt dann das Minuszeichen. An die Stelle von (3.60) treten die Gleichungen

$$q^{(0)}(\tau) = \cosh\tau, \qquad q_h^{(i)}(\tau) = a_i\cosh\tau + b_i\sinh\tau \qquad (i \geq 1).$$

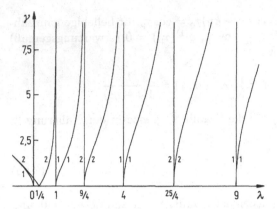

Abb. 3.7. Näherung 2. Ordnung für die Stabilitätskarte der Mathieugleichung im λ, γ-Diagramm

Alle Formeln der früheren Rechnung können fast unverändert übernommen werden, wenn man in (3.58) die Identität $\cos \eta\tau = \cosh i\eta\tau$ verwendet (s. (0.4)). Mit nur einer Ausnahme muß man überall η durch $i\eta$ ersetzen. Die Ausnahme: Weiterhin ist $\tau_p = 2\pi/\eta$. In (3.65) treten cosh und sinh an die Stelle von cos bzw. sin und $4 + \eta^2$ an die Stelle von $4 - \eta^2$. Lösungen $\eta = \text{const}$ existieren nicht. An die Stelle von (3.67) tritt die Gleichung

$$\gamma^2(\lambda) = \begin{cases} (1 - 4\lambda)\frac{2\sqrt{-\lambda}}{\pi} \tanh\left(\pi\sqrt{-\lambda}\right) & (\tau_p\text{-per. Lösung}), \\ (1 - 4\lambda)\frac{2\sqrt{-\lambda}}{\pi} \coth\left(\pi\sqrt{-\lambda}\right) & (2\tau_p\text{-per. Lösung}). \end{cases}$$

Diese Stabilitätsgrenze ist in Abb. 3.7 im Bereich $\lambda < 0$ eingezeichnet. Damit ist die Stabilitätskarte der Mathieugleichung in der Näherung 2. Ordnung vollständig.

Abb. 3.8 zeigt die Stabilitätskarte in der Näherung 6. Ordnung, die sich aus $q^{(i)}$ mit $i = 0, 2, 4$ und 6 ergibt. Mit wachsender Ordnung konvergiert die Karte schnell gegen die in Abb. 3.9 dargestellte, sehr genaue Stabilitätskarte, die nach Ince und Strutt[1] benannt ist. Das schattierte Gebiet ist das Stabilitätsgebiet. Das kann man z. B. durch Prüfung einiger Punkte mit dem numerischen Verfahren von Abschnitt 3.2.3 feststellen. Die Stabilitätskarte ist überraschend kompliziert. Besonders auffallend sind die folgenden Erscheinungen:

1. Das hängende Pendel ist bei geeigneten (insbesondere bei hinreichend kleinen) Erregeramplituden ε bei allen $\lambda = n^2/4$ ($n = 1, 2, \ldots$) instabil. Das sind die Kreisfrequenzverhältnisse $\eta = 2/n$ ($n = 1, 2, \ldots$). In der Umgebung von $\lambda = 1/4$, d.h. $\eta = 2$ ist das Instabilitätsgebiet sehr ausgedehnt.

2. Im Bereich $\lambda < 0$ gibt es schmale Bereiche des Stabilitätsgebietes. Das stehende Pendel kann also durch eine Erregung mit geeigneten Parametern stabilisiert werden.

---

[1] Strutt ist der bürgerliche Name von Lord Rayleigh

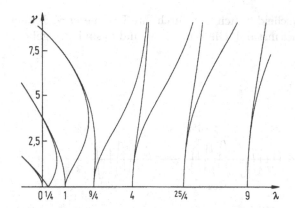

Abb. 3.8. Näherung 6. Ordnung

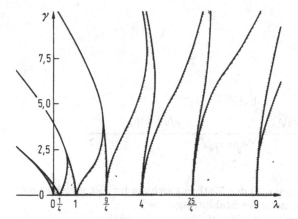

Abb. 3.9. Stabilitätskarte der Mathieugleichung nach Ince und Strutt. Das Stabilitätsgebiet ist schattiert

Intuitiv ist von diesen Ergebnissen nur die Instabilität in der Nähe von $\eta = 2$ verständlich. Im Fall $\eta = 2$ ist die Erregerkreisfrequenz gleich dem Doppelten der Eigenkreisfrequenz des hängenden Pendels ohne Erregung. Bei diesem Verhältnis wird der Aufhängepunkt jedesmal nach oben (bzw. nach unten) beschleunigt, wenn sich das Pendel von rechts oder von links zur Gleichgewichtslage hinbewegt (bzw. sich von ihr wegbewegt). Die dabei auftretenden Trägheitskräfte wirken in jeder Phase der Bewegung anfachend. Das ist dieselbe Erklärung, die im Zusammenhang mit Abb. 3.6 gegeben wurde.

Zum besseren Verständnis der Stabilitätskarte ist in Abb. 3.10 für vier verschiedene Parameterkombinationen (λ, γ) nahe der Stabilitätsgrenze der Graph der Funktion $q(\tau)$ mit den Anfangsbedingungen $q(0) = 1$, $q'(0) = 0$ aufgezeichnet. Je zwei hängende Pendel mit $\lambda = 0,5$ und zwei stehende

Pendel mit $\lambda = -0,1$ unterscheiden sich nur durch ihre Parameter γ. Jeweils ein Pendel ist stabil und eines instabil. Die Wurzeln s_1 und s_2 sind angegeben.

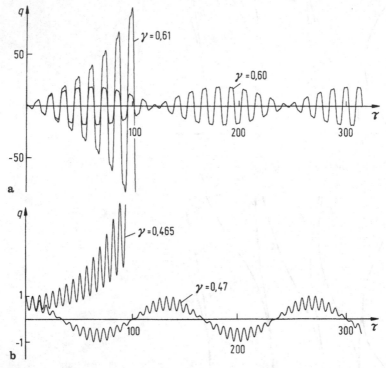

Abb. 3.10. Numerische Lösungen $q(\tau)$ der Mathieugleichung für vier verschiedene Parameterkombinationen (λ, γ) nahe der Stabilitätsgrenze.

a	$\lambda = 0,5$:	$\gamma = 0,60$	$s_{1,2} = 0,956 \pm 0,292i$	stabil
		$\gamma = 0,61$	$s_1 = 1,180$; $s_2 = 0,847$	instabil
b	$\lambda = -0,1$:	$\gamma = 0,470$	$s_{1,2} = -0,987 \pm 0,161i$	stabil
		$\gamma = 0,465$	$s_1 = -1,147$; $s_2 = -0,872$	instabil

Dieser Abschnitt darf nicht ohne eine Bemerkung zum Einfluß von Dämpfung abgeschlossen werden. Die Stabilitätskarte der Differentialgleichung $q'' + 2Dq' + (\lambda + \gamma \cos \tau)q = 0$ mit $D > 0$ unterscheidet sich von Abb. 3.9 in zwei wesentlichen Punkten. Erstens sind stabile Lösungen nicht lediglich grenzstabil, sondern asymptotisch stabil. Zweitens schrumpft das Instabilitätsgebiet, wobei sich die auf der Achse $\gamma = 0$ liegenden Spitzen abrunden und in das Gebiet $\gamma > 0$ zurückziehen. Das hat zur Folge, daß schon bei schwacher Dämpfung praktisch nur noch die ausgedehnten Bereiche des Instabilitätsgebiets in der Halbebene $\lambda < 0$ und in der Umgebung von $\lambda = 1/4$ eine Rolle spielen. Der Leser kann die Stabilitätskarte mit dem in Beisp. 3.4 demonstrierten numerischen Verfahren selbst berechnen.

3.2.6   Das stehende Mehrkörperpendel

Abb. 3.11 zeigt ein Mehrkörperpendel aus n Körpern $i = 1, \ldots, n$ mit den Massen m_i, den zentralen Trägheitsmomenten J_i, den Längen ℓ_i zwischen den Gelenkpunkten und den Längen a_i zwischen unterem Gelenkpunkt und Schwerpunkt S auf der Verbindungslinie der Gelenkpunkte. Der Fußpunkt wird in Richtung des vertikalen Einheitsvektors $\vec{e}_x$ nach der Vorschrift $\vec{u}(t) = u_0 \cos \Omega t\, \vec{e}_x$ bewegt. Man formuliere mit den gezeichneten Winkelkoordinaten q_i ($i = 1, \ldots, n$) linearisierte Bewegungsgleichungen für Bewegungen in der Nähe der aufrechten Gleichgewichtslage und untersuche das Stabilitätsverhalten.

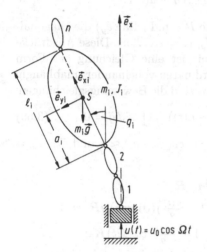

Abb. 3.11. Stehendes n-Körper-Pendel mit Fußpunkterregung

Lösung: Ausgangspunkt ist das d'Alembertsche Prinzip in der Form

$$\sum_{i=1}^{n} \left[\delta\vec{r}_i \cdot (m_i \ddot{\vec{r}}_i - m_i \vec{g}) + \delta q_i J_i \ddot{q}_i \right] = 0$$

mit den Ortsvektoren $\vec{r}_i$ ($i = 1, \ldots, n$) der Schwerpunkte. Mit den Spaltenmatrizen $\vec{r} = [\vec{r}_1 \ldots \vec{r}_n]^T$, $q = [q_1 \ldots q_n]^T$ und $\mathbf{1} = [1 \ldots 1]^T$ und mit den Diagonalmatrizen m und J der Massen bzw. Trägheitsmomente nimmt das Prinzip die Form an:

$$\delta\vec{r}^T \cdot m(\ddot{\vec{r}} + g\vec{e}_x \mathbf{1}) + \delta q^T J \ddot{q} = 0. \tag{3.68}$$

Aus Abb. 3.11 ergibt sich für die Lage des Schwerpunkts von Körper i der Ausdruck

$$\vec{r}_i = \vec{u}(t) + \sum_{j=1}^{n} R_{ij} \vec{e}_{xj}, \qquad R_{ij} = \begin{cases} \ell_j & (j < i) \\ a_j & (j = i) \\ 0 & (j > i) \end{cases} \quad (i, j = 1, \ldots, n).$$

Differentiation führt zu den Ausdrücken

$$\dot{\vec{r}}_i = \dot{\vec{u}}(t) + \sum_{j=1}^{n} R_{ij}\vec{e}_{yj}\dot{q}_j, \qquad \delta\vec{r}_i = \sum_{j=1}^{n} R_{ij}\vec{e}_{yj}\delta q_j,$$

$$\ddot{\vec{r}}_i = \ddot{\vec{u}}(t) + \sum_{j=1}^{n} R_{ij}(\vec{e}_{yj}\ddot{q}_j - \vec{e}_{xj}\dot{q}_j^2) \qquad (i = 1, \ldots, n).$$

Die Glieder mit $\dot{q}_j^2$ werden bei der Linearisierung vernachlässigt. Jeweils n Vektoren werden in Matrixform zusammengefaßt zu

$$\delta\vec{r} = R\,(\text{diag}\,\vec{e}_y)\,\delta q, \qquad \ddot{\vec{r}} = R\,(\text{diag}\,\vec{e}_y)\,\ddot{q} + \ddot{\vec{u}}(t)\mathbf{1}.$$

Darin sind R die $n \times n$-Matrix der Elemente R_{ij} und $(\text{diag}\,\vec{e}_y)$ die Diagonalmatrix der körperfesten Einheitsvektoren $\vec{e}_{yi}$ $(i = 1, \ldots, n)$. Diese Ausdrücke werden in (3.68) eingesetzt. Das Ergebnis ist eine Gleichung der Form $\delta q^T(\cdots) = 0$. Da die Variationen der Koordinaten voneinander unabhängig sind, ist der Ausdruck in Klammern null. Das sind die Bewegungsgleichungen

$$(\text{diag}\,\vec{e}_y)\,R^T \cdot m\left[R\,(\text{diag}\,\vec{e}_y)\,\ddot{q} + (g + \ddot{u}(t))\vec{e}_x\mathbf{1}\right] + J\ddot{q} = 0. \qquad (3.69)$$

Im Rahmen der Linearisierung ist $\vec{e}_{yi} \cdot \vec{e}_{yj} = \cos(q_j - q_i) \approx 1$ und $\vec{e}_{yi} \cdot \vec{e}_x = -\sin q_i \approx -q_i$. Folglich ist

$$(\text{diag}\,\vec{e}_y)\,R^T \cdot m\,R\,(\text{diag}\,\vec{e}_y) \approx R^T m\,R,$$

$$(\text{diag}\,\vec{e}_y)\,R^T \cdot m(g + \ddot{u}(t))\vec{e}_x\mathbf{1} \approx -\left(1 + \tfrac{\ddot{u}(t)}{g}\right)(\text{diag}\,q)\,gR^T m\,\mathbf{1}$$

$$= \left(-1 + \tfrac{u_0\Omega^2}{g}\cos\Omega t\right)K q.$$

Darin ist K die positiv definite Diagonalmatrix mit den Diagonalelementen

$$K_{ii} = g(R^T m\,\mathbf{1})_i = g\left(a_i m_i + \ell_i \sum_{j=i+1}^{n} m_j\right) \qquad (i = 1, \ldots, n).$$

Die Koeffizientenmatrix von $\ddot{q}$ in (3.69) ist $M = R^T m\,R + J$. Auch sie ist positiv definit. Mit diesen Ausdrücken erhält man die linearisierten Bewegungsgleichungen

$$M\ddot{q} + \left(-1 + \tfrac{u_0\Omega^2}{g}\cos\Omega t\right)K q = 0. \qquad (3.70)$$

Sei Φ die Modalmatrix zum Eigenwertproblem $(K - \lambda M)Q = 0$. Wegen der positiven Definitheit beider Matrizen sind alle Eigenwerte positive Größen ω_i^2 $(i = 1, \ldots, n)$. In Abschnitt 2.2.2 wurde gezeigt, daß die Transformation $q = \Phi x$ auf die Hauptkoordinaten x die entkoppelten Gleichungen (2.53) erzeugt. Dieselbe Transformation erzeugt hier die Gleichungen

$$\ddot{x}_i + \omega_i^2\left(-1 + \tfrac{u_0\Omega^2}{g}\cos\Omega t\right)x_i = 0 \qquad (i = 1, \ldots, n). \qquad (3.71)$$

Jede von ihnen ist die Mathieugleichung (3.11) eines stehenden Einfach-
pendels mit der Fußpunkterregung $u_0 \cos \Omega t$. Jede Gleichung wird mit der
Transformation $\tau = \Omega t$ in die Form (3.54) mit Parametern

$$\lambda_i = -\omega_i^2/\Omega^2, \qquad \gamma_i = u_0 \omega_i^2/g \qquad (3.72)$$

gebracht (s. Gl. (3.55)). Das n-Körper-Pendel ist stabil, wenn alle n Einfach-
pendel stabil sind. Das ist der Fall, wenn in Abb. 3.9 alle Punkte (λ_i, γ_i) $(i =
1, \ldots, n)$ in dem untersten schmalen Streifen des Stabilitätsgebiets in der
Halbebene $\lambda < 0$ liegen. Nach Gl. (3.72) liegen alle Punkte auf der Strecke
mit den Endpunkten $(\lambda_{min}, \gamma_{min})$ und $(\lambda_{max}, \gamma_{max})$, die ω_{min} bzw. ω_{max}
zugeordnet sind. Das n-Körper-Pendel ist stabil, wenn diese Strecke in dem
genannten Streifen liegt. Otterbein [23] untersuchte als Erster das Problem,
und zwar in dem Sonderfall, daß die Körper in Abb. 3.11 identische Punkt-
massenpendel sind. Er zeigte, daß es für jedes endlich große n einen endlich
großen Parameterbereich u_0, Ω gibt, mit dem die Bedingung erfüllt wird. Im
Fall $n = 4$ demonstrierte er die Stabilität experimentell.

3.2.7 Erzwungene Schwingungen und Parametererregung

Am Ende von Beisp. 3.2 wurde erklärt, daß parametererregte Schwingungen und erzwungene Schwingungen mathematisch unterschiedliche Formen
von Fremderregung sind. In diesem Abschnitt werden Systeme mit einem
Freiheitsgrad untersucht, in denen beide Formen kombiniert auftreten. Die
dimensionslos formulierte Differentialgleichung eines solchen Systems ist in-
homogen:

$$q'' + p_1(\tau)q' + p_2(\tau)q = f(\tau). \qquad (3.73)$$

Wie bisher sollen die Funktionen $p_1(\tau)$ und $p_2(\tau)$ periodisch mit einer Periode
τ_p sein. Auch die Funktion $f(\tau)$ soll periodisch sein, und zwar mit einer
Periode τ_f, die nicht gleich τ_p sein muß. Es wird aber vorausgesetzt, daß τ_f
in einem rationalen Verhältnis zu τ_p steht, so daß es zwei kleinste natürliche
Zahlen m und n gibt, mit denen $m\tau_p = n\tau_f$ ist. Dann ist $\hat{\tau} = m\tau_p$ die
gemeinsame Periode beider Erregerfunktionen. Diese Bedingung wird von
realen Systemen immer erfüllt.

Beispiel 3.5. Die Zähne von Zahnrädern werden durch Kräfte beim Zahneingriff
elastisch deformiert. Die Federeigenschaft eines Zähnepaares wird nach Abb. 3.12
durch eine Feder dargestellt, die in der Profilnormale des Eingriffspunkts liegt. Bei
geradverzahnten Stirnrädern mit Evolventenverzahnung ist diese Normale die Tan-
gente der Grundkreise beider Räder. Die Federkonstante k hängt von der Lage
des Eingriffspunktes auf den Zahnflanken ab. Der Eingriffspunkt wandert an jedem
kämmenden Zähnepaar entlang den Zahnflanken. Kämmende Zähnepaare folgen
periodisch aufeinander. In Phasen, in denen zwei Zähnepaare gleichzeitig im Ein-
griff sind, denkt man sich beide Federn durch eine einzige mit einer resultierenden
Federkonstante ersetzt. Sei φ_1 wie gezeichnet der Drehwinkel eines der Räder. Dann

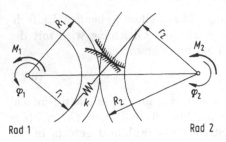

Rad 1   Rad 2

Abb. 3.12. Ersatzfeder für zwei kämmende Zähne. Bei bekannten Winkelgeschwindigkeiten $\dot\varphi_{1,2}(t)$ ist die Federkonstante eine bekannte Funktion $k(t)$. Die beiden Zahnflanken sind Evolventen der Grundkreise mit den Radien r_1, r_2. Die Teilkreise mit den Radien R_1, R_2 rollen aufeinander ab.

ist k eine Funktion von φ_1, die meßtechnisch bestimmt werden kann. Wenn die Winkelgeschwindigkeiten der Räder als Funktionen der Zeit bekannt sind, dann ist auch die Federsteifigkeit eine bekannte Funktion $k(t)$ der Zeit. Insbesondere ist $k(t)$ bei konstanten Winkelgeschwindigkeiten eine periodische Funktion der Zeit. Im folgenden wird gezeigt, daß die vorgegebene Zeitabhängigkeit $k(t)$ eine Kombination von parametererregten und erzwungenen Schwingungen bewirkt.

Seien $M_1(t)$ und $M_2(t)$ das Antriebsmoment eines Motors an Rad 1 bzw. das bremsende Moment einer Arbeitsmaschine an Rad 2. Nehmen wir zunächst an, die Zähne seien ideal starr. Dann sind die Drehwinkel $\varphi_1(t)$ und $\varphi_2(t)$ der Räder durch die kinematische Bindung (das Abrollen der Teilkreise) $R_1\varphi_1 - R_2\varphi_2 = 0$ und die Differentialgleichungen

$$J_1\ddot\varphi_1 = M_1 - r_1 F_\mathrm{s}, \qquad J_2\ddot\varphi_2 = -M_2 + r_2 F_\mathrm{s} \tag{3.74}$$

festgelegt, wobei J_1, J_2 die Trägheitsmomente und F_s die Kontaktkraft sind. Der Index bei F_s weist daraufhin, daß es sich um die Kraft bei starren Rädern handelt. Das System hat einen einzigen Freiheitsgrad. Die Winkelbeschleunigungen und die Kontaktkraft erhält man, indem man die Bindungsgleichung zweimal nach t differenziert. Die Auflösung liefert die Ergebnisse

$$\ddot\varphi_1(t) = R_2\,\frac{r_2 M_1(t) - r_1 M_2(t)}{J_2 r_1 R_1 + J_1 r_2 R_2}\,, \qquad \ddot\varphi_2(t) = \frac{R_1}{R_2}\,\ddot\varphi_1(t), \tag{3.75}$$

$$F_\mathrm{s}(t) = \frac{J_2 R_1 M_1(t) + J_1 R_2 M_2(t)}{J_2 r_1 R_1 + J_1 r_2 R_2}\,. \tag{3.76}$$

Jetzt wird die Elastizität der Zähne berücksichtigt. Die auftretenden Drehwinkel bezeichnen wir mit $\varphi_1(t) + \alpha_1(t)$ und $\varphi_2(t) + \alpha_2(t)$, wobei φ_1 und φ_2 die Lösungen von (3.75) sein sollen. Dann sind $\alpha_1(t)$ und $\alpha_2(t)$ klein. Die Längenänderung der Feder ist

$$s = r_1\alpha_1 - r_2\alpha_2. \tag{3.77}$$

Nur im Fall $s \geq 0$ sind die Räder in Kontakt. Diesen Fall setzen wir im folgenden voraus. Die Kontaktkraft ist dann $F = ks$. Die Federkonstante k wird mit den aus (3.75) gewonnenen Lösungen $\varphi_{1,2}(t)$ zu einer bekannten Funktion $k(t)$ der Zeit. Man definiert eine neue Variable q durch die Gleichung $F = F_\mathrm{s}(t) + k(t)q$, d.h.

$$s = q + F_\mathrm{s}(t)/k(t). \tag{3.78}$$

An die Stelle der Differentialgleichungen (3.74) treten die Gleichungen

$$J_1(\ddot{\varphi}_1 + \ddot{\alpha}_1) = M_1 - r_1[F_s(t) + k(t)q], \quad J_2(\ddot{\varphi}_2 + \ddot{\alpha}_2) = -M_2 + r_2[F_s(t) + k(t)q].$$

Subtraktion zugeordneter Gleichungen ergibt

$$J_1\ddot{\alpha}_1 = -r_1k(t)q, \quad J_2\ddot{\alpha}_2 = +r_2k(t)q.$$

Multiplikation der 1. Gleichung mit J_2r_1, der 2. Gleichung mit J_1r_2 und Subtraktion liefern $J_1J_2(r_1\ddot{\alpha}_1 - r_2\ddot{\alpha}_2) = -(J_2r_1^2 + J_1r_2^2)k(t)q$ oder bei Beachtung von (3.77) $J_1J_2\ddot{s} = -(J_2r_1^2 + J_1r_2^2)k(t)q$ oder mit (3.78) schließlich

$$\ddot{q} + \frac{J_2r_1^2 + J_1r_2^2}{J_1J_2}\,k(t)q = -\frac{\mathrm{d}^2}{\mathrm{d}t^2}\left[\frac{F_s(t)}{k(t)}\right]. \tag{3.79}$$

Diese Gleichung muß noch dimensionslos formuliert werden. Dann hat sie die Form von Gl. (3.73). Wenn insbesondere die Momente $M_1(t)$ und $M_2(t)$ konstant und im Gleichgewicht sind, dann sind die Kontaktkraft F_s und die Winkelgeschwindigkeiten $\dot{\varphi}_1$ und $\dot{\varphi}_2$ konstant. Dann sind $k(t)$ und die Erregerfunktion auf der rechten Seite bekannte periodische Funktionen der Zeit. Beide Formen von Fremderregung haben dieselbe physikalische Ursache und gleiche Perioden $\tau_p = \tau_f$. Damit ist auch $\hat{\tau} = \tau_p$. Ende des Beispiels.

Nach diesem technischen Beispiel wird nun Gl. (3.73) untersucht. Die homogene Gleichung wurde in der Zustandsform (3.12) dargestellt. Mit denselben Definitionen hat die inhomogene Gleichung die Zustandsform

$$z' = A(\tau)z + B(\tau), \tag{3.80}$$

$$z(\tau) = \begin{pmatrix} q(\tau) \\ q'(\tau) \end{pmatrix}, \quad A(\tau) = \begin{pmatrix} 0 & 1 \\ -p_2(\tau) & -p_1(\tau) \end{pmatrix}, \quad B(\tau) = \begin{pmatrix} 0 \\ f(\tau) \end{pmatrix}.$$

Die allgemeine Lösung $z(\tau)$ ist die Summe aus der allgemeinen Lösung $z_h(\tau)$ der homogenen Gleichung $z' = A(\tau)z$ und einer partikulären Lösung der inhomogenen Gleichung. Die Lösung $z_h(\tau)$ hat nach Gl. (3.16) die Form

$$z_h(\tau) = \Phi(\tau)z_0, \quad \Phi(0) = I \tag{3.81}$$

mit einem beliebigen konstanten Anfangswert z_0. Ein geeigneter Lösungsansatz für die inhomogene Gleichung ist der Ausdruck (3.81) mit Variation der Konstanten:

$$z(\tau) = \Phi(\tau)y(\tau). \tag{3.82}$$

Dieser Ansatz und seine Ableitung $z' = \Phi'y + \Phi y' = A\Phi y + \Phi y'$ werden in (3.80) eingesetzt. Das Ergebnis ist die Gleichung $\Phi y' = B(\tau)$ und damit $y' = \Phi^{-1}(\tau)B(\tau)$. Integration liefert $y(\tau)$. Wenn man die Integrationskonstante $y(0)$ mit z_0 bezeichnet, ergibt sich aus (3.82) für die Lösung der inhomogenen Gleichung der Ausdruck

$$z(\tau) = \Phi(\tau)z_0 + \Phi(\tau)\int_0^\tau \Phi^{-1}(\bar{\tau})B(\bar{\tau})\,\mathrm{d}\bar{\tau}. \tag{3.83}$$

Der Vergleich mit (3.81) zeigt, daß der erste Ausdruck die Lösung der homogenen Gleichung ist, und daß der zweite die partikuläre Lösung zur Anfangsbedingung $z(0) = 0$ ist. Diese erhält die Bezeichnung

$$z_{\text{part}}(\tau) = \Phi(\tau) \int_0^\tau \Phi^{-1}(\bar{\tau})B(\bar{\tau})\,d\bar{\tau}, \qquad z_{\text{part}}(0) = 0. \tag{3.84}$$

Die Lösung $z_{\text{h}}(\tau)$ kann asymptotisch stabil, grenzstabil oder instabil sein. Im folgenden wird vorausgesetzt, daß sie asymptotisch stabil ist. Von der Differentialgleichung $q'' + 2Dq' + q = f(\tau)$ mit $D = \text{const} > 0$ und mit τ_{p}-periodischer Erregung $f(\tau)$ ist folgendes bekannt: Die allgemeine Lösung $q(\tau)$ setzt sich aus einer gegen null strebenden gedämpften Eigenschwingung und einer stationären τ_{p}-periodischen Schwingung mit beschränkter Amplitude zusammen. Die Anfangsbedingungen können so gewählt werden, daß $q(\tau)$ die stationäre Schwingung ist.

Behauptung: Für Gl.(3.80) gilt die entsprechende Aussage: Die allgemeine Lösung (3.83) setzt sich aus einer gegen null strebenden gedämpften Schwingung und einer stationären $\hat{\tau}$-periodischen Schwingung mit beschränkter Amplitude zusammen. Die Anfangsbedingungen z_0 können so gewählt werden, daß $z(\tau)$ die stationäre Schwingung ist.

Beweis: Es genügt, zu zeigen, daß es eine eindeutige Konstante z_0 gibt, mit der die Identität

$$z(\tau + \hat{\tau}) \equiv z(\tau) \tag{3.85}$$

erfüllt ist. Mit (3.83) ist das die Gleichung

$$\Phi(\tau + \hat{\tau})\left(z_0 + \int_0^{\tau+\hat{\tau}} \Phi^{-1}(\bar{\tau})B(\bar{\tau})\,d\bar{\tau}\right) \equiv \Phi(\tau)\left(z_0 + \int_0^\tau \Phi^{-1}(\bar{\tau})B(\bar{\tau})\,d\bar{\tau}\right). \tag{3.86}$$

Ihre Umformung gelingt mit Hilfe der grundlegenden Identität (3.20): $\Phi(\tau + \tau_{\text{p}}) = \Phi(\tau)\Phi(\tau_{\text{p}})$. Die m-fache Anwendung ergibt die Gleichung

$$\Phi(\tau + \hat{\tau}) = \Phi(\tau + m\tau_{\text{p}}) = \Phi(\tau)[\Phi(\tau_{\text{p}})]^m. \tag{3.87}$$

Darin setze man $\tau = 0$. Dann hat man die erste der beiden folgenden Gleichungen und nach Kombination mit (3.87) auch die zweite.

$$\Phi(\hat{\tau}) = [\Phi(\tau_{\text{p}})]^m, \qquad \Phi(\tau + \hat{\tau}) = \Phi(\tau)\Phi(\hat{\tau}). \tag{3.88}$$

Wegen der zweiten Gleichung kann man in (3.86) auf beiden Seiten den Faktor $\Phi(\tau)$ streichen. Das Ergebnis ist die Gleichung

$$\Phi(\hat{\tau})\left(z_0 + \int_0^{\tau+\hat{\tau}} \Phi^{-1}(\bar{\tau})B(\bar{\tau})\,d\bar{\tau}\right) \equiv z_0 + \int_0^\tau \Phi^{-1}(\bar{\tau})B(\bar{\tau})\,d\bar{\tau}.$$

Darin ist mit (3.84)

$$\Phi(\hat{\tau})\int_0^{\tau+\hat{\tau}} \Phi^{-1}(\bar{\tau})B(\bar{\tau})\,d\bar{\tau} = z_{\text{part}}(\hat{\tau}) + \Phi(\hat{\tau})\int_{\hat{\tau}}^{\tau+\hat{\tau}} \Phi^{-1}(\bar{\tau})B(\bar{\tau})\,d\bar{\tau}.$$

Damit erhält man die Gleichung

$$[I - \Phi(\hat{\tau})]z_0 = z_{\text{part}}(\hat{\tau}) + \underbrace{\Phi(\hat{\tau}) \int_{\hat{\tau}}^{\tau+\hat{\tau}} \Phi^{-1}(\bar{\tau})B(\bar{\tau})\,\mathrm{d}\bar{\tau} - \int_0^\tau \Phi^{-1}(\bar{\tau})B(\bar{\tau})\,\mathrm{d}\bar{\tau}}_{x(\tau)}.$$

Man muß zeigen, daß die mit $x(\tau)$ bezeichnete Größe eine Konstante ist. Nur dann hat die Gleichung eine Lösung $z_0 = $ const. Mit der Leibnizschen Differentiationsregel für Integrale berechnet man

$$\mathrm{d}x/\mathrm{d}\tau = \Phi(\hat{\tau})\Phi^{-1}(\tau + \hat{\tau})B(\tau + \hat{\tau}) - \Phi^{-1}(\tau)B(\tau).$$

Darin ist wegen der Periodizität der Erregung $B(\tau + \hat{\tau}) = B(\tau)$ und wegen (3.88)

$$\Phi^{-1}(\tau + \hat{\tau}) = [\Phi(\tau)\Phi(\hat{\tau})]^{-1} = \Phi^{-1}(\hat{\tau})\Phi^{-1}(\tau).$$

Mit diesen Ausdrücken ergibt sich $\mathrm{d}x/\mathrm{d}\tau = 0$. Aus der Definition von $x(\tau)$ folgt, daß $x(0) = 0$ ist. Folglich ist $x(\tau) \equiv 0$. Also hat die Gleichung tatsächlich die eindeutige konstante Lösung

$$z_0 = [I - \Phi(\hat{\tau})]^{-1}z_{\text{part}}(\hat{\tau}). \tag{3.89}$$

Die Inverse existiert. Da nämlich die Lösung $z_{\text{h}}(\tau)$ asymptotisch stabil ist, hat die Matrix $\Phi(\tau_{\text{p}})$ keinen Eigenwert vom Betrag 1. Daraus folgt, daß $\Phi(\hat{\tau}) = [\Phi(\tau_{\text{p}})]^m$ nicht den Eigenwert 1 hat, und daraus folgt wiederum, daß Det $[I - \Phi(\hat{\tau})] \neq 0$ ist.

Damit ist der Beweis erbracht, daß die allgemeine Lösung (3.84) gegen eine stationäre $\hat{\tau}$-periodische Schwingung mit beschränkter Amplitude strebt. Sie wird mit $z_\infty(\tau)$ bezeichnet. Sie ist die Funktion

$$z_\infty(\tau) = \Phi(\tau)[I - \Phi(\hat{\tau})]^{-1}z_{\text{part}}(\hat{\tau}) + z_{\text{part}}(\tau). \tag{3.90}$$

Die numerische Auswertung ist einfach. In Abschnitt 3.2.3 wurde die Berechnung von $\Phi(\tau)$ erläutert. Man muß nur noch die Integration in (3.84) über eine Periode $\hat{\tau}$ ausführen. Mit den Ergebnissen kann man u.a. den Maximalausschlag $|z_\infty(\tau)|_{\text{max}}$ als Funktion der Kreisfrequenz der Erregung $f(\tau)$ berechnen und als Vergrößerungsfunktion in einem Diagramm darstellen.

3.3 Parametererregte n-Freiheitsgrad-Systeme

Nach Abschnitt 2.1.6 bedarf es keiner Erklärung, daß homogene Differentialgleichungen von parametererregten Systemen mit $n > 1$ Freiheitsgraden durch die Zustandsgleichung

$$z' = A(\tau)z \tag{3.91}$$

beschrieben werden. Darin ist $A(\tau)$ eine $2n \times 2n$-Matrix. Sie soll zunächst eine beliebige stückweise stetige Funktion sein. Die allgemeine Lösung $z(\tau)$ ist eine Linearkombination von $2n$ beliebig wählbaren Fundamentallösungen $z_i(\tau)$ $(i = 1, \ldots, 2n)$. Mit ihnen wird die $2n \times 2n$ -Fundamentalmatrix $\Phi(\tau)$ gebildet. Ihre $i$te Spalte ist $z_i(\tau)$ $(i = 1, \ldots, 2n)$. Besonders zweckmäßige Fundamentallösungen sind jene, mit denen $\Phi(0) = I$ ist. Die Lösung von (3.91) zu beliebigen Anfangsbedingungen $z(0) = z_0$ ist dann nämlich wieder durch Gl. (3.16) gegeben:

$$z(\tau) = \Phi(\tau)z_0, \qquad \Phi(0) = I, \qquad z_0 = z(0). \tag{3.92}$$

Da jede Spalte von $\Phi(\tau)$ die Differentialgleichung (3.91) erfüllt, erfüllt auch sie selbst die Differentialgleichung:

$$\Phi' = A(\tau)\Phi. \tag{3.93}$$

Das ist die Verallgemeinerung von (3.19). Man muß wieder zeigen, daß $\Phi(\tau)$ für beliebiges τ nichtsingulär ist, daß also die Wronskideterminante $W(\tau) = \mathrm{Det}\ \Phi(\tau) \neq 0$ ist. Dazu bildet man wieder ihre Ableitung, und zwar diesmal wie folgt:

$$W' = \lim_{\Delta\tau \to 0} \frac{W(\tau + \Delta\tau) - W(\tau)}{\Delta\tau}. \tag{3.94}$$

Für $W(\tau + \Delta\tau)$ wird eine Taylorentwicklung gemacht, in der nur die Glieder bis zur 1. Potenz von $\Delta\tau$ interessieren. Mit (3.93) ist

$$W(\tau + \Delta\tau)$$
$$= \mathrm{Det}\left[\Phi(\tau) + \Delta\tau\,\Phi'(\tau) + \ldots\right] = \mathrm{Det}\left[\Phi(\tau) + \Delta\tau\,A(\tau)\Phi(\tau) + \ldots\right]$$
$$= \mathrm{Det}\left[(I + \Delta\tau\,A)\Phi(\tau) + \ldots\right] = W(\tau)\,\mathrm{Det}\left[I + \Delta\tau\,A + \ldots\right].$$

Darin ist bei erneuter Taylorentwicklung

$$\mathrm{Det}\left[I + \Delta\tau\,A + \ldots\right] = 1 + \Delta\tau\,\mathrm{Sp}\,A(\tau) + \ldots.$$

$\mathrm{Sp}\,A(\tau)$ ist die Spur der Matrix. Dieses Resultat sieht man sofort, wenn man die Matrix ausführlich hinschreibt und prüft, welche Glieder bei der Entwicklung der Determinante den Faktor $\Delta\tau$ in nullter oder 1. Potenz haben. Damit ergibt sich aus (3.94) die Differentialgleichung $W' = W\,\mathrm{Sp}A(\tau)$ und folglich

$$W(\tau) = W(0)\exp\left[\int_0^\tau \mathrm{Sp}\,A(\bar\tau)\,\mathrm{d}\bar\tau\right].$$

Diese Gleichung ist eine Verallgemeinerung von (3.18). Nach Gl. (3.92) ist $W(0) = 1$. Damit ist bewiesen, daß $W(\tau) \neq 0$ ist.

Jetzt sei in Gl. (3.91) $A(\tau)$ wieder eine τ_p-periodische Matrix. Dann gelten wieder (3.20) und (3.21):

$$\Phi(\tau + \tau_\mathrm{p}) \equiv \Phi(\tau)\Phi(\tau_\mathrm{p}), \qquad z(\tau + \tau_\mathrm{p}) \equiv \Phi(\tau)\Phi(\tau_\mathrm{p})z_0. \tag{3.95}$$

Darin ist $\Phi(\tau_\mathrm{p})$ die $2n \times 2n$-Monodromiematrix.

3.3.1 Der Satz von Floquet

Für n-Freiheitsgrad-Systeme hat der Satz von Floquet die Form:

Satz: Gl. (3.91) hat $2n$ linear unabhängige Lösungen der Form

$$z_i(\tau) = \begin{cases} e^{\lambda_i \tau} u_i(\tau) & (i = 1, \ldots, m \leq 2n), \\ e^{\lambda_i \tau} P_i(\tau) u_i(\tau) & (i = m+1, \ldots, 2n, \text{ wenn } m < 2n). \end{cases} \qquad (3.96)$$

Die Funktionen $u_i(\tau)$ sind τ_p-periodisch, und die $P_i(\tau)$ sind Polynome in τ. Die λ_i $(i = 1, \ldots, 2n)$ sind Konstanten. Der Differentialgleichung ist eine charakteristische Gleichung $2n$ten Grades zugeordnet. Diese hat die Wurzeln $s_i = e^{\lambda_i \tau_\text{p}}$ $(i = 1, \ldots, 2n)$.

Der Beweis ist fast identisch mit dem des Satzes für den Spezialfall $2n = 2$. In Abschnitt 3.2.1 wurde gezeigt, daß Lösungen der Form $z_i(\tau) = e^{\lambda_i \tau} u_i(\tau)$ mit einer periodischen Funktion $u_i(\tau)$ die Eigenschaft (3.22) haben, d.h. $z_i(\tau + \tau_\text{p}) \equiv s\, z_i(\tau)$. Diese Gleichung führt wieder zum Eigenwertproblem (3.26):

$$[\boldsymbol{\Phi}(\tau_\text{p}) - s\boldsymbol{I}]\boldsymbol{z}_0 = \boldsymbol{0}. \qquad (3.97)$$

Die charakteristische Gleichung $2n$ten Grades Det $[\boldsymbol{\Phi}(\tau_\text{p}) - s\boldsymbol{I}] = 0$ bestimmt die Eigenwerte s_i $(i = 1, \ldots, 2n)$. Wegen Det $\boldsymbol{\Phi}(\tau_\text{p}) > 0$ sind alle Eigenwerte $\neq 0$. In Abschnitt 2.4.2 wurde erklärt, daß man bei Eigenwerten s_i mit der Vielfachheit $\nu_i > 1$ unterscheiden muß, ob der Defekt d_i der Matrix $[\boldsymbol{\Phi}(\tau_\text{p}) - s_i\boldsymbol{I}]$ gleich oder kleiner als ν_i ist. Sei m die Anzahl der Eigenwerte, bei denen Defekt = Vielfachheit ist (vielfache Eigenwerte entsprechend vielfach gezählt). Zu ihnen gehören m linear unabhängige Eigenvektoren $\boldsymbol{z}_{01}, \ldots, \boldsymbol{z}_{0m}$ und zugehörige Lösungen $\boldsymbol{z}_i(\tau) = \boldsymbol{\Phi}(\tau)\boldsymbol{z}_{0i}$ $(i = 1, \ldots, m)$. Sie bilden die erste Gruppe der Lösungen (3.96). Im allg. ist $m = 2n$. Zu vielfachen Eigenwerten, bei denen Defekt < Vielfachheit gilt, gehören die polynombehafteten Lösungen der zweiten Gruppe. Ende des Beweises.

3.3.2 Stabilitätskriterien

Aus dem Satz von Floquet folgt, wie im Fall $2n = 2$, daß die Wurzel s mit dem größten Betrag $|s|_\text{max}$ darüber entscheidet, ob die allgemeine Lösung der Differentialgleichung asymptotisch stabil, grenzstabil oder instabil ist. Im Fall $m = 2n$ ist sie asymptotisch stabil, wenn $|s|_\text{max} < 1$ ist, grenzstabil, wenn $|s|_\text{max} = 1$ ist und instabil, wenn $|s|_\text{max} > 1$ ist. Im Fall $m < 2n$ mit polynombehafteten Lösungen ist sie auch dann instabil, wenn das Betragsmaximum der Wurzeln $s_{m+1}, \ldots, s_{2n}$ gleich 1 ist.

3.3.3 Numerische Lösungen

Die numerische Lösung der Gln. (3.91) erfordert wie im Sonderfall $2n = 2$ nur die Berechnung der Fundamentalmatrix im Intervall $0 \leq \tau \leq \tau_\text{p}$. Mit ihr wird aus   (3.95) ohne Fortsetzung der Integration die Lösung $z(\tau)$ zu beliebigen Anfangswerten z_0 berechnet. Mit der Monodromiematrix $\Phi(\tau_p)$ wird das Stabilitätsverhalten der allgemeinen Lösung geklärt.

3.3.4   Erzwungene Schwingungen und Parametererregung

Ein System mit $n > 1$ Freiheitsgraden, in dem parametererregte und erzwungene Schwingungen in Kombination auftreten, hat die Zustandsgleichung

$$z' = A(\tau)z + B(\tau). \tag{3.98}$$

Darin sind z und A dieselben Matrizen, wie in (3.91), und B ist eine Spaltenmatrix mit $2n$ Elementen. Unter denselben Voraussetzungen, die im Zusammenhang mit   (3.73) und (3.80) genannt wurden – $\hat{\tau}$-periodizität von $A(\tau)$ und $B(\tau)$ – gelten alle dort entwickelten Aussagen und Gleichungen ohne irgendwelche Modifikationen, insbesondere Gl. (3.84) für die partikuläre Lösung zu den Anfangsbedingungen $z_{\text{part}}(0) = 0$ und Gl. (3.90) für die stationäre, $\hat{\tau}$-periodische Lösung $z_\infty(\tau)$. Gleichungen der Form   (3.98) mit periodischen Matrizen A und B beschreiben z. B. mehrstufige Zahnradgetriebe mit elastisch deformierbaren Zähnen in Betriebszuständen, in denen Antriebs- und Abtriebsmoment im Gleichgewicht sind (s. [24]).

Zum vertieften Studium von Theorie und Praxis parametererregter Schwingungen wird das zweibändige Werk von Yakubovich und Starzhinskiĭ [25] empfohlen.

4 Eindimensionale Kontinua

Bisher wurden nur Systeme mit endlich vielen Freiheitsgraden untersucht, d.h. Systeme, die aus Punktmassen und starren Körpern mit masselosen Feder- und Dämpferelementen bestehen. In Wirklichkeit gibt es weder starre Körper noch masselose Federn und Dämpfer. Vielmehr sind Masse, Elastizität und Dämpfung kontinuierlich in Körpern verteilt. Einen solchen Körper nennt man ein *Kontinuum*. Seile und dünne Stäbe sind eindimensionale Kontinua, dünne Scheiben, Platten und Schalen sind zweidimensionale, Baugrund sowie Wassermassen und Luftmassen sind dreidimensionale Kontinua. Systeme mit endlich vielen Freiheitsgraden sind einfache Ersatzsysteme der Wirklichkeit. Sie werden gebildet, weil sie bei vernünftiger Wahl der Parameter wesentliche Eigenschaften des wirklichen Systems in guter Näherung wiedergeben und weil Bewegungsgleichungen für sie einfacher zu formulieren und einfacher zu lösen sind. Kontinua haben aber auch Eigenschaften, die kein Ersatzsystem mit endlich vielen Freiheitsgraden wiedergeben·kann. Solche Eigenschaften werden in diesem Kapitel am Beispiel eindimensionaler Kontinua behandelt.

4.1 Die Wellengleichung

Eine vorgespannte, biegeschlaffe Saite kann Querschwingungen ausführen, die Masseteilchen eines geraden Stabes können in Stabrichtung schwingen (man spricht von *Longitudinalschwingungen*), und bei einem geraden Stab können *Torsionsschwingungen* auftreten. Weiter unten wird gezeigt, daß in allen drei Fällen freie Schwingungen durch dieselbe Differentialgleichung, die sog. *Wellengleichung*, beschrieben werden. Bei homogenen Saiten und Stäben mit konstantem Querschnitt und ohne innere Dämpfung hat sie die Form

$$\frac{\partial^2 u}{\partial t^2} = c^2 \frac{\partial^2 u}{\partial x^2}, \qquad c = \text{const.} \tag{4.1}$$

Darin ist $u(x,t)$ die Auslenkung der Saite bzw. die Längsverschiebung bzw. der Drehwinkel des Stabes – jeweils am Ort x und zur Zeit t. Man hat es also mit einer Funktion von 2 unabhängigen Veränderlichen und daher mit einer partiellen Differentialgleichung zu tun. Aus der Dimensionsanalyse der Gleichung folgt, daß c unabhängig von der physikalischen Dimension von u eine Geschwindigkeit ist. Die drei genannten Systeme unterscheiden sich nur dadurch, daß c bei jedem System durch andere Parameter definiert wird.

4.1.1 Die schwingende Saite

Abb. 4.1 zeigt ohne Angabe von Randbedingungen ein Stück einer vorgespannten, biegeschlaffen Saite in der Gleichgewichtslage. Die Vorspannkraft S, die Dichte ϱ und die Querschnittsfläche A sind vorgegebene Parameter. An der Saite greifen keine äußeren Kräfte an. In der Abbildung ist auch ein infinitesimal kleines Element der Saite mit der Masse $\varrho A\,\mathrm{d}x$ im Zustand der Auslenkung $u(x,t)$ dargestellt. Es wird vorausgesetzt, daß die Auslenkung

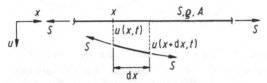

Abb. 4.1. Die schwingende Saite

keine Komponente in x-Richtung hat, und daß die Neigung $\partial u/\partial x$ für alle x und t sehr klein ist. Dann ist die Schnittkraft unabhängig von x und t gleich der Vorspannkraft S. Wenn man noch bedenkt, daß $S\partial u/\partial x$ die Komponente der Kraft in Richtung von u ist, dann lautet die Newtonsche Bewegungsgleichung für das Massenelement

$$\varrho A\mathrm{d}x\frac{\partial^2 u}{\partial t^2} = S\left.\frac{\partial u}{\partial x}\right|_{x+\mathrm{d}x} - S\left.\frac{\partial u}{\partial x}\right|_{x}.$$

Division durch $\varrho A\,\mathrm{d}x$ liefert die Wellengleichung (4.1):

$$\frac{\partial^2 u}{\partial t^2} = c^2\frac{\partial^2 u}{\partial x^2} \qquad \text{mit} \qquad c^2 = \frac{S}{\varrho A}. \tag{4.2}$$

4.1.2 Longitudinalschwingungen eines Stabes

Der ohne Angabe von Randbedingungen gezeichnete Stab in Abb. 4.2 hat den konstanten Querschnitt A, den Elastizitätsmodul E und die Dichte ϱ. Am Stab greifen keine äußeren Kräfte an. Wie in der Festigkeitslehre sei $u(x,t)$ die Verschiebung in x-Richtung desjenigen materiellen Punktes, der sich in der Gleichgewichtslage an der Stelle x befindet. Zwischen Verschiebung u, Dehnung ε und Längskraft N bzw. Spannung σ sind die Beziehungen bekannt:

$$\varepsilon = \frac{\partial u}{\partial x} = \frac{N}{EA}, \qquad \sigma = E\frac{\partial u}{\partial x}. \tag{4.3}$$

Für das freigeschnittene Stabelement lautet die Newtonsche Gleichung

$$\varrho A\,\mathrm{d}x\frac{\partial^2 u}{\partial t^2} = N(x+\mathrm{d}x,t) - N(x,t).$$

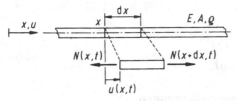

Abb. 4.2. Der longitudinal schwingende Stab

Division durch $\varrho A \, \mathrm{d}x$ und Kombination mit (4.3) liefern die Wellengleichung (4.1):

$$\frac{\partial^2 u}{\partial t^2} = c^2 \frac{\partial^2 u}{\partial x^2} \quad \text{mit} \quad c^2 = \frac{E}{\varrho}. \tag{4.4}$$

Sie gilt nicht nur für die Verschiebung u, sondern auch für jede Größe, die proportional zu einer partiellen Ableitung von u ist, also z. B. für die Geschwindigkeit $v = \partial u/\partial t$ und die Spannung $\sigma = E\partial u/\partial x$. Begründung: Man leite (4.4) partiell nach t bzw. nach x ab. Dann ergeben sich in der Tat die Wellengleichungen $\partial^2 v/\partial t^2 = c^2 \, \partial^2 v/\partial x^2$ bzw. $\partial^2 \sigma/\partial t^2 = c^2 \, \partial^2 \sigma/\partial x^2$.

4.1.3 Torsionsschwingungen eines Stabes

Der ohne Angabe von Randbedingungen gezeichnete Stab in Abb. 4.3 hat einen beliebig geformten, konstanten Querschnitt, die Torsionssteifigkeit GI_t, das polare Flächenmoment $I_\mathrm{p} = \int_A r^2 \, \mathrm{d}A$ des Querschnitts bezüglich des Schubmittelpunkts (durch ihn verläuft die Drehachse bei Torsionsschwingungen) und die Dichte ϱ. Beim Kreisquerschnitt ist $I_\mathrm{t} = I_\mathrm{p}$. Am Stab greifen keine äußeren Momente an. Sei $u(x,t)$ der Drehwinkel an der Stelle x und zur Zeit t. Die Beziehung zwischen der Drillung $\partial u/\partial x$ und der Schnittgröße Torsionsmoment $M_\mathrm{t}(x,t)$ ist

$$\frac{\partial u}{\partial x} = \frac{M_\mathrm{t}}{GI_\mathrm{t}}. \tag{4.5}$$

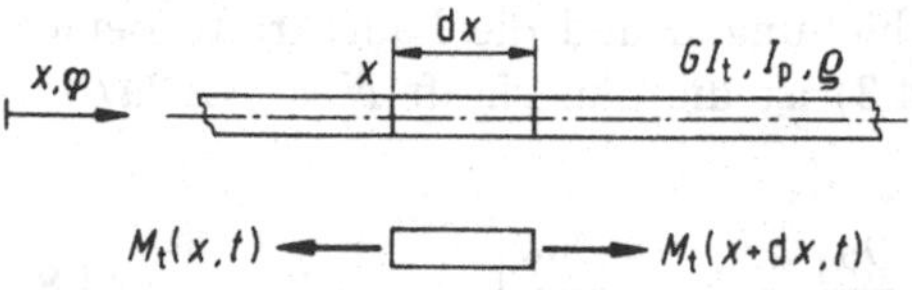

Abb. 4.3. Stab bei Torsionsschwingungen

Das freigeschnittene Stabstück der Länge $\mathrm{d}x$ hat bezüglich der Drehachse das Massenträgheitsmoment $\int_A r^2 \, \mathrm{d}A \, \varrho \, \mathrm{d}x = \varrho I_\mathrm{p} \, \mathrm{d}x$. Der Drallsatz hat daher die Form

$$\varrho I_\mathrm{p} \, \mathrm{d}x \frac{\partial^2 u}{\partial t^2} = M_\mathrm{t}(x + \mathrm{d}x, t) - M_\mathrm{t}(x,t).$$

Division durch $\varrho I_\mathrm{p}\,dx$ und Kombination mit (4.5) liefern die Wellengleichung (4.1):

$$\frac{\partial^2 u}{\partial t^2} = c^2\,\frac{\partial^2 u}{\partial x^2} \quad \text{mit} \quad c^2 = \frac{GI_\mathrm{t}}{\varrho I_\mathrm{p}}. \tag{4.6}$$

4.1.4   Randbedingungen und Anfangsbedingungen

Zur Berechnung einer eindeutigen Lösung $u(x,t)$ der Wellengleichung müssen Randbedingungen und Anfangsbedingungen vorgegeben sein. Randbedingungen treten an Lagern, an freien Enden und an Stellen auf, an denen ein Stab (eine Saite) mit einem anderen System gekoppelt ist. Abb. 4.4 illustriert technisch interessante Randbedingungen an longitudinal schwingenden Stäben. Der Stab in Abb.a hat bei x_1 ein festes Lager. Bei x_2 sind zwei verschiedene Stäbe miteinander gekoppelt. Bei x_3 ist der Stab fest mit einer Einzelmasse verbunden und bei x_4 hat er ein freies Ende. Der Stab in Abb. 4.4b ist an der Stelle $x = 0$ mit einem aus Masse, Feder und Dämpfer bestehenden Schwingungssystem gekoppelt. Statt dieses Systems kann auch ein System mit mehr als einem Freiheitsgrad angekoppelt sein. Im folgenden werden die Randbedingungen für alle dargestellten Fälle angegeben. Dabei werden die Verschiebungen in den 3 Stababschnitten von Abb.a mit $u_j(x,t)$ $(j = 1, 2, 3)$ bezeichnet.

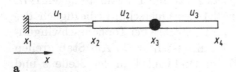 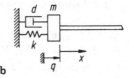

Abb. 4.4. Randbedingungen für Dehnstäbe

Festes Lager bei $x = x_1$: Die Verschiebung ist identisch null:

$$u_1(x_1, t) \equiv 0. \tag{4.7}$$

Stabkopplung bei $x = x_2$: Die Verschiebungen und die Längskräfte beider Stäbe sind jeweils identisch. Nach (4.3) ist die Längskraft $N = EA\partial u/\partial x$. Also gilt

$$u_1(x_2, t) \equiv u_2(x_2, t), \qquad \left[E_1 A_1 \frac{\partial u_1}{\partial x} - E_2 A_2 \frac{\partial u_2}{\partial x}\right]_{(x_2, t)} \equiv 0. \tag{4.8}$$

Homogener Stab mit Einzelmasse bei $x = x_3$: Die Verschiebungen sind identisch. Die Differenz der Längskräfte beschleunigt die Masse:

$$u_2(x_3, t) \equiv u_3(x_3, t), \qquad \left[EA\left(\frac{\partial u_2}{\partial x} - \frac{\partial u_3}{\partial x}\right) + m\,\frac{\partial^2 u_3}{\partial t^2}\right]_{(x_3, t)} \equiv 0. \tag{4.9}$$

Freies Ende bei $x = x_4$: Die Längskraft ist null:

$$\frac{\partial u_3}{\partial x}\bigg|_{(x_4,t)} \equiv 0. \qquad (4.10)$$

Kopplung mit dem Schwinger in Abb.b: Die Masse mit der Koordinate q wird durch die Resultierende der Kräfte in Stab, Feder und Dämpfer beschleunigt:

$$\left[m\frac{\partial^2 u}{\partial t^2} + d\frac{\partial u}{\partial t} + ku - EA\frac{\partial u}{\partial x}\right]_{(0,t)} \equiv 0, \qquad q = u(0,t). \qquad (4.11)$$

Diese Randbedingung läßt sich mühelos für den Fall verallgemeinern, daß an die Masse m weitere Massen mit Federn und Dämpfern angekoppelt sind. Die Randbedingung ist dann

$$M\ddot{q} + D\dot{q} + Kq - \begin{pmatrix} 1 \\ 0 \end{pmatrix} EA\frac{\partial u}{\partial x}\bigg|_{(0,t)} \equiv 0, \qquad q_1 = u(0,t). \qquad (4.12)$$

Die Matrizen M, D und K beschreiben das gesamte angekoppelte System vor der Ankopplung, d.h. ohne den Stab. Die Schnittkraft $EA\partial u/\partial x$ an der Koppelstelle wirkt nur auf die Masse mit der Koordinate q_1, und diese Koordinate ist $u(0,t)$.

Die Beispiele zeigen, daß die Anzahl der Randbedingungen an Stabenden gleich 1 und an Koppelstellen zweier Stababschnitte oder eines Stabes mit einem anderen System gleich 2 ist.

Wenn Abb. 4.4 einen Torsionsstab darstellt, dann bedeutet m ein Trägheitsmoment, und k und d sind die Konstanten einer Torsionsfeder bzw. eines Torsionsdämpfers. In den Randbedingungen muß man die Längssteifigkeit EA durch die Torsionssteifigkeit GI_t ersetzen (Torsionsmoment $M_t = GI_t\partial u/\partial x$; s. (4.5)).

Wenn Abb. 4.4 eine gespannte Saite darstellt, dann sind Federn und Dämpfer in Querrichtung angeordnet. In den Randbedingungen muß man die Längssteifigkeit EA durch die Längskraft S ersetzen (die Querkomponente der Kraft ist $S\,\partial u/\partial x$). Auch bei einer gespannten Saite ist ein freies Ende realisierbar, und zwar dadurch, daß man die Saite an einem masselosen Ring befestigt, der auf einer festen Querstange reibungsfrei beweglich ist.

Anfangsbedingungen schreiben vor, daß zu einem bestimmten Anfangszeitpunkt t_0 die Verschiebung $u(x,t)$ und die Geschwindigkeit $\partial u(x,t)/\partial t$ für alle Punkte x des Stabes (der Saite) vorgegeben sind:

$$u(x,t_0) = u_0(x), \qquad \frac{\partial u}{\partial t}\bigg|_{(x,t_0)} = v_0(x). \qquad (4.13)$$

4.2 Lösungen der Wellengleichung nach d'Alembert

D'Alembert und D. Bernoulli haben Lösungsmethoden für die Wellengleichung angegeben, die sich in der Durchführung und in der Interpretation ihrer Ergebnisse unterscheiden. In diesem Abschnitt wird die Methode von d'Alembert dargestellt. Die Bernoullische Methode folgt in Abschnitt 4.3. D'Alembert bemerkte, daß die Wellengleichung (4.1) ohne Beachtung von Randbedingungen die allgemeine Lösung

$$u(x,t) = f(x - ct) + g(x + ct) \tag{4.14}$$

hat. Darin sind f und g beliebige zweimal differenzierbare Funktionen von jeweils einem einzigen Argument $x-ct$ bzw. $x+ct$, das von den zwei unabhängigen Variablen x und t abhängt. Beweis: Man definiert diese Argumente als neue unabhängige Variablen

$$\xi = x - ct, \qquad \eta = x + ct. \tag{4.15}$$

Nach der Kettenregel ist

$$\left. \begin{aligned} \frac{\partial u}{\partial t} &= \frac{\partial u}{\partial \xi}\frac{\partial \xi}{\partial t} + \frac{\partial u}{\partial \eta}\frac{\partial \eta}{\partial t} = c\left(-\frac{\partial u}{\partial \xi} + \frac{\partial u}{\partial \eta}\right), \\ \frac{\partial u}{\partial x} &= \frac{\partial u}{\partial \xi}\frac{\partial \xi}{\partial x} + \frac{\partial u}{\partial \eta}\frac{\partial \eta}{\partial x} = \frac{\partial u}{\partial \xi} + \frac{\partial u}{\partial \eta}. \end{aligned} \right\} \tag{4.16}$$

Die erneute Anwendung dieser Beziehungen liefert die Ausdrücke

$$\frac{\partial^2 u}{\partial t^2} = c^2\left(\frac{\partial^2 u}{\partial \xi^2} - 2\frac{\partial^2 u}{\partial \xi \partial \eta} + \frac{\partial^2 u}{\partial \eta^2}\right), \qquad \frac{\partial^2 u}{\partial x^2} = \frac{\partial^2 u}{\partial \xi^2} + 2\frac{\partial^2 u}{\partial \xi \partial \eta} + \frac{\partial^2 u}{\partial \eta^2}.$$

Mit ihnen nimmt die Wellengleichung (4.1) die Form $\partial^2 u/\partial \xi \partial \eta = 0$ an. Daraus folgt, daß $\partial u/\partial \xi$ nicht von η, und daß $\partial u/\partial \eta$ nicht von ξ abhängt. Folglich hat die Gleichung nur Lösungen der Form $u = f(\xi) + g(\eta)$ mit beliebigen zweimal differenzierbaren Funktionen $f(\xi) = f(x - ct)$ und $g(\eta) = g(x + ct)$. Ende des Beweises.

Gl. (4.14) zeigt, daß alle Wellen der Formen $f(x-ct)-C$ und $g(x+ct)+C$ mit bestimmten Funktionen f und g und mit einer beliebigen Konstante C dieselbe Funktion $u(x,t)$ erzeugen. Bei Lösungen der Wellengleichung tritt diese Konstante auf. Sie ist unbestimmbar und kann mit einem beliebigen Wert belegt werden. Welche konkreten Funktionen f und g in einem Stab auftreten, wird durch Anfangsbedingungen und Randbedingungen bestimmt.

Es genügt übrigens, daß die Funktionen f und g stückweise zweimal differenzierbar sind. In einzelnen Punkten darf $\partial u/\partial x$ unstetig sein. Dieser Fall tritt z. B. in Abb. 4.4a an der Stelle $x = x_3$ ein, wie man an der zweiten Gl. (4.9) erkennt.

4.2.1 Charakteristiken

Der Beweis für die Lösungsform (4.14) hat gezeigt, daß die in (4.15) definierten Variablen ξ und η für die Wellengleichung eine besondere Bedeutung haben. In einem x,t-Diagramm sind Linien $\xi = x - ct = $ const und

$\eta = x + ct = $ const zwei Scharen paralleler Geraden. Sie werden *Charakteristiken* der Wellengleichung genannt. Abb. 4.5 erklärt ihre Bedeutung. Man stelle sich vor, daß jede Gerade $t = $ const den Stab zur betreffenden Zeit t darstellt. Nur zu den Zeitpunkten $t = t_0$ und $t = t_1$ ist der Stab tatsächlich gezeichnet. Man muß ihn sich zu jedem Zeitpunkt t derartig gezeichnet vor-

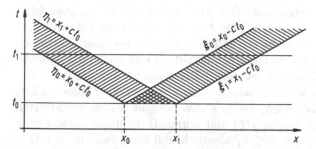

Abb. 4.5. Charakteristiken zweier Wellen $f(\xi)$ und $g(\eta)$ in einem Stab

stellen. Im dargestellten x-Bereich soll der Stab frei von Randbedingungen sein. Durch jeden Punkt (x, t) des Diagramms laufen eine Charakteristik $\xi = x - ct = $ const und eine Charakteristik $\eta = x + ct = $ const. In Abb. 4.5 sind nur die Charakteristiken durch die Punkte (x_0, t_0) und (x_1, t_0) gezeichnet. Man betrachte eine Lösung $u(x, t) = f(x - ct) = f(\xi)$ der Wellengleichung. Auf einer beliebigen Charakteristik $\xi = \bar{\xi} = $ const ist $f(\xi) = f(\bar{\xi}) = $ const und $x = ct + \bar{\xi}$. Diesen Sachverhalt kann man wie folgt interpretieren. Mit zunehmender Zeit t wandert der Funktionswert $f(\bar{\xi})$ auf der Charakteristik durch das x, t-Diagramm. Dabei wandert er auf dem Stab mit der Geschwindigkeit c entlang der positiven x-Achse. Das gilt für jeden Funktionswert von f. Mit anderen Worten: Die zu einem beliebigen festen Zeitpunkt $t = \bar{t}$ sichtbare räumliche Verschiebungsverteilung $f(x - c\bar{t})$ wandert auf dem Stab als *Welle* mit der Geschwindigkeit c entlang der positiven x-Achse. Eine Lösung $u(x, t) = g(x + ct)$ ist eine Welle mit der Geschwindigkeit $-c$, d.h. in negativer x-Richtung. Die allgemeine Lösung (4.14) ist also die Überlagerung zweier gegenläufiger Wellen. Diese Interpretation erklärt den Namen Wellengleichung. Die Größe c heißt *Wellenausbreitungsgeschwindigkeit*. Eine Welle kann man z. B. beobachten, wenn man ein an einem Haken befestigtes Seil am anderen Ende mit der Hand straff gespannt hält und kurzzeitig schüttelt. Die eingeleitete Störung wandert am Seil mit der Geschwindigkeit c entlang, ohne ihre Form zu verändern. Erst wenn sie den Haken erreicht, verursachen die dort gültigen Randbedingungen eine Änderung.

Beispiel 4.1. In den folgenden Abschnitten sind wiederholt folgende Aufgaben zu lösen. 1. Die Funktion $f(x - ct)$ einer in positiver x-Richtung wandernden Welle ist zu einer bestimmten Zeit $t = t_0$ für alle $-\infty < x < +\infty$ gegeben. 2. Die Funktion $f(x - ct)$ ist an einer bestimmten Stelle $x = x_0$ für alle $-\infty < t < +\infty$ gegeben. Man berechne in beiden Fällen $f(x - ct)$.

Lösung: Im Fall 1 ist $f(x - ct_0)$ gegeben und im Fall 2 ist $f(x_0 - ct)$ gegeben. Im Fall 1 muß man $(x - ct_0)$ durch $(x - ct)$, d.h. x durch $x - c(t - t_0)$ ersetzen und im Fall 2 $(x_0 - ct)$ durch $(x - ct)$, d.h. $-ct$ durch $x - x_0 - ct$. Für eine Welle in negativer x-Richtung gelten dieselben Vorschriften mit $-c$ anstelle von c. Ende des Beispiels.

Man betrachte noch einmal eine Welle $f(x - ct)$. Aus dem Gesagten folgt, daß der Wellenabschnitt, der sich in Abb. 4.5 zur Zeit $t = t_0$ im Intervall $x_0 \leq x \leq x_1$ befindet, nur den schraffierten Streifen zwischen den Charakteristiken $\xi = \xi_0$ und $\xi = \xi_1$ beeinflußt. Entsprechendes gilt für eine nach links laufende Welle $g(\eta) = g(x + ct)$. Daraus folgt weiter: Der Zustand, der zur Zeit $t = t_0$ im Intervall $x_0 \leq x \leq x_1$ vorliegt, beeinflußt den Stab zu einer späteren Zeit $t > t_0$ nur in den x-Intervallen, die in einem oder in beiden schraffierten Streifen liegen. Wenn die Wellen $f(\xi)$ und $g(\eta)$ z. B. zum Zeitpunkt $t = t_0$ außerhalb des Intervalls $x_0 \leq x \leq x_1$ identisch null sind, dann ist $u(x, t) = f(\xi) + g(\eta)$ zur Zeit $t \geq t_0$ außerhalb der schraffierten Streifen identisch null.

Man betrachte nun einen Stab, bei dem an der Stelle $x = 0$ Randbedingungen vorgegeben sind. Als konkretes Beispiel sei angenommen, daß bei $x = 0$ zwei Stäbe mit verschiedenen Wellenausbreitungsgeschwindigkeiten c_1 und c_2 zusammengefügt sind (vgl. Abb. 4.4a). Sei willkürlich $c_2 < c_1$. Eine Welle $f(x - c_1 t)$, die im Bereich $x < 0$ auf die Fügestelle zuläuft, löst dort i. allg. zwei Wellen aus, und zwar eine Welle $g_r(x + c_1 t)$, die vom Rand in denselben Stabteil *reflektiert* wird (Index r) und eine Welle $f_t(x - c_2 t)$, die in den anderen Stabteil *transmittiert* wird (Index t). In Abschnitt 4.2.6 wird untersucht, welche Wellen g_r und f_t zu einer vorgegebenen einlaufenden Welle f und zu vorgegebenen Randbedingungen bei $x = 0$ gehören. Zunächst ist nur wichtig, daß diese Wellen existieren. Abb. 4.6 zeigt im Bereich $x < 0$ Charakteristiken der mit c_1 nach rechts laufenden Welle $f(x - c_1 t)$ und der mit $-c_1$ nach links laufenden Welle $g_r(x + c_1 t)$. Sie haben entgegengesetzt gleiche Steigungen. Im Bereich $x > 0$ hat die Welle $f_t(x - c_2 t)$ mit der Ausbreitungsgeschwindigkeit $c_2 < c_1$ Charakteristiken mit größerer Steigung. Die Abbildung zeigt schraffiert die Einflußbereiche desjenigen Abschnitts der Welle f, der sich zur Zeit $t = t_0$ im Intervall $x_0 \leq x \leq x_1$ befindet. Wiederum gilt: Wenn die Verschiebungswelle f zur Zeit $t = t_0$ außerhalb des Intervalls $x_0 \leq x \leq x_1$ identisch null ist, dann ist zum Zeitpunkt $t > t_0$ außerhalb der schraffierten Streifen $u \equiv 0$. Dann überlagern sich f und g_r nur in dem kleinen Raum-Zeit-Bereich, in dem sich die beiden zugehörigen schraffierten Streifen überlappen.

Nach diesen Erläuterungen ist klar, wie man in einem Stab mit Randbedingungen an mehreren Stellen Einflußbereiche von Wellen konstruieren muß. Je mehr Ränder existieren, und je größer t ist, desto mehr reflektierte und transmittierte Wellen überlagern sich. Wegen der Gültigkeit des Superpositionsprinzips kann man jede Welle isoliert betrachten. Überlagerung heißt Addition von Funktionswerten. D'Alembertsche Lösungen der Wellengleichung für einen Stab oder eine Saite mit vorgegebenen Randbedingungen, Anfangsbedingungen und ggf. Erregerkräften geben alle Wellen an, die man

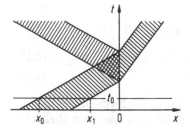

Abb. 4.6. Charakteristiken einer Welle $f(x - c_1 t)$ und der bei $x = 0$ reflektierten bzw. transmittierten Wellen $g_r(x + c_1 t)$ bzw. $f_t(x - c_2 t)$ in einem Stab mit verschiedenen Wellenausbreitungsgeschwindigkeiten c_1 im Bereich $x < 0$ und $c_2 < c_1$ im Bereich $x > 0$

überlagern muß, um die vollständige Lösung $u(x, t)$ des Problems zu erhalten. In den folgenden Abschnitten wird an typischen Beispielen erklärt, wie man einzelne Wellen berechnet.

Je weniger Randbedingungen existieren, desto einfacher ist die Lösung. Die einfachste Lösung, nämlich Gl. (4.14) mit genau zwei Wellen und mit dem Gültigkeitsbereich $-\infty \leq x \leq \infty$ und $t \geq t_0$, liegt vor, wenn der Stab beidseitig unendlich lang und ganz frei von Randbedingungen ist.

4.2.2   Wellenausbreitungsgeschwindigkeiten

Die Wellenausbreitungsgeschwindigkeit $\sqrt{E/\varrho}$ in einem longitudinal schwingenden Stab und die etwas kleinere Wellenausbreitungsgeschwindigkeit $\sqrt{G/\varrho}$ in einem Torsionsstab mit Kreisquerschnitt werden durch den verwendeten Werkstoff bestimmt. Sie sind bei allen Werkstoffen groß. Typische Zahlenwerte von $\sqrt{E/\varrho}$ sind ≈ 5100 m/s für Stahl, Aluminium und Glas (fast gleich), ≈ 4000 m/s für Beton, ≈ 1450 m/s für Wasser und ≈ 350 m/s für Kork. In einer gespannten Saite ist die Wellenausbreitungsgeschwindigkeit $\sqrt{S/(\varrho A)}$ durch geeignete Wahl der Vorspannkraft S und der Querschnittsfläche A in weiten Grenzen frei wählbar. Bei dem oben geschilderten Versuch mit einem von Hand straff gespannten Seil ist sie so klein, daß man die Wanderung einer Welle gut beobachten kann. Lösungen der Wellengleichung kann man sich daher an einer Saite besser vorstellen als in einem Stab. Alles folgende ist aber sowohl für Saiten als auch für Stäbe gültig. Schwingungen von Saiten treten bei Streichinstrumenten und als unerwünschte Erscheinungen an Hochspannungsleitungen und Abspannseilen auf. Longitudinalschwingungen in Stäben sind vor allem im Zusammenhang mit der Übertragung von Schallwellen von Bedeutung.

Man muß sich darüber klar sein, daß die Wellenausbreitungsgeschwindigkeit c nicht die Geschwindigkeit irgendeines materiellen Punktes eines Stabes (einer Saite) ist. Die Geschwindigkeit materieller Punkte ist die von x und t abhängende Größe $\partial u/\partial t$.

4.2.3 Harmonische Wellen

Eine besonders wichtige Welle ist die *harmonische Welle*

$$f(x - ct) = A_0 \cos\left[\tfrac{2\pi}{\lambda}(x - ct)\right] = A_0 \cos\left(\tfrac{2\pi x}{\lambda} - \omega t\right), \qquad (4.17)$$

$$\omega = 2\pi c/\lambda. \qquad (4.18)$$

Harmonische Wellen treten als Eigenformen bei freien Schwingungen und als erzwungene Wellen bei harmonischer Erregung auf. Bei $t = $ const (beliebig) ist f längs x eine cos-Linie mit der Amplitude A_0 und der *Wellenlänge* λ. Bei $x = $ const (beliebig) schwingt f mit der Kreisfrequenz ω. Wellenlänge und Kreisfrequenz sind durch (4.18) verbunden.

Bei der Lösung von Differentialgleichungen, in denen eine harmonische Welle auftritt, ist es vorteilhaft, die Welle als Realteil der komplexen harmonischen Welle

$$f(x - ct) = A_0 \exp\left[i\,\tfrac{2\pi}{\lambda}(x - ct)\right] = A_0 \exp\left[i\left(\tfrac{2\pi x}{\lambda} - \omega t\right)\right] \qquad (4.19)$$

aufzufassen und die Gleichung mit diesem Ausdruck im Komplexen zu lösen.

Wenn die Frequenz $f = \omega/(2\pi)$ einer harmonischen Welle im Hörbereich liegt, nennt man die Welle eine harmonische *Schallwelle*. Sie wird als einzelner Ton gehört. Das menschliche Ohr hört Töne im Frequenzbereich 16 Hz $< f <$ 16 kHz. Nach (4.18) gehören zu niedrigen Frequenzen große Wellenlängen und zu hohen kleine. Zwei Zahlenwerte vermitteln eine Vorstellung. In Stahlstäben ($c \approx 5100$ m/s) ist $\lambda \approx 320$ m bei 16 Hz und $\lambda \approx 0,3$ m bei 16 kHz. Auch der Unterschied zwischen der Wellenausbreitungsgeschwindigkeit c und der Geschwindigkeit $v = \partial f/\partial t$ materieller Punkte soll noch einmal deutlich gemacht werden. Die letztere ist $v = c(2\pi A_0/\lambda)\sin[(2\pi/\lambda)(x - ct)]$. Die Verschiebungsamplitude A_0 in einem Stahlstab ist um viele Größenordnungen kleiner als λ. In demselben Maße ist v kleiner als c.

Energiefluß, Schallpegel

Wir betrachten einen Stab mit einer beliebigen Longitudinalschwingung $u(x, t) = f(x - ct) + g(x + ct)$. In dem Volumenelement $dV = A\,dx$ an der Stelle x sind die zeitlich veränderliche kinetische Energie

$$dT = \frac{1}{2}\left(\frac{\partial u}{\partial t}\right)^2 \varrho\,dV = \frac{1}{2}c^2\varrho A\left(-\frac{\partial f}{\partial x} + \frac{\partial g}{\partial x}\right)^2 dx$$

und die zeitlich veränderliche potentielle Energie

$$dU = \frac{1}{2E}\sigma^2\,dV = \frac{1}{2}EA\left(\frac{\partial f}{\partial x} + \frac{\partial g}{\partial x}\right)^2 dx$$

gespeichert (man beachte (4.3)). Wegen $c^2 = E/\varrho$ sind die Koeffizienten vor beiden Klammerausdrücken gleich. Wenn insbesondere nur eine Welle $f(x - ct)$ durch den Stab läuft, dann sind in jedem Volumenelement beide

Energien gleich (aber zeitlich veränderlich). Dann ist die Gesamtenergie des Volumenelements

$$d(T + U) = EA \left(\frac{\partial f}{\partial x} \right)^2 dx.$$

Da die Welle mit der Geschwindigkeit c wandert, definiert man den *Energiefluß*

$$P(x,t) = c \frac{d}{dx} (T + U) = c EA \left(\frac{\partial f}{\partial x} \right)^2.$$

Er ist insbesondere in der Akustik wichtig. Wenn $f(x - ct)$ die harmonische Schallwelle (4.17) ist, ergibt sich bei Beachtung des Additionstheorems $\sin^2 \alpha = \frac{1}{2}(1 - \cos 2\alpha)$ eine Schwingung um den Mittelwert

$$P_m = \frac{cEA}{2} A_0^2 \left(\frac{2\pi}{\lambda} \right)^2 = \frac{EA}{2c} A_0^2 \omega^2. \tag{4.20}$$

Als Einheit des *Schallpegels* wird die dimensionslose Größe Dezibel, abgekürzt dB, definiert:

$$1\,dB = 10 \log(P_m/P_0). \tag{4.21}$$

Der Logarithmus hat die Basis 10, und P_0 ist eine Bezugsgröße. Der Grund für diese Definition ist die physiologische Eigenschaft des menschlichen Gehörsinns, daß in einem weiten Frequenzbereich bei *konstanter* Tonfrequenz die Lautstärkeempfindung in guter Näherung dem Logarithmus des mittleren Energieflusses P_m proportional ist. Dieses Gesetz wird das Weber-Fechnersche Gesetz genannt. Lautstärke und Schallpegel sind allerdings nicht identisch. Die Lautstärke hängt vom Schallpegel und von den Eigenschaften des Gehörsinns ab. Oberhalb von 16 kHz hört man z. B. selbst bei großem Schallpegel nichts.

In Abschnitt 4.2.6 werden die Schallpegel zweier Schallwellen gleicher Frequenz und verschiedener Verschiebungsamplituden A_{0_2} und A_{0_1} in ein und demselben Stab miteinander verglichen. Da die Differenz zweier Schallpegel die Differenz zweier Logarithmen ist, muß man den Logarithmus des Verhältnisses der beiden mittleren Energieflüsse bilden. Die Schallpegeldifferenz ist mit (4.20) unter den genannten Bedingungen

$$\delta = 10 \log(P_{m_2}/P_{m_1})\,dB = 20 \log(A_{0_2}/A_{0_1})\,dB. \tag{4.22}$$

4.2.4 Wellen infolge Anfangsbedingungen

Für einen Stab (eine Saite) seien zur Zeit $t_0 = 0$ die Verschiebung und die Geschwindigkeit für alle $-\infty < x < +\infty$ vorgegeben, d.h. die Funktionen $u_0(x)$ und $v_0(x)$ in den Anfangsbedingungen (4.13):

$$u(x,0) = u_0(x), \qquad \left. \frac{\partial u}{\partial t} \right|_{(x,0)} = v_0(x).$$

Ohne Einschränkung der Allgemeingültigkeit wird vorausgesetzt, daß $u_0(x)$ und $v_0(x)$ außerhalb des Intervalls $0 \leq x \leq a$ von endlicher Länge a identisch gleich null sind. Zunächst wird außerdem vorausgesetzt, daß der Stab (die Saite) beidseitig unendlich lang und ganz frei von Randbedingungen ist. Dann lösen die Anfangsbedingungen eine Welle $f(x - ct)$ und eine Welle $g(x + ct)$ aus, die für alle $-\infty \leq x \leq \infty$ und für alle $t \geq 0$ gültig sind. Der Lösungsansatz ist also

$$u(x,t) = f(x - ct) + g(x + ct). \tag{4.23}$$

Er wird in die Anfangsbedingungen eingesetzt. Das Ergebnis sind die Gleichungen

$$f(x) + g(x) = u_0(x), \qquad \left[\frac{\partial f}{\partial t} + \frac{\partial g}{\partial t}\right]_{(x,0)} = v_0(x).$$

In der zweiten Gleichung ist $\partial f/\partial t = -c\,\partial f/\partial x$ und $\partial g/\partial t = c\,\partial g/\partial x$. Damit hat sie die Form $\mathrm{d}[-f(x) + g(x)]/\mathrm{d}x = v_0(x)/c$. Integration über x in den Grenzen von $x = 0$ bis x (beliebig) ergibt

$$-f(x) + g(x) = \frac{1}{c} \int_0^x v_0(\bar{x})\,\mathrm{d}\bar{x} - f(0) + g(0).$$

Diese Gleichung und die 1. Randbedingung liefern

$$f(x) = \frac{1}{2}\left[u_0(x) - \frac{1}{c}\int_0^x v_0(\bar{x})\,\mathrm{d}\bar{x} + f(0) - g(0)\right],$$

$$g(x) = \frac{1}{2}\left[u_0(x) + \frac{1}{c}\int_0^x v_0(\bar{x})\,\mathrm{d}\bar{x} - f(0) + g(0)\right].$$

Um die Wellen $f(x - ct)$ und $g(x + ct)$ zu erhalten, muß man nach Beisp. 4.1 in der ersten Gleichung x durch $x - ct$ und in der zweiten x durch $x + ct$ ersetzen. Die in beiden Wellen mit entgegengesetzten Vorzeichen auftretende Konstante $f(0) - g(0)$ ist unbestimmbar. In Abschnitt 4.2 wurde begründet, daß man sie willkürlich gleich null setzen kann. Damit sind die Wellen:

$$f(x - ct) = \frac{1}{2}\left[u_0(x - ct) - \frac{1}{c}\int_0^{x-ct} v_0(\bar{x})\,\mathrm{d}\bar{x}\right], \tag{4.24}$$

$$g(x + ct) = \frac{1}{2}\left[u_0(x + ct) + \frac{1}{c}\int_0^{x+ct} v_0(\bar{x})\,\mathrm{d}\bar{x}\right]. \tag{4.25}$$

Die gesuchte Lösung (4.23) ist die Summe:

$$u(x,t) = \frac{1}{2}\left[u_0(x - ct) + u_0(x + ct) + \frac{1}{c}\int_{x-ct}^{x+ct} v_0(\bar{x})\,\mathrm{d}\bar{x}\right]. \tag{4.26}$$

Beispiel 4.2. Eine Saite wird im Zustand der Ruhe, d.h. mit $v_0(x) \equiv 0$, mit der in Abb. 4.7 auf der Linie $t = 0$ dargestellten Anfangsauslenkung $u_0(x)$ losgelassen.

Außerhalb des Intervalls $0 < x < a$ ist $u_0(x)$ identisch null. Aus (4.24) und (4.25) erhält man die Wellen $f(x - ct) = \frac{1}{2}u_0(x - ct)$ und $g(x + ct) = \frac{1}{2}u_0(x + ct)$. Jede hat die Gestalt einer Hälfte der Anfangsauslenkung $u_0(x)$. Ihre Ausbreitung wird durch Charakteristiken im x,t-Diagramm dargestellt. Die Abbildung zeigt nur die Charakteristiken durch die Endpunkte des Intervalls der Breite a zur Zeit $t = 0$. Außerhalb der von diesen Charakteristiken eingeschlossenen Streifen ist die Auslenkung $u(x,t)$ der Saite identisch null (vgl. Abb. 4.5). Für zwei Zeitpunkte t_1 und t_2 ist die Auslenkung gezeichnet. Ende des Beispiels.

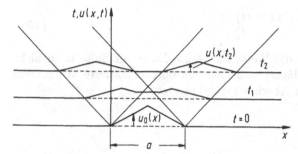

Abb. 4.7. Anfangsauslenkung $u_0(x)$ einer Saite und Ausbreitung der durch sie ausgelösten Wellen

Zu Beginn wurde vorausgesetzt, daß die Saite beidseitig unendlich lang und ganz frei von Randbedingungen ist. Die Lösung (4.26) bleibt gültig, wenn bei $x_1 \leq 0$ und bei $x_2 \geq a$ Randbedingungen existieren. Sie ist dann aber auf den Gültigkeitsbereich $x_1 \leq x \leq x_2$ beschränkt. Außerdem überlagern sich dieser Lösung Wellen, die bei $x = x_1$ und bei $x = x_2$ durch Reflexion entstehen. In den Bereichen $x \leq x_1$ und $x \geq x_2$ existieren transmittierte Wellen. Wie man reflektierte und transmittierte Wellen berechnet, wird in Abschnitt 4.2.6 erklärt.

Noch etwas komplizierter ist der Fall, wenn ein Punkt $0 < x_1 < a$ mit Randbedingungen existiert. Dann muß man Lösungen der Form (4.24) bis (4.26) für die beiden Bereiche $0 \leq x \leq x_1$ und $x_1 \leq x \leq a$ getrennt berechnen und die bei $x = x_1$ nach beiden Seiten reflektierten und transmittierten Wellen bestimmen. Das Superpositionsprinzip erlaubt die Isolierung dieser Teilaufgaben.

4.2.5 Erzwungene Wellen

Erzwungene Wellen sind die Folge von Fremderregung. Wie bei einem Schwinger mit endlich vielen Freiheitsgraden ist die Erregung entweder eine als Funktion der Zeit vorgegebene Kraft oder eine als Funktion der Zeit vorgegebene Fußpunktbewegung oder eine als Funktion der Zeit vorgegebene Bewegung einer Masse relativ zum schwingenden Stab (zur schwingenden Saite). Erregerkräfte können längs des Stabes verteilt sein oder als Einzelkräfte in ausgezeichneten Punkten angreifen. Im folgenden wird der letztere Fall an einem ausgewählten Beispiel behandelt.

Abb. 4.8 zeigt eine Saite, die am freien Ende bei $x = 0$ mit einem Schwinger verbunden ist, der aus Masse, Feder und Dämpfer besteht. Der Fußpunkt der Feder wird mit einer vorgegebenen Verschiebungsfunktion $W(t)$ bewegt. Zur Zeit $t = 0$ ist die Saite in der Lage $u(x, 0) \equiv 0$ und in Ruhe. Folglich gibt es keine durch Anfangsbedingungen erzeugten Wellen. Die Erregung erzeugt nur eine nach rechts laufende Welle $f(x - ct)$. Da sie zur Zeit $t > 0$ (beliebig) bis zur Stelle $x = ct$ gelaufen ist, ist $u(x, t)$ für $x > ct$ identisch null. Der Lösungsansatz hat also die Form

$$u(x,t) = \begin{cases} f(x - ct) & (x \le ct) \\ 0 & (x \ge ct). \end{cases} \tag{4.27}$$

Er ist vollständig, solange die Welle das rechte Ende der Saite noch nicht erreicht hat. Danach überlagert sich eine von dort reflektierte Welle. Wie man sie berechnet, wird in Abschnitt 4.2.6 gezeigt.

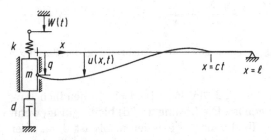

Abb. 4.8. Vorgespannte Saite mit angekoppeltem m-k-d-Schwinger am freien Ende und mit Fußpunkterregung $W(t)$

Da der Lösungsansatz die Wellengleichung erfüllt, benötigt man nur noch die Randbedingung an der Stelle $x = 0$. Die Saite ist fast ebenso gelagert, wie der Stab in Abb. 4.4b. Man muß in seiner Randbedingung (4.11) nur EA durch S und die Federkraft $ku(0, t)$ durch $k[u(0, t) - W(t)]$ ersetzen. Die Randbedingung ist also

$$\left[m \frac{\partial^2 u}{\partial t^2} + d \frac{\partial u}{\partial t} + k(u - W) - S \frac{\partial u}{\partial x} \right]_{(0,t)} \equiv 0. \tag{4.28}$$

In sie wird der Ansatz (4.27) eingesetzt. Man definiert wieder $\xi = x - ct$. Mit $\partial f / \partial x = \partial f / \partial \xi$ und $\partial f / \partial t = -c\, \partial f / \partial \xi$ erhält man die Gleichung

$$mc^2 \frac{d^2 f}{d\xi^2} - dc \frac{df}{d\xi} + k[f(\xi) - W(-\xi/c)] - S \frac{df}{d\xi} = 0, \qquad \xi = -ct$$

oder

$$\frac{d^2 f}{d\xi^2} - \frac{d + S/c}{mc} \frac{df}{d\xi} + \frac{k}{mc^2} f = \frac{k}{mc^2} W(-\xi/c). \tag{4.29}$$

Das ist die Gleichung einer erzwungenen Schwingung mit Dämpfung. Das negative Vorzeichen beim Dämpfungsglied ist dadurch zu erklären, daß ξ abnimmt, wenn t zunimmt. Man sieht, daß die Saite einen Beitrag zur Dämpfung leistet, obwohl sie keine Werkstoffdämpfung hat. Die Erklärung für dieses Phänomen ist, daß mit einer Welle $f(x - ct)$ Energie entlang der Saite abtransportiert wird. Je länger die Saite ist und je größer t ist, desto weniger Energie bleibt im Schwinger zurück. Eine unendlich lange Saite wirkt wie ein Dämpfer mit der Dämpferkonstanten $S/c = \sqrt{S\varrho A}$.

Die unabhängige Variable ξ hat die Dimension Länge, und $k/(mc^2)$ hat die Dimension Länge^{-2}. Wie früher wird die Eigenkreisfrequenz $\sqrt{k/m}$ des Schwingers ohne Dämpfer und ohne die Saite mit ω_0 bezeichnet. Außerdem führen wir die Abkürzung $\lambda_0 = \omega_0/c$ ein und definieren damit analog zu (1.45)

$$\tau = -\lambda_0\xi = \omega_0 t, \qquad \frac{df}{d\xi} = -\lambda_0 \frac{df}{d\tau}, \qquad 2D = \frac{d + S/c}{\lambda_0 mc} = \frac{d + \sqrt{S\varrho A}}{\sqrt{mk}}$$

und die Funktion $h(\tau) = W(\tau/\omega_0)$. Damit nimmt die Gleichung die Standardform von Gl. (1.46) an:

$$\frac{d^2 f}{d\tau^2} + 2D \frac{df}{d\tau} + f = h(\tau). \tag{4.30}$$

Lösungen und Lösungsmethoden wurden ausführlich behandelt. Die homogene Gleichung hat im Fall $D \leq 1$ nach (1.32) die Lösung

$$f(\tau) = e^{-D\tau}(A \cos \nu\tau + B \sin \nu\tau), \qquad \nu = \sqrt{1 - D^2}. \tag{4.31}$$

In dem Sonderfall, daß die Erregerfunktion $W(t)$ die harmonische Funktion $W(t) = W_0 \cos \Omega t$ ist, ist $h(\tau) = W_0 \cos \eta\tau$ mit $\eta = \Omega/\omega_0$. Dann ist die partikuläre Lösung von (4.30) eine harmonische Schwingung mit der Erregerkreisfrequenz und mit einer der Dämpfung entsprechenden Amplitude und Phasenverschiebung.

In der aus (4.30) berechneten Lösung ersetzt man τ wieder durch $-\lambda_0\xi = \lambda_0 ct$. Aus dieser Funktion erhält man schließlich nach Beisp. 4.1 die gesuchte Welle, indem man $(-ct)$ durch $(x - ct)$ ersetzt. Man muß also τ durch $-\lambda_0(x - ct)$ ersetzen.

Beispiel 4.3. Die Lösung (4.31) liefert die Welle

$$e^{D\lambda_0(x - ct)}\big[A \cos \nu\lambda_0(x - ct) - B \sin \nu\lambda_0(x - ct)\big].$$

Der Gültigkeitsbereich ist $x \leq ct$, wie in (4.27) erklärt wurde. An jeder Stelle $x = \text{const} < ct$ strebt der Ausdruck mit zunehmender Zeit gegen null. Ende des Beispiels.

Genauso, wie in dem hier ausführlich dargestellten Fall muß man in anderen Fällen vorgehen. Man muß einen die Wellengleichung erfüllenden Lösungsansatz mit noch unbekannten Funktionen und alle Randbedingungen formulieren. Mit dem Ansatz ergeben sich aus den Randbedingungen gewöhnliche Differentialgleichungen für die gesuchten Funktionen. Die Lösungen der homogenen Gleichungen sind gedämpfte Schwingungen, so daß häufig nur die partikulären Lösungen der inhomogenen Gleichungen interessieren.

4.2.6 Reflexion und Transmission von Wellen

In den Abschnitten 4.2.4, 4.2.5 wurden Wellen berechnet, die durch Anfangsbedingungen bzw. durch Fremderregung ausgelöst werden. In diesem Abschnitt wird gezeigt, wie eine beliebige Welle an einem Punkt mit gegebenen Randbedingungen reflektiert und transmittiert wird. Durch Kombination der Methoden aller drei Abschnitte können vollständige d'Alembertsche Lösungen $u(x,t)$ berechnet werden.

Abb. 4.4 hat gezeigt, daß Randbedingungen an Stabenden und in Punkten innerhalb eines Stabfeldes vorgeschrieben sein können. An Stabenden kann eine einlaufende Welle nur eine reflektierte Welle auslösen. Zu ihrer Bestimmung steht eine Randbedingung zur Verfügung. An Punkten mit Randbedingungen im Stabinnern löst eine einlaufende Welle sowohl eine reflektierte als auch eine transmittierte Welle aus. Zu ihrer Bestimmung stehen zwei Randbedingungen zur Verfügung. Dieser allgemeinere Fall wird im folgenden untersucht. In den Punkt mit gegebenen Randbedingungen wird der Ursprung $x = 0$ der Koordinatenachse gelegt. Der Bereich $x < 0$ wird Stab 1 genannt und der Bereich $x > 0$ Stab 2. In Stab 1 läuft eine beliebig vorgegebene Verschiebungswelle $f(x - c_1 t)$ auf den Punkt $x = 0$ zu. Die Randbedingungen verursachen eine reflektierte Welle $g_r(x + c_1 t)$ und eine transmittierte Welle $f_t(x - c_2 t)$. Der Lösungsansatz für die Verschiebungen der Stäbe lautet also

$$\left. \begin{array}{ll} u_1(x,t) = f(x - c_1 t) + g_r(x + c_1 t) & (x \leq 0) \\ u_2(x,t) = f_t(x - c_2 t) & (x \geq 0). \end{array} \right\} \qquad (4.32)$$

Er erfüllt die Wellengleichung. Die unbekannten Wellen f_t und g_r werden aus den Randbedingungen berechnet. Man geht also genauso vor, wie im vorigen Abschnitt. In der Tat stellt die gegebene Welle $f(x - c_1 t)$ eine Fremderregung dar. An zwei Beispielen mit verschiedenen Randbedingungen werden die auftretenden mathematischen Probleme dargestellt.

Gekoppelte Stäbe

Zuerst wird der Fall untersucht, daß bei $x = 0$ die Fügestelle zweier Stäbe mit verschiedenen Wellenausbreitungsgeschwindigkeiten $c_1 = \sqrt{E_1/\varrho_1}$ und

$c_2 = \sqrt{E_2/\varrho_2}$ liegt. Das ist die Situation von Abb. 4.4a mit $x_2 = 0$. Die Kopplung verursacht die Randbedingungen (s. (4.8))

$$u_1(0,t) \equiv u_2(0,t), \qquad \left[E_1 A_1 \frac{\partial u_1}{\partial x} - E_2 A_2 \frac{\partial u_2}{\partial x} \right]_{(0,t)} \equiv 0.$$

Die erste ist die Gleichung

$$f(-c_1 t) + g_{\mathrm{r}}(c_1 t) \equiv f_{\mathrm{t}}(-c_2 t). \tag{4.33}$$

In der zweiten verwendet man die Beziehungen

$$\frac{\partial f}{\partial x} = -\frac{1}{c_1} \frac{\partial f}{\partial t}, \qquad \frac{\partial g_{\mathrm{r}}}{\partial x} = \frac{1}{c_1} \frac{\partial g_{\mathrm{r}}}{\partial t}, \qquad \frac{\partial f_{\mathrm{t}}}{\partial x} = -\frac{1}{c_2} \frac{\partial f_{\mathrm{t}}}{\partial t}. \tag{4.34}$$

Damit nimmt sie die Form an:

$$\frac{\mathrm{d}}{\mathrm{d}t} \left\{ \frac{E_1 A_1}{c_1} \left[-f(-c_1 t) + g_{\mathrm{r}}(c_1 t) \right] + \frac{E_2 A_2}{c_2} f_{\mathrm{t}}(-c_2 t) \right\} = 0.$$

Integration über t liefert die Gleichung

$$-f(-c_1 t) + g_{\mathrm{r}}(c_1 t) + \kappa f_{\mathrm{t}}(-c_2 t) = C \quad \text{mit} \quad \kappa = \frac{E_2 A_2 c_1}{E_1 A_1 c_2}. \tag{4.35}$$

Die Integrationskonstante C kann man willkürlich gleich null setzen, weil außer den Randbedingungen keine weiteren Bedingungen erfüllt werden müssen. Aus der letzten Gleichung und aus (4.33) berechnet man

$$g_{\mathrm{r}}(c_1 t) \equiv \frac{1-\kappa}{1+\kappa} f(-c_1 t), \qquad f_{\mathrm{t}}(-c_2 t) \equiv \frac{2}{1+\kappa} f(-c_1 t). \tag{4.36}$$

Diese Funktionen sind die gesuchten Wellen $g_{\mathrm{r}}(x + c_1 t)$ und $f_{\mathrm{t}}(x - c_2 t)$ für $x = 0$. Um sie für $x \neq 0$ zu erhalten, muß man nach Beisp. 4.1 in der ersten Gleichung $c_1 t$ durch $x + c_1 t$ ersetzen und in der zweiten $-c_2 t$ durch $x - c_2 t$. Als Endergebnis erhält man also die Wellen

$$\left. \begin{array}{l} g_{\mathrm{r}}(x + c_1 t) = \frac{1-\kappa}{1+\kappa} f[-(x + c_1 t)], \\[2mm] f_{\mathrm{t}}(x - c_2 t) = \frac{2}{1+\kappa} f[\frac{c_1}{c_2}(x - c_2 t)]. \end{array} \right\} \tag{4.37}$$

Diese Funktionen werden schließlich in (4.32) eingesetzt:

$$\left. \begin{array}{ll} u_1(x,t) = f(x - c_1 t) + \frac{1-\kappa}{1+\kappa} f[-(x + c_1 t)], & (x \le 0) \\[2mm] u_2(x,t) = \frac{2}{1+\kappa} f[\frac{c_1}{c_2}(x - c_2 t)] & (x \ge 0). \end{array} \right\} \tag{4.38}$$

Damit ist das Problem gelöst.

Die Ergebnisse enthalten die Sonderfälle, daß Stab 2 die Dichte $\varrho_2 \to \infty$ oder $\varrho_2 = 0$ hat. Für Stab 1 bedeutet das ein festes Lager bzw. ein freies Ende bei $x = 0$. Die zugehörigen Größen des Parameters κ sind $\kappa \to \infty$ bzw. $\kappa = 0$. Damit erhält man aus Gl. (4.38) die Verschiebungen in Stab 1:

$$u_1(x,t) = \begin{cases} f(x - c_1 t) - f[-(x + c_1 t)] & \text{(festes Lager)}, \\[2mm] f(x - c_1 t) + f[-(x + c_1 t)] & \text{(freies Ende)}. \end{cases} \tag{4.39}$$

Beispiel 4.4. Die einlaufende Welle f ist im untersten Bild von Abb. 4.9a darge-stellt. Sie ist nur in einem endlichen x-Intervall ungleich null. Die Stäbe haben die Parameter $c_1/c_2 = 2,5$ und $E_1 A_1 = E_2 A_2$. Damit ist $\kappa = 2,5$. Abb. 4.9a zeigt (von unten nach oben) in 11 äquidistanten Zeitpunkten die Verschiebungen $u_1(x,t)$ und $u_2(x,t)$. Die Bilder zeigen ein konkretes Beispiel für den in Abb. 4.6 schematisch dargestellten Vorgang. Wie dort sind auch die Charakteristiken eingezeichnet, die von null verschiedene Verschiebungen einschließen. Abb. 4.9b und c zeigen für dieselbe einlaufende Welle die Vorgänge, wenn Stab 1 bei $x = 0$ ein festes Lager (Bild b) bzw. ein freies Ende hat (Bild c). Das jeweils letzte (d.h. oberste) Bild zeigt die reflektierte Welle g_r ohne Überlagerung mit der einlaufenden Welle. Man erkennt, warum sie reflektierte Welle heißt. Sie ist tatsächlich das mit einer Konstanten multiplizierte Spiegelbild der einlaufenden Welle. Ende des Beispiels.

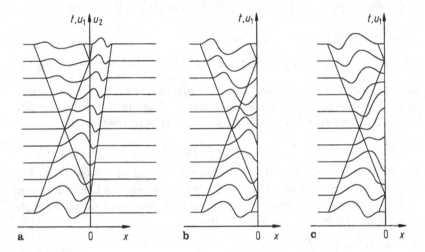

Abb. 4.9. Reflexion und Transmission einer Welle im Fall $\kappa = 2,5$; $c_1/c_2 = 2,5$ (a); Reflexion derselben Welle an einem festen Lager (b), an einem freien Ende (c)

Beispiel 4.5. Die einlaufende Welle ist die harmonische Welle $f(x - c_1 t) = A_0 \cos\left(\frac{2\pi x}{\lambda_1} - \omega t\right)$. Stab 1 hat bei $x = 0$ ein festes Lager oder ein freies Ende. Die Verschiebungen in Stab 1 sind nach (4.39):

Festes Lager: $u_1(x,t) = A_0\left[\cos\left(\frac{2\pi x}{\lambda_1} - \omega t\right) - \cos\left(\frac{2\pi x}{\lambda_1} + \omega t\right)\right]$
$$= 2A_0 \sin\frac{2\pi x}{\lambda_1}\,\sin\omega t,$$

freies Ende: $u_1(x,t) = A_0\left[\cos\left(\frac{2\pi x}{\lambda_1} - \omega t\right) + \cos\left(\frac{2\pi x}{\lambda_1} + \omega t\right)\right]$
$$= 2A_0 \cos\frac{2\pi x}{\lambda_1}\,\cos\omega t.$$

Abb. 4.10 zeigt diese Bewegungsformen am Beispiel einer gespannten Saite. Man nennt sie *stehende Wellen*. Alle materiellen Punkte schwingen phasengleich. Nullstellen und Extrema treten an festen Orten x auf. Die Nullstellen heißen *Knoten*, und die Extrema heißen *Bäuche*. Ende des Beispiels.

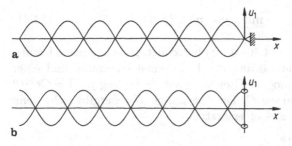

Abb. 4.10. Stehende Wellen einer Saite mit einem festen Lager (a) und mit einem freien Ende (b). Am freien Ende gleitet ein masseloser Ring auf einer Stange

Homogener Stab mit Einzelmasse

Im folgenden werden die Reflexion und die Transmission einer Welle $f(x-ct)$ an einer Einzelmasse untersucht, die auf einem homogenen Stab an der Stelle $x = 0$ befestigt ist. Das ist die Situation von Abb. 4.4a an der Stelle $x_3 = 0$. Die zugehörigen Randbedingungen stehen in (4.9):

$$u_1(0,t) \equiv u_2(0,t), \qquad \left[EA\left(\frac{\partial u_1}{\partial x} - \frac{\partial u_2}{\partial x}\right) + m\,\frac{\partial^2 u_2}{\partial t^2}\right]_{(0,t)} \equiv 0.$$

Die Stabteile in den Bereichen $x < 0$ und $x > 0$ werden wieder mit den Indizes 1 bzw. 2 bezeichnet. Der Lösungsansatz ist wieder (4.32), jedoch mit $c_1 = c_2 = c$:

$$u_1(x,t) = f(x - ct) + g_r(x + ct) \qquad (x \le 0)$$
$$u_2(x,t) = f_t(x - ct) \qquad (x \ge 0).$$

Die unbekannten Wellen g_r und f_t werden in derselben Weise bestimmt, wie in der vorigen Aufgabenstellung. Der Ansatz wird also in die Randbedingungen eingesetzt. Man verwendet wieder die Beziehungen (4.34). Das Ergebnis sind die Gleichungen

$$f(-ct) + g_r(ct) \equiv f_t(-ct), \tag{4.40}$$
$$\frac{\mathrm{d}}{\mathrm{d}t}\left\{\frac{EA}{c}\left[-f(-ct) + g_r(ct) + f_t(-ct)\right] + m\frac{\mathrm{d}}{\mathrm{d}t}f_t(-ct)\right\} = 0.$$

Integration der zweiten Gleichung über t liefert

$$\frac{EA}{c}\left[-f(-ct) + g_r(ct) + f_t(-ct)\right] + m\frac{\mathrm{d}}{\mathrm{d}t}f_t(-ct) = C_1.$$

Die Integrationskonstante C_1 kann man auch hier willkürlich gleich null setzen. Diese Gleichung und (4.40) werden nach g_r und f_t aufgelöst. Die Elimination von g_r führt zu einer gewöhnlichen Differentialgleichung für f_t:

$$\frac{mc}{EA}\frac{\mathrm{d}}{\mathrm{d}t}f_t(-ct) + 2f_t(-ct) = 2f(-ct).$$

Sei $\xi = -ct$. Dann ist $\mathrm{d}f_t/\mathrm{d}t = -c\,\mathrm{d}f_t/\mathrm{d}\xi$. Damit erhält man für die Funktion $f_t(\xi)$ die Differentialgleichung

$$\frac{\mathrm{d}f_t}{\mathrm{d}\xi} - \frac{2}{\mu}\,f_t = -\frac{2}{\mu}\,f(\xi) \quad \text{mit} \quad \mu = mc^2/(EA). \tag{4.41}$$

Mit der Lösung $f_t(\xi)$ wird aus (4.40) $g_r(ct)$ berechnet. Die allgemeine Lösung $f_t(\xi)$ ist die Summe aus der Lösung der homogenen Gleichung und einer partikulären Lösung. Die homogene Gleichung hat die Lösung $f_t(\xi) = C\mathrm{e}^{2\xi/\mu}$ mit einer Integrationskonstanten C. Die zugehörige Welle ergibt sich, wenn man $\xi = -ct$ wieder durch $x - ct$ ersetzt:

$$f_t(x - ct) = C\mathrm{e}^{2(x-ct)/\mu}.$$

Wenn der Vorgang zur Zeit $t = 0$ beginnt, hat die Lösung den Gültigkeitsbereich $x \leq ct$, weil die Welle zur Zeit t nur bis zur Stelle $x = ct$ läuft. An jeder Stelle $x = \text{const} < ct$ strebt der Funktionswert mit zunehmender Zeit asymptotisch gegen null, obwohl der Stab keine innere Dämpfung hat. Dieses Phänomen wurde schon im Zusammenhang mit (4.29) dadurch erklärt, daß die Welle Energie entlang dem Stab abtransportiert. In einem sehr langen Stab spielt nach einiger Zeit nur noch die partikuläre Lösung eine Rolle. Wir berechnen sie für den Fall, daß die einlaufende Welle $f(x - ct)$ eine harmonische Schallwelle der Form (4.17) ist. Das Ziel der Untersuchung ist die Klärung der Frage, ob man mit einer Masse erreichen kann, daß die transmittierte Schallwelle einen wesentlich geringeren Schallpegel hat als die einlaufende Welle.

Die harmonische Schallwelle wird in der komplexen Form (4.19) geschrieben. Dann hat die Differentialgleichung (4.41) die Form

$$\frac{\mathrm{d}f_t}{\mathrm{d}\xi} - \frac{2}{\mu}\,f_t = -\frac{2}{\mu}\,A_0 \exp\left(\mathrm{i}\,2\pi\xi/\lambda\right).$$

Für die partikuläre Lösung wird der Ansatz vom Typ der rechten Seite gemacht:

$$f_t(\xi) = A_t \exp\left(\mathrm{i}\,2\pi\xi/\lambda\right). \tag{4.42}$$

Darin ist A_t die Amplitude der transmittierten Welle. Einsetzen in die Differentialgleichung führt zu dem Ergebnis $A_t = A_0/(1 - \mathrm{i}\pi\mu/\lambda)$. Die Amplitude erweist sich also als komplexe Größe, was eine Phasenverschiebung zwischen den Wellen f_t und f ausdrückt. Die reelle Amplitude ist mit (4.18) für ω und mit der Definition von μ (s. (4.41))

$$|A_t| = A_0 / \sqrt{1 + \left(\frac{\pi\mu}{\lambda}\right)^2} = A_0 / \sqrt{1 + \left(\frac{m\omega c}{2EA}\right)^2}. \tag{4.43}$$

Die gesuchte Differenz der Schallpegel der transmittierten und der einlaufenden Welle wird durch (4.22) angegeben:

$$\delta = 20 \log(|A_t|/A_0)\ \mathrm{dB} = -10 \log\left[1 + \left(\frac{m\omega c}{2EA}\right)^2\right]\ \mathrm{dB}. \tag{4.44}$$

Dieses Ergebnis zeigt, daß die Masse als Maßnahme zur Schalldämmung umso wirkungsvoller ist, je größer sie ist. Das entspricht der Erwartung. In der Akustik spricht man deshalb von einer Sperrmasse.

4.3 Bernoulli-Lösungen der Wellengleichung

4.3.1 Ungedämpfte Eigenschwingungen

In diesem Kapitel werden Eigenschwingungen von Stäben (Saiten) untersucht, die weder kontinuierlich verteilte Dämpfung noch konzentrierte Einzeldämpfer haben. Wie bisher kann ein Stab mit anderen mechanischen Systemen gekoppelt sein. Auch diese werden als ungedämpft vorausgesetzt. Ihre Eigenschaften erscheinen in den Randbedingungen. Ein Beispiel ist Gl. (4.11) im Fall $d = 0$.

Der Bernoullische Lösungsansatz für die Wellengleichung ist

$$u(x,t) = U(x)(A\cos\omega t + B\sin\omega t). \tag{4.45}$$

Er wird *Separationsansatz* genannt, weil er die *Trennung der Veränderlichen* x und t bewirkt. Setzt man ihn nämlich in die Wellengleichung ein, dann ergibt sich die Gleichung (der Strich $'$ kennzeichnet die Ableitung nach x)

$$\left[-\omega^2 U(x) - c^2 U''(x)\right](A\cos\omega t + B\sin\omega t) = 0 \tag{4.46}$$

und folglich

$$U'' + \Lambda^2 U = 0 \qquad \text{mit} \qquad \Lambda = \omega/c. \tag{4.47}$$

Das ist eine gewöhnliche Differentialgleichung mit der Lösung

$$U(x) = a\cos\Lambda x + b\sin\Lambda x. \tag{4.48}$$

Nur die Konstanten a, b und Λ sind noch unbestimmt. Um sie zu finden, muß man den Bernoullischen Ansatz (4.45) auch in die Randbedingungen einsetzen. Auch dabei läßt sich, wie in (4.46), der Faktor $(A\cos\omega t + B\sin\omega t)$ ausklammern. Beispiele werden weiter unten gezeigt. Das Ergebnis sind zwei lineare, homogene Gleichungen für a und b mit Koeffizienten, die von Λ abhängen. Sie bilden ein Eigenwertproblem mit dem Eigenwert Λ und dem Eigenvektor $[a\ b]^{\mathrm{T}}$. Die charakteristische Gleichung ‚Koeffizientendeterminante $= 0$' bestimmt die Eigenwerte. Zu jedem Eigenwert Λ_k werden ein normierter Eigenvektor $[a_k\ b_k]^{\mathrm{T}}$ sowie aus (4.47) eine Eigenkreisfrequenz $\omega_k = c\Lambda_k$, aus (4.48) eine normierte Eigenform $U_k(x)$ und aus (4.45) eine Lösung

$$u_k(x,t) = U_k(x)(A_k\cos\omega_k t + B_k\sin\omega_k t) \tag{4.49}$$

berechnet. Da das Superpositionsprinzip gilt, ist die allgemeine Lösung eine Linearkombination aller Eigenformlösungen, d.h.

$$u(x,t) = \sum_k U_k(x)(A_k\cos\omega_k t + B_k\sin\omega_k t). \tag{4.50}$$

Die Integrationskonstanten A_k und B_k $(k = 1, 2, \ldots)$ werden durch Anfangswerte $u_0(x)$ für die Verschiebung und $v_0(x)$ für die Geschwindigkeit zur Zeit $t = 0$ bestimmt. Die Anfangsbedingungen lauten

$$\sum_k A_k U_k(x) = u_0(x), \qquad \sum_k \omega_k B_k U_k(x) = v_0(x). \tag{4.51}$$

Die Lösungen dieser beiden voneinander entkoppelten Gleichungssysteme werden in (4.50) eingesetzt. Damit ist die vollständige Lösung erreicht.

Die geschilderte Lösungsmethode läßt eine Analogie zu freien Schwingungen von Systemen mit endlich vielen Freiheitsgraden erkennen. Eine Lösung $U_k(x)(A_k \cos \omega_k t + B_k \sin \omega_k t)$ entspricht der Lösung $q_k(t) = \phi_k(A_k \cos \omega_k t + B_k \sin \omega_k t)$ für die Differentialgleichung $M \ddot{q} + K q = 0$ (s. Abschnitt 2.2). An die Stelle der normierten Eigenform ϕ_k mit endlich vielen Komponenten tritt die normierte Eigenform $U_k(x)$ mit Funktionswerten für die unendlich vielen Werte von x entsprechend den unendlich vielen Freiheitsgraden des Systems Stab oder Saite. Ein n-Freiheitsgrad-System hat n Eigenkreisfrequenzen und n Eigenformen. Es wird sich zeigen, daß Stäbe und Saiten unendlich viele Eigenwerte Λ_k, Eigenkreisfrequenzen ω_k und Eigenformen $U_k(x)$ $(k = 1, 2, \ldots)$ besitzen. Die Analogie zwischen n-Freiheitsgrad-Systemen und dem Kontinuum Stab oder Saite reicht noch weiter. Eigenformen $U_k(x)$ haben analog zu Gl. (2.46) Orthogonalitätseigenschaften. Diese Eigenschaften erlauben die Auflösung der Gln. (4.51). Die Methode ist analog zur Auflösung der Gln. (2.56). Für die Eigenkreisfrequenzen gibt es eine Darstellung durch Eigenformen analog zu Gl. (2.45). Im folgenden werden diese Darstellung und die Orthogonalitätseigenschaften entwickelt.

Orthogonalität der Eigenformen

Seien $U_j(x)$ und $U_k(x)$ die normierten Eigenformen zu zwei Eigenwerten Λ_j bzw. Λ_k, und sei $0 \leq x \leq \ell$ ihr Gültigkeitsbereich, d.h. die Länge des Stabes. Jede Eigenform erfüllt die Differentialgleichung (4.47). Also ist z. B. $U_j'' + \Lambda_j^2 U_j = 0$. Man multipliziert diese Gleichung mit $U_k(x)$ und integriert über die gesamte Stablänge:

$$\int_0^\ell U_k(x) U_j''(x) \, dx + \Lambda_j^2 \int_0^\ell U_j(x) U_k(x) \, dx = 0.$$

Auf das erste Integral wird partielle Integration angewandt. Das Ergebnis ist die Gleichung

$$U_k(x) U_j'(x) \Big|_0^\ell - \int_0^\ell U_j'(x) U_k'(x) \, dx + \Lambda_j^2 \int_0^\ell U_j(x) U_k(x) \, dx = 0. \tag{4.52}$$

Der erste Ausdruck hängt nur von Randbedingungen ab. Er ist null, wenn der Stab an jedem Ende ein festes Lager $(U = 0)$ oder ein freies Ende hat $(U' = 0)$. Ungleich null ist er, wenn der Stab mit anderen Systemen gekoppelt ist. Nehmen wir an, daß das Ende bei $x = \ell$ entweder fest oder frei ist, und daß bei $x = 0$ ein ungedämpftes n-Freiheitsgrad-System so angekoppelt ist, daß dort die Randbedingungen (4.12) mit $D = 0$ gelten:

$$\begin{pmatrix} 1 \\ 0 \end{pmatrix} EA \frac{\partial u}{\partial x}\bigg|_{(0,t)} \equiv M\ddot{q} + Kq, \qquad q_1 = u(0,t). \tag{4.53}$$

Der Lösungsansatz für die j te Eigenform ist

$$\left. \begin{aligned} u(x,t) &= U_j(x)(A_j \cos\omega_j t + B_j \sin\omega_j t), \\ q(t) &= \phi_j(A_j \cos\omega_j t + B_j \sin\omega_j t). \end{aligned} \right\} \tag{4.54}$$

Er wird in die Randbedingungen (4.53) eingesetzt. Mit $\omega_j = c\Lambda_j$ ergeben sich die Gleichungen

$$EAU_j'(0) \begin{pmatrix} 1 \\ 0 \end{pmatrix} = -(c^2 \Lambda_j^2 M - K)\phi_j, \qquad U_j(0) = \phi_{j1}. \tag{4.55}$$

Die erste Gleichung wird von links mit ϕ_k^T multipliziert. Bei Beachtung der zweiten Gleichung $\phi_{k1} = U_k(0)$ ergibt sich

$$EAU_k(0)U_j'(0) = -\phi_k^T(c^2 \Lambda_j^2 M - K)\phi_j.$$

Mit diesem Ausdruck erhält Gl. (4.52) nach Multiplikation mit EA die Form

$$\phi_k^T(c^2 \Lambda_j^2 M - K)\phi_j - EA \int_0^\ell U_j'(x)U_k'(x)\,\mathrm{d}x + \Lambda_j^2 EA \int_0^\ell U_j(x)U_k(x)\,\mathrm{d}x = 0. \tag{4.56}$$

Im folgenden wird vorausgesetzt, daß die beiden Eigenformen zu zwei verschiedenen Eigenwerten Λ_j und Λ_k gehören. Die Gleichung gilt dann auch nach Vertauschung der Indizes j und k. Man bildet die Differenz beider Gleichungen. Dabei fallen das Glied mit K und das erste Integral heraus. Der Rest erlaubt die Ausklammerung des Faktors $(\Lambda_j^2 - \Lambda_k^2) \neq 0$. Nach Division durch $c^2 = E/\varrho$ erhält man die Gleichung

$$\phi_k^T M\phi_j + \varrho A \int_0^\ell U_j(x)U_k(x)\,\mathrm{d}x = 0 \qquad (k \neq j). \tag{4.57}$$

Sie drückt die Orthogonalität der Eigenformen aus. Für ein n-Freiheitsgrad-System ohne angekoppelten Stab gilt nach Gl. (2.46) $\phi_k^T M\phi_j = 0$ $(k \neq j)$. Das Integral stellt den Beitrag des Stabes dar. Wenn man bedenkt, daß $\varrho A\,\mathrm{d}x = \mathrm{d}m$ ein Massenelement des Stabes ist, und daß $U(x)$ die Amplitude des Massenelements in der Eigenform ist, dann ist das Ergebnis nicht überraschend. Bei einer schwingenden Saite steht in (4.56) S anstelle von EA. Andererseits ist $c^2 = S/(\varrho A)$, so daß sich wieder Gl. (4.57) ergibt. Anders bei einem Torsionsstab. In (4.56) steht GI_t anstelle von EA. Nach Gl. (4.6) ist $c^2 = GI_t/(\varrho I_p)$, so daß in Gl. (4.57) ϱI_p anstelle von ϱA steht. Das

Produkt $\varrho I_{\mathrm{p}}\,\mathrm{d}x$ ist das Massenträgheitsmoment des Stabelements, das in der Eigenform die Winkelamplitude $U(x)$ hat.

Die Gleichung wurde für den Fall entwickelt, daß nur am Stabende $x = 0$ ein System angekoppelt ist. Wenn bei $x = \ell$ ein weiteres System angekoppelt ist, dann liefert dies entsprechende Beiträge, die einfach addiert werden müssen. Dasselbe gilt sogar für Systeme, die im Stabfeld angekoppelt sind. An den Koppelpunkten gelten dann entsprechende Randbedingungen. Die Punkte unterteilen den Stab in mehrere Bereiche. Für jeden Bereich ist dann $U(x)$ eine Funktion der Form (4.48) mit eigenen Konstanten a und b.

Gl. (4.56) gilt auch im Fall identischer Eigenformen, d.h. im Fall $k = j$. Mit (4.4) schreibt man $\Lambda_j^2 EA = \omega_j^2 EA/c^2 = \omega_j^2 \varrho A$ und löst die Gleichung nach ω_j^2 auf:

$$\omega_j^2 = \left[\phi_j^{\mathrm{T}} K \phi_j + EA \int_0^\ell U_j'^2(x)\,\mathrm{d}x\right]\Bigg/\left[\phi_j^{\mathrm{T}} M \phi_j + \varrho A \int_0^\ell U_j^2(x)\,\mathrm{d}x\right]. \quad (4.58)$$

Diese Gleichung entspricht Gl. (2.58). In jener Gleichung wurden Zähler und Nenner im Fall $\omega^2 > 0$ als potentielle bzw. als durch ω^2 dividierte kinetische Energien interpretiert. Die beiden Integrale in (4.58) sind die entsprechenden Energieausdrücke für den Stab. Beim Nennerintegral mit $\varrho A\,\mathrm{d}x = \mathrm{d}m$ ist das offensichtlich. Im Zählerintegral erkennt man die aus der Festigkeitslehre bekannte Formänderungsenergie. Mit den Bezeichnungen ε für Dehnung und N für Längskraft ist $EAU'^2 = EA\varepsilon^2 = N^2/(EA)$.

Der Nennerausdruck und das Integral im Zähler sind positiv definit. Wenn auch die Matrix K positiv definit ist, dann ist $\omega_j^2 > 0$. Wenn das angekoppelte System für sich, d.h. ohne den Stab, instabil ist, dann ist K indefinit. Dann kann ω_j^2 positiv, null oder negativ sein. Im Fall $\omega_j^2 < 0$ ist $\omega_j = \mathrm{i}\mu_j$ imaginär. Das hat die Konsequenz, daß an die Stelle der Kreisfunktionen in (4.45) und (4.48) Hyperbelfunktionen treten. Mit $\Lambda_j = \mu_j/c$ ist die $j$te Eigenformlösung

$$u(x,t) = (a_j \cosh \Lambda_j x + b_j \sinh \Lambda_j x)(A_j \cosh \mu_j t + B_j \sinh \mu_j t).$$

Sie beschreibt ein instabiles Verhalten.

Beispiel 4.6. Man berechne die Eigenschwingungen einer Saite der Länge ℓ mit festen Lagern bei $x = 0$ und $x = \ell$.

Lösung: Ohne Berechnung der Eigenwerte kann man aussagen, daß die Saite stabil schwingt, denn in (4.58) ist $K = M = 0$, also $\omega_j^2 > 0$.

Im folgenden werden die Gln. (4.45) bis (4.51) formuliert. Die Randbedingungen schreiben $u(0,t) \equiv 0$ und $u(\ell,t) \equiv 0$ vor. In sie wird der Ansatz (4.45) eingesetzt. Als Ergebnis erhält man die Gleichungen $U(0) = 0$ und $U(\ell) = 0$. Mit (4.48) ergeben sich daraus die Gleichungen $a = 0$, $b \sin \Lambda\ell = 0$. Sie stellen das Eigenwertproblem dar. Die Eigenwertgleichung lautet $\sin \Lambda\ell = 0$. Sie hat die abzählbar unendlich vielen Lösungen $\Lambda_k = \pm k\pi/\ell$ ($k = 1, 2, \ldots$). Jedes Eigenwertpaar $\pm\Lambda_k$ bestimmt eine Eigenform $U_k(x)$ und die zugehörige Eigenkreisfrequenz ω_k:

$$U_k(x) = b_k \sin \Lambda_k x = b_k \sin k\pi\tfrac{x}{\ell}, \qquad \omega_k = c\Lambda_k = k\pi\sqrt{S/(\varrho A\ell^2)} \qquad (4.59)$$

$(k = 1, 2, \ldots)$. Für die Konstante wird die Normierung $b_k = 1$ gewählt. Die k te Eigenformlösung (4.49) ist folglich

$$u_k(x, t) = \sin \Lambda_k x (A_k \cos \omega_k t + B_k \sin \omega_k t).$$

Die allgemeine Lösung (4.50) ist

$$u(x, t) = \sum_{k=1}^{\infty} \sin \Lambda_k x \, (A_k \cos \omega_k t + B_k \sin \omega_k t). \tag{4.60}$$

Die Anfangsbedingungen (4.51) mit vorgegebenen Funktionen $u_0(x)$ und $v_0(x)$ lauten

$$\sum_{k=1}^{\infty} A_k \sin \Lambda_k x = u_0(x), \qquad \sum_{k=1}^{\infty} \omega_k B_k \sin \Lambda_k x = v_0(x). \tag{4.61}$$

Die Auflösung dieser beiden voneinander unabhängigen Gleichungssysteme nach den Konstanten A_k, B_k $(k = 1, 2, \ldots)$ gelingt mit Hilfe der Orthogonalitätsbeziehung (4.57). In ihr ist das erste Glied null. Daß das Integral mit den Funktionen (4.59) im Fall $k \neq j$ tatsächlich gleich null ist, kann anhand einer Integraltafel bestätigt werden. Diese Bestätigung ist nach der formalen Herleitung von Gl. (4.57) natürlich unnötig. Dagegen benötigt man das Integral im Fall $k = j$. Es hat unabhängig von k den Wert $1/2$. Man multipliziert nun beide Gln. (4.61) mit $U_j(x) = \sin \Lambda_j x$ und integriert über x in den Grenzen von $x = 0$ bis $x = \ell$. Auf den linken Seiten ergibt sich $A_j/2$ bzw. $\omega_j B_j/2$ $(j = 1, 2, \ldots)$. Folglich ist

$$A_j = 2 \int_0^{\ell} u_0(x) \sin \Lambda_j x \, \mathrm{d}x, \quad B_j = \frac{2}{\omega_j} \int_0^{\ell} v_0(x) \sin \Lambda_j x \, \mathrm{d}x \quad (j = 1, 2, \ldots).$$

Die Integrale können berechnet werden. Damit ist das Problem vollständig gelöst.

Bei einer Violinsaite bestimmt die niedrigste Eigenkreisfrequenz ω_1 den Grundton. Er hängt nach Gl. (4.59) von den drei Parametern ϱA (Masse/Länge), S (Vorspannkraft) und ℓ (Länge) ab. Der Spieler bestimmt diese Parameter beim Bespannen (ϱA), beim Stimmen (S) und beim Spielen (ℓ). Ende des Beispiels.

In (4.61) kann man als Beispiel die in Abb. 4.7 angegebenen Anfangsbedingungen $u_0(x)$ und $v_0(x) \equiv 0$ einsetzen. Wie dort sei angenommen, daß die mit a bezeichnete Länge kleiner als die Länge ℓ der Saite ist. In der Abbildung wurde die d'Alembertsche Lösung $u(x, t)$ des Problems für den Zeitraum vor der Reflexion von Wellen an den Enden der Saite dargestellt. Durch numerische Auswertung kann man sich davon überzeugen, daß (4.60) in diesem Zeitraum dasselbe Ergebnis liefert. Die Bernoullische Lösung ist aber für alle $t \geq 0$ gültig. Sie beschreibt also auch die Überlagerung aller reflektierten Wellen. In diesem Punkt ist die Bernoullische Methode der d'Alembertschen überlegen. Dagegen eignet sich die d'Alembertsche Methode besser zur Beschreibung der Ausbreitung, der Reflexion und der Transmission einzelner Wellen von beliebiger Form. Zum Vergleich beider Methoden gehört auch die Feststellung, daß bei der Bernoullischen Methode Randbedingungen eine wesentliche Rolle spielen. Sie ist also nicht auf unendlich lange Stäbe und Saiten ohne jegliche Randbedingungen anwendbar. Für die d'Alembertsche Methode ist bekanntlich gerade dieser Fall besonders einfach.

Beispiel 4.7. Man berechne die Eigenschwingungen der Saite von Abb. 4.8, wenn die Fremderregung $W(t)$ und der Dämpfer fehlen.
Lösung: Ohne Berechnung von Eigenwerten folgt aus Gl. (4.58), daß das System stabil ist, denn der Feder-Masse-Schwinger hat die Steifigkeitsmatrix $K = k > 0$.
Die Randbedingung bei $x = 0$ unterscheidet sich von der Randbedingung (4.28) des Systems in Abb. 4.8 nur dadurch, daß $W(t) \equiv 0$ und $d = 0$ sind. Sie hat also die links angegebene Form. Die Gleichung rechts ist die Randbedingung bei $x = \ell$.

$$\left[m\frac{\partial^2 u}{\partial t^2} + ku - S\frac{\partial u}{\partial x} \right]_{(0,t)} \equiv 0, \qquad u(\ell, t) \equiv 0.$$

Wie im vorigen Beispiel wird der Bernoullische Ansatz (4.45) in die Randbedingungen eingesetzt. Mit $\omega = c\Lambda$ ergeben sich die Gleichungen $(k - mc^2\Lambda^2)U(0) - SU'(0) = 0$ und $U(\ell) = 0$ und daraus mit (4.48) das Eigenwertproblem

$$\begin{pmatrix} m(\omega_0^2 - c^2\Lambda^2) & -S\Lambda \\ \cos \Lambda\ell & \sin \Lambda\ell \end{pmatrix} \begin{pmatrix} a \\ b \end{pmatrix} = \mathbf{0}. \qquad (4.62)$$

Hierin wurde wie üblich $\omega_0^2 = k/m$ definiert. Die Eigenwertgleichung ‚Koeffizientendeterminante $\Delta(\Lambda) = 0$' lautet

$$\Delta(\Lambda) = m(\omega_0^2 - c^2\Lambda^2)\sin \Lambda\ell + S\Lambda\cos \Lambda\ell = 0. \qquad (4.63)$$

Sie enthält den Sonderfall $m = 0$, $k = 0$, d.h. die Saite mit einem freien Ende. Ihre charakteristische Gleichung ist $\cos \Lambda\ell = 0$. Ihre Eigenwerte und Eigenkreisfrequenzen sind $\Lambda_k = \pi(k - \frac{1}{2})/\ell$, $\omega_k = c\Lambda_k$ $(k = 1, 2, \ldots)$.
Im allgemeinen Fall $k \neq 0$, $m \neq 0$ ist $\cos \Lambda_\imath\ell = 0$ nur dann eine Lösung, wenn auch $\omega_0 = c\Lambda_\imath$ ist. Dieser Fall bedeutet, daß die Eigenkreisfrequenz ω_0 des Feder-Masse-Schwingers ohne Saite mit einer Eigenkreisfrequenz $\omega_\imath$ der Saite mit einem freien Ende übereinstimmt. Für alle übrigen Eigenwerte ist $\cos \Lambda\ell \neq 0$ und folglich

$$\tan \Lambda\ell = S\Lambda/[m(c^2\Lambda^2 - \omega_0^2)].$$

Man skizziere die beiden Funktionen von Λ. Die Gleichung hat abzählbar unendlich viele reelle Eigenwerte. Da beide Funktionen ungerade Funktionen von Λ sind, existieren Eigenwertpaare $\pm\Lambda_1, \pm\Lambda_2, \ldots$. Zu jedem Eigenwertpaar $\pm\Lambda_k$ gehören eine Eigenkreisfrequenz $\omega_k = c\Lambda_k$ und ein (beliebig normierbarer) Eigenvektor $[a_k \; b_k]^\mathrm{T}$ und damit eine normierte Eigenform $U_k(x) = a_k \cos \Lambda_k x + b_k \sin \Lambda_k x$. Mit diesen Funktionen wird die allgemeine Lösung (4.50) gebildet:

$$u(x, t) = \sum_{k=1}^{\infty} U_k(x)(A_k \cos \omega_k t + B_k \sin \omega_k t). \qquad (4.64)$$

Die letzte Aufgabe ist die Anpassung der Konstanten A_k und B_k $(k = 1, 2, \ldots)$ an Anfangswerte $u_0(x)$ der Verschiebung und $v_0(x)$ der Geschwindigkeit zur Zeit $t = 0$. Das sind die Anfangsbedingungen (4.51). Zur Auflösung dieser Gleichungen werden wieder die Orthogonalitätsbeziehungen (4.57) benötigt. Der angekoppelte Schwinger hat einen Freiheitsgrad. Mit $\phi = U(0) = a$ und $M = m$ nimmt (4.57) die Form an:

$$ma_j a_k + \varrho A \int_0^\ell U_j(x) U_k(x)\, dx = 0 \qquad (k \neq j). \tag{4.65}$$

Beide Gln. (4.51) werden mit $U_j(x)$ multipliziert und in den Grenzen von $x = 0$ bis $x = \ell$ integriert. Mit (4.65) erhält man nach elementaren Umformungen die beiden voneinander unabhängigen Gleichungssysteme

$$-ma_j \sum_{k=1}^\infty a_k A_k + \left(ma_j^2 + \varrho A \int_0^\ell U_j^2(x)\, dx \right) A_j = \varrho A \int_0^\ell U_j(x) u_0(x)\, dx,$$

$$-ma_j \sum_{k=1}^\infty a_k \omega_k B_k + \left(ma_j^2 + \varrho A \int_0^\ell U_j^2(x)\, dx \right) \omega_j B_j = \varrho A \int_0^\ell U_j(x) v_0(x)\, dx$$

$$(j = 1, 2, \ldots).$$

In ihnen sind alle Größen außer A_k und B_k ($k = 1, 2, \ldots$) bekannt. Die Auflösung wird am Beispiel des ersten Gleichungssystems erläutert. Durch Anfangsauslenkungen $u_0(x)$ werden i. allg. nur endlich viele Eigenformen merklich angeregt, so daß man voraussetzen kann, daß $A_k \approx 0$ für $k > n$ mit einem gewissen n ist. Dann hat man es mit n Gleichungen für $A_1, \ldots, A_n$ zu tun. Wenn in Gleichung j $a_j = 0$ ist, dann erhält man daraus A_j explizit. Sei angenommen, daß alle $a_j \neq 0$ sind. Man dividiert jede Gleichung j durch a_j. Danach ist das 1. Glied in allen n Gleichungen identisch. Für $i = 1, \ldots, n - 1$ ersetzt man die $i$te Gleichung durch die Differenz der Gleichungen i und $i + 1$. Das Ergebnis ist ein System von $n - 1$ Gleichungen mit je 2 Unbekannten und einer (der $n$ten) Gleichung mit n Unbekannten. Ende des Beispiels.

Die durchgerechneten Beispiele zeichnen sich dadurch aus, daß Randbedingungen nur an den beiden Enden vorgeschrieben sind. Wenn ein Stab (eine Saite) durch Punkte mit Randbedingungen in mehrere Bereiche gegliedert ist (Abb. 4.4a zeigt ein Beispiel), dann wird die Eigenform $U(x)$ für jeden Bereich in der Form (4.48) mit eigenen Konstanten a und b und mit gleichem Λ angesetzt. Die Randbedingungen erzeugen für die Konstanten immer ein homogenes Gleichungssystem mit dem Eigenwert Λ.

4.3.2 Erzwungene periodische Schwingungen

In diesem Kapitel wird Dämpfung zugelassen. Die Bernoullische Methode ist auch bei erzwungenen Schwingungen mit periodischer Erregung anwendbar. Da das Superpositionsprinzip gilt, genügt es, die Vorgehensweise an einem einzigen Glied der Fourierreihe der Erregung zu demonstrieren. Wie in Abschnitt 4.2.5 kann die Erregung kontinuierlich längs des Stabes (der Saite) verteilt angreifen, z. B. als Streckenlast in der Form $q(x) \cos \Omega t$ mit einer vorgegebenen Funktion $q(x)$. Sie kann auch in einzelnen Punkten angreifen. Dann steht sie in der Form const $\times \cos \Omega t$ in einer Randbedingung. Die Größe Ω ist die Erregerkreisfrequenz. In jedem Fall ist die Lösung eines Problems die Summe aus der Lösung des homogenen Problems (d.h. ohne Erregung) und einer partikulären Lösung des Systems mit Erregung. Die erstere ist eine freie Schwingung, die bei Dämpfung nach einer gewissen Abklingzeit vernachlässigbar ist. Danach bleibt nur noch die partikuläre Lösung übrig. Sie ist die stationäre erzwungene Schwingung. Nur sie wird im folgenden berechnet. Da bei erzwungenen Schwingungen mit Dämpfung die Lösung von Differentialgleichungen im Komplexen zweckmäßig ist, wird in der Erregerfunktion $e^{i\Omega t}$ statt $\cos \Omega t$ geschrieben. Der Ansatz für die stationäre Lösung ist

$$u(x, t) = U(x)e^{i\Omega t}. \tag{4.66}$$

Er drückt aus, daß man eine Schwingung erwartet, bei der alle Punkte des Stabes mit der Erregerkreisfrequenz Ω und mit einer vom Ort x abhängigen Amplitude $U(x)$ schwingen. Wenn Dämpfung im System vorhanden ist, dann tritt eine Phasenverschiebung der Auslenkung $U(x)$ gegen die Erregung auf. Sie drückt sich in einer komplexen Funktion $U(x)$ aus. Bei Systemen ohne Dämpfung ist $U(x)$ reell.

Gl. (4.66) unterscheidet sich von (4.45) nur durch die komplexe Formulierung und dadurch, daß Ω gegeben ist, während ω eine unbekannte Eigenkreisfrequenz ist. Genauso wie (4.45) wird auch der Ansatz (4.66) in die Wellengleichung (4.1) eingesetzt. Analog zu (4.47) ergibt sich für $U(x)$ die Differentialgleichung $U'' + (\Omega/c)^2 U = 0$ und daraus analog zu (4.48) die allgemeine Lösung

$$U(x) = a \cos \Lambda x + b \sin \Lambda x, \qquad \Lambda = \Omega/c. \tag{4.67}$$

Wie bei der Berechnung von Eigenschwingungen wird der Ansatz (4.66) auch in die Randbedingungen eingesetzt. Während sich bei Eigenschwingungen ein Eigenwertproblem zur Berechnung der Eigenwerte $\Lambda = \omega/c$ und der Eigenvektoren $[a \ b]^T$ ergeben hatte, erhält man nun ein inhomogenes Gleichungssystem für a und b. Seine Lösung wird in (4.67) eingesetzt. Eine eindeutige und beschränkte Lösung für a und b existiert nur dann nicht, wenn das System ungedämpft und in Resonanz ist, d.h. wenn die Erregerkreisfrequenz Ω mit einer der Eigenkreisfrequenzen ω_k ($k = 1, 2, \ldots$) übereinstimmt. Das ist dieselbe Aussage, wie bei erzwungenen periodischen Schwingungen von Systemen mit endlich vielen Freiheitsgraden.

Beispiel 4.8. Man berechne die stationären Schwingungen des Systems in Abb. 4.8 bei harmonischer Erregung mit $W(t) = W_0 e^{i\Omega t}$.
Lösung: Die Randbedingung bei $x = 0$ ist in (4.28) angegeben. Am festen Ende bei $x = \ell$ ist $u(\ell, t) \equiv 0$. Wenn man den Ansatz (4.66) in beide Randbedingungen einsetzt und den Faktor $e^{i\Omega t}$ ausklammert, erhält man die Gleichungen

$$(k - m\Omega^2 + \mathrm{i}d\Omega)U(0) - SU'(0) = kW_0, \qquad U(\ell) = 0.$$

Jetzt wird (4.67) eingesetzt. Das Ergebnis ist das vorausgesagte inhomogene Gleichungssystem für a und b. Schreibt man wieder $\Omega = c\Lambda$ und wie üblich $\omega_0^2 = k/m$, dann hat es die Form

$$\begin{pmatrix} m(\omega_0^2 - c^2\Lambda^2) + \mathrm{i}dc\Lambda & -S\Lambda \\ \cos \Lambda\ell & \sin \Lambda\ell \end{pmatrix} \begin{pmatrix} a \\ b \end{pmatrix} = \begin{pmatrix} kW_0 \\ 0 \end{pmatrix}.$$

Die Lösungen sind

$$a = kW_0 \sin \Lambda\ell \, \frac{\Delta - \mathrm{i}dc\Lambda \sin \Lambda\ell}{\Delta^2 + (dc\Lambda \sin \Lambda\ell)^2}, \quad b = -kW_0 \cos \Lambda\ell \, \frac{\Delta - \mathrm{i}dc\Lambda \sin \Lambda\ell}{\Delta^2 + (dc\Lambda \sin \Lambda\ell)^2}.$$

Darin ist Δ die Koeffizientendeterminante im Fall $d = 0$:

$$\Delta = m(\omega_0^2 - c^2\Lambda^2)\sin \Lambda\ell + S\Lambda\cos \Lambda\ell.$$

Man betrachte zunächst den Sonderfall $d = 0$. In Beisp. 4.7 wurde dasselbe ungedämpfte System bei Eigenschwingungen untersucht. Dabei ergab sich das Eigenwertproblem von Gl. (4.62) mit der Eigenwertgleichung (4.63). Man erhält daher die Aussage: Wenn im Fall $d = 0$ die vorgegebene Größe $\Lambda = \Omega/c$ mit irgendeinem der Eigenwerte $\Lambda_k = \omega_k/c$ übereinstimmt, d.h. wenn die Erregerkreisfrequenz Ω mit einer Eigenkreisfrequenz ω_k übereinstimmt, dann ist die Koeffizientenmatrix singulär. Dann liegt Resonanz vor, und es gibt keine stationäre Schwingung mit endlich großen Ausschlägen. Andernfalls gibt es eindeutige reelle Lösungen a und b. Im Fall $d \neq 0$ kann die Koeffizientenmatrix niemals singulär werden. Für jede beliebige Erregerkreisfrequenz Ω gibt es dann eindeutige beschränkte Lösungen a und b, und zwar komplexe Größen von der Form $a = a_1 + \mathrm{i}a_2$, $b = b_1 + \mathrm{i}b_2$. Dann hat $U(x) = a\cos\Lambda x + b\sin\Lambda x$ den Betrag

$$|U(x)| = \sqrt{(a_1 \cos \Lambda x + b_1 \sin \Lambda x)^2 + (a_2 \cos \Lambda x + b_2 \sin \Lambda x)^2}.$$

Er ist die reelle, stationäre Amplitude an der Stelle x. Auch die Phasenverschiebung gegen die Erregung ist von x abhängig. Ende des Beispiels.

Das Beispiel eignet sich für einen Vergleich der Bernoullischen mit der d'Alembertschen Methode, denn dasselbe mechanische System wurde schon in Abschnitt 4.2.5 untersucht. Wie schon bei Eigenschwingungen liegt die Stärke der Bernoullischen Methode darin, bei komplizierten Randbedingungen Lösungen zu liefern, die für alle $t \geq 0$ gültig sind. Reflektierte und transmittierte Wellen sind in der Lösung enthalten. Die Ergebnisse beschränken sich aber auf stationäre Lösungen bei periodischer Erregung. Mit der d'Alembertschen Methode werden dagegen für beliebige Erregerfunktionen einzelne instationäre Wellen berechnet.

4.4 Biegeschwingungen von Stäben

4.4.1 Die Bewegungsgleichung

Abb. 4.11 zeigt einen Biegestab ohne Angabe von Randbedingungen. Die Querschnittsfläche A, die Biegesteifigkeit EI und die Dichte ϱ sind längs des

Stabes konstant. Am Stab greift als Schwingungserregung eine vorgegebene Streckenlast $q(x,t)$ an. Für die Durchbiegung $w(x,t)$ wird eine Differentialgleichung formuliert. Ausgangspunkt ist die Newtonsche Bewegungsgleichung für das freigeschnittene Stück der Masse $\varrho A \Delta x$:

$$\varrho A \Delta x \, \frac{\partial^2 w}{\partial t^2} = Q(x + \Delta x, t) - Q(x, t) + q \Delta x.$$

Division durch Δx erzeugt im Grenzfall $\Delta x \to 0$ die Gleichung

$$\varrho A \, \frac{\partial^2 w}{\partial t^2} = \frac{\partial Q}{\partial x} + q. \tag{4.68}$$

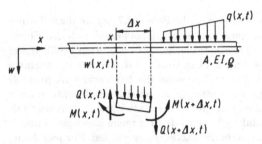

Abb. 4.11. Biegestab mit Streckenlast $q(x,t)$. Am freigeschnittenen Stabelement greifen Querkräfte Q und Biegemomente M an

Zwischen Durchbiegung w, Querkraft Q und Biegemoment M sind die Beziehungen bekannt:

$$M = -EI \, \frac{\partial^2 w}{\partial x^2} \qquad Q = \frac{\partial M}{\partial x} = -EI \, \frac{\partial^3 w}{\partial x^3}. \tag{4.69}$$

Die erste vernachlässigt die Schubverformung durch Querkräfte. Die zweite ergibt sich aus der Momentengleichgewichtsbedingung für das freigeschnittene Stabelement:

$$M(x + \Delta x, t) - M(x, t) - Q(x)\Delta x + \tfrac{1}{2} q(x, t)(\Delta x)^2 = 0.$$

Das ist eine Gleichgewichtsbedingung der Statik. Sie vernachlässigt, daß das Stabelement eine Winkelbeschleunigung und ein Massenträgheitsmoment um die y-Achse hat. Alle folgenden Gleichungen enthalten die beiden genannten Vernachlässigungen. Man nennt diese Theorie die *Euler-Bernoulli-Theorie* des Biegestabes. Aus (4.69) folgt $\partial Q / \partial x = -EI \partial^4 w / \partial x^4$. Damit erhält man aus (4.68) die gesuchte Differentialgleichung:

$$\frac{\varrho A}{EI} \, \frac{\partial^2 w}{\partial t^2} + \frac{\partial^4 w}{\partial x^4} = \frac{q(x, t)}{EI}. \tag{4.70}$$

4.4.2 Randbedingungen und Anfangsbedingungen

Zur Berechnung einer eindeutigen Lösung $w(x, t)$ müssen Randbedingungen und Anfangsbedingungen vorgegeben sein. Die Randbedingungen treten an Lagern, an freien Enden, an Gelenken und an Stellen auf, an denen ein Stab mit einem anderen System gekoppelt ist. Randbedingungen sind Bedingungen für Durchbiegungen w, Neigungen $\partial w/\partial x$ und für Biegemomente und Querkräfte an den genannten Stellen. Biegemomente und Querkräfte werden in der Euler-Bernoulli-Theorie mit (4.69) durch die zweite bzw. die dritte partielle Ableitung von w nach x ausgedrückt. Randbedingungen für übliche Lager und Gelenke sind aus der Festigkeitslehre bekannt. Für Stabenden werden 2 Randbedingungen, und für Lager und Gelenke im Stabfeld werden 4 Randbedingungen formuliert. Ebenfalls 4 Randbedingungen existieren in Punkten, in denen ein Stab mit einem anderen System gekoppelt ist. Als Beispiel werden die Randbedingungen für die in Abb. 4.12a dargestellte Situation angegeben. Ein starrer Körper mit der Masse m, mit dem

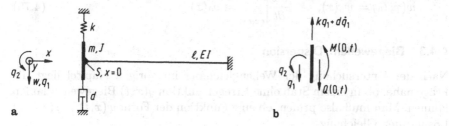

Abb. 4.12. a) Biegestab mit einem Zwei-Freiheitsgrad-Schwinger. Der Körper hat die Masse m und bezüglich S das Trägheitsmoment J; b) freigeschnittener Körper mit Querkraft und Biegemoment

Schwerpunkt S auf der Stabachse und mit dem auf S bezogenen Trägheitsmoment J ist am Stabende bei $x = 0$ befestigt und durch eine Feder und einen Dämpfer gestützt. Seien q_1 die translatorische Verschiebung von S und q_2 der Drehwinkel des Körpers um die y-Achse. Zwei der 4 Randbedingungen sind

$$q_1(t) \equiv w(0, t), \qquad q_2(t) \equiv -\left.\frac{\partial w}{\partial x}\right|_{(0,t)}. \tag{4.71}$$

Die anderen sind die Bewegungsgleichungen für den freigeschnittenen starren Körper in Abb. 4.12b:

$$m\ddot{q}_1 = -d\dot{q}_1 - kq_1 + Q(0, t), \qquad J\ddot{q}_2 = M(0, t) \tag{4.72}$$

oder bei Beachtung von (4.69)

$$\left.\begin{aligned}
m\ddot{q}_1 + d\dot{q}_1 + kq_1 &\equiv -EI\left[\partial^3 w/\partial x^3\right]_{(0,t)}, \\
J\ddot{q}_2 &\equiv -EI\left[\partial^2 w/\partial x^2\right]_{(0,t)}.
\end{aligned}\right\} \tag{4.73}$$

Beide Randbedingungen werden in der Matrixform zusammengefaßt:

$$M\ddot{q} + D\dot{q} + Kq \equiv -EI \left(\begin{array}{c} \partial^3 w/\partial x^3 \\ \partial^2 w/\partial x^2 \end{array} \right)_{(0,t)}. \qquad (4.74)$$

M, D und K sind 2×2-Diagonalmatrizen mit den Diagonalelementen m, J bzw. d, 0 bzw. k, 0. Die Randbedingungen (4.71) und (4.74) sind formal auch dann anwendbar, wenn der Körper Teil eines Systems mit $n > 2$ Freiheitsgraden ist, das mit dem Stab nur über die Koordinaten q_1 und q_2 gekoppelt ist. Die Matrizen sind dann lediglich größer. Die Matrizen M, D und K sind $n \times n$-Matrizen, und die Spaltenmatrix auf der rechten Seite der Gleichung ist um $n - 2$ Nullelemente größer.

Anfangsbedingungen schreiben vor, daß zu einem bestimmten Anfangszeitpunkt t_0 die Durchbiegung und die Schwinggeschwindigkeit bestimmte Funktionen $w_0(x)$ bzw. $v_0(x)$ sind:

$$w(x,t_0) = w_0(x), \qquad \left. \frac{\partial w}{\partial t} \right|_{(x,t_0)} = v_0(x). \qquad (4.75)$$

4.4.3 Biegewellen. Dispersion

Nach der Untersuchung der Wellengleichung im vorigen Kapitel liegt die Frage nahe, ob in einem Stab ohne Erregerfunktion $q(x,t)$ Biegewellen laufen können. Man muß also prüfen, ob eine Funktion der Form $w(x,t) = f(x - ct)$ Lösung der Gleichung

$$\frac{\varrho A}{EI} \frac{\partial^2 w}{\partial t^2} + \frac{\partial^4 w}{\partial x^4} = 0 \qquad (4.76)$$

sein kann. Wie früher sei $\xi = x - ct$. Dann nimmt die Gleichung die Form an:

$$\frac{\partial^4 f}{\partial \xi^4} + c^2 \sigma^2 \frac{\partial^2 f}{\partial \xi^2} = 0, \qquad \sigma^2 = \frac{\varrho A}{EI}.$$

Ihre allgemeine Lösung ist

$$f(\xi) = A \cos c\sigma\xi + B \sin c\sigma\xi + C\xi + D$$

mit Integrationskonstanten A, B, C und D. Die Fälle $D \neq 0$ (Überlagerung einer konstanten Durchbiegung) und $C \neq 0$ (unbegrenzte Durchbiegungen bei $\xi \rightarrow \infty$) sind uninteressant. Damit bleiben als interessante Wellen nur harmonische Wellen der Form übrig:

$$f(x - ct) = A \cos c\sigma(x - ct) + B \sin c\sigma(x - ct). \qquad (4.77)$$

Im Gegensatz hierzu wird die Wellengleichung bekanntlich durch jede zweimal differenzierbare Funktion $f(x - ct)$ gelöst. Die harmonische Welle (4.77) hat folgende Besonderheit. Wie bei der harmonischen Welle in Gl. (4.17) wird der Faktor vor x im Argument in der Form $2\pi/\lambda$ geschrieben. Dadurch wird die Wellenlänge λ definiert. Hier gilt die Beziehung $2\pi/\lambda = c\sigma$. Sie zeigt, daß die Wellenausbreitungsgeschwindigkeit c von der Wellenlänge λ abhängt. Bei den harmonischen Wellen (4.17), die die Wellengleichung lösen, sind c und λ voneinander unabhängig. Die folgende Überlegung zeigt, welche Konsequenzen eine (beliebige) Abhängigkeit $c(\lambda)$ hat. Sei zur Anfangszeit t_0 die Durchbiegung $w(x, t_0)$ eine periodische Funktion von x. Sie ist als Fourierreihe mit Gliedern unterschiedlicher Wellenlängen darstellbar. Jedes dieser Glieder wandert als harmonische Welle den Stab entlang, aber jedes Glied mit einer anderen Wellenausbreitungsgeschwindigkeit, so daß insgesamt nicht der Eindruck einer einzigen Welle entsteht. Die einzelnen Wellen werden vielmehr zerstreut. Man nennt mechanische Systeme, bei denen die Ausbreitungsgeschwindigkeit einer harmonischen Welle in irgendeiner Form von der Wellenlänge abhängt, *dispersiv* (auf deutsch zerstreuend). Ein Biegestab ist ein spezielles dispersives System.

4.4.4 Ungedämpfte Eigenschwingungen

Der Bernoullische Separationsansatz

$$w(x, t) = W(x)(A\cos\omega t + B\sin\omega t) \tag{4.78}$$

ist bei der Berechnung periodischer Biegeschwingungen ebenso erfolgreich, wie bei der Wellengleichung (vgl. die Abschnitten 4.3.1, 4.3.2). Der Ablauf der Rechnung ist fast derselbe. In diesem Abschnitt werden ungedämpfte Eigenschwingungen untersucht. Der Separationsansatz wird in die Differentialgleichung

$$\frac{\varrho A}{EI}\frac{\partial^2 w}{\partial t^2} + \frac{\partial^4 w}{\partial x^4} = 0 \tag{4.79}$$

eingesetzt. Das Ergebnis ist die Trennung der Veränderlichen x und t:

$$\left[-\omega^2\frac{\varrho A}{EI}W + \frac{\partial^4 W}{\partial x^4}\right](A\cos\omega t + B\sin\omega t) = 0. \tag{4.80}$$

Für die Funktion $W(x)$ ergibt sich die gewöhnliche Differentialgleichung

$$\frac{\partial^4 W}{\partial x^4} - \beta^4 W = 0 \quad\text{mit}\quad \beta^4 = \omega^2\frac{\varrho A}{EI}. \tag{4.81}$$

Der Ansatz zu ihrer Lösung ist $W(x) = a\mathrm{e}^{\lambda x}$. Einsetzen führt zu der Gleichung $\lambda^4 - \beta^4 = 0$. Sie hat die Wurzeln $\lambda_{1,2} = \pm\beta$ und $\lambda_{3,4} = \pm\mathrm{i}\beta$. Mit ihnen ergibt sich nach dem Superpositionsprinzip die allgemeine Lösung $W(x) = a\mathrm{e}^{\beta x} + b\mathrm{e}^{-\beta x} + c\mathrm{e}^{\mathrm{i}\beta x} + d\mathrm{e}^{-\mathrm{i}\beta x}$ mit Integrationskonstanten a, b, c, d oder

$$W(x) = a_1\cosh\beta x + a_2\sinh\beta x + a_3\cos\beta x + a_4\sin\beta x \tag{4.82}$$

mit anderen Integrationskonstanten a_1, a_2, a_3, a_4. Nur diese Konstanten sowie β sind noch unbestimmt. Um sie zu finden, muß man den Bernoullischen

Ansatz (4.78) auch in die Randbedingungen einsetzen. Auch dabei läßt sich, wie in (4.80), der Faktor $(A \cos \omega t + B \sin \omega t)$ ausklammern. Beispiele werden weiter unten gezeigt. Das Ergebnis sind 4 lineare, homogene Gleichungen für $a_1, \ldots, a_4$ mit Koeffizienten, die von β abhängen. Sie bilden ein Eigenwertproblem mit dem Eigenwert β und dem Eigenvektor $[a_1\ a_2\ a_3\ a_4]^\mathrm{T}$. Die charakteristische Gleichung ,Koeffizientendeterminante $= 0$' bestimmt die Eigenwerte. Zu jedem Eigenwert β_k werden ein normierter Eigenvektor $[a_{1k}\ a_{2k}\ a_{3k}\ a_{4k}]^\mathrm{T}$ sowie aus (4.81) eine Eigenkreisfrequenz ω_k, aus (4.82) eine normierte Eigenform $W_k(x)$ und aus (4.78) eine Eigenformlösung

$$w_k(x,t) = W_k(x)(A_k \cos \omega_k t + B_k \sin \omega_k t) \tag{4.83}$$

berechnet. Da das Superpositionsprinzip gilt, ist die allgemeine Lösung eine Linearkombination aller Eigenformlösungen, d.h.

$$w(x,t) = \sum_k W_k(x)(A_k \cos \omega_k t + B_k \sin \omega_k t). \tag{4.84}$$

Die Integrationskonstanten A_k und B_k ($k = 1, 2, \ldots$) werden durch Anfangswerte $w_0(x)$ für die Verschiebung und $v_0(x)$ für die Geschwindigkeit zur Zeit $t = 0$ bestimmt. Die Anfangsbedingungen sind die Gln. (4.75):

$$\sum_k A_k W_k(x) = w_0(x), \qquad \sum_k \omega_k B_k W_k(x) = v_0(x). \tag{4.85}$$

Die Lösungen dieser beiden voneinander entkoppelten Gleichungssysteme werden in (4.84) eingesetzt. Damit ist die vollständige Lösung erreicht.

Diese Schilderung der Lösungsmethode wiederholt fast wörtlich die Schilderung der Bernoullischen Methode in Abschnitt 4.3.1 im Zusammenhang mit der Wellengleichung. Es kann daher nicht überraschen, daß alles, was dort entwickelt wurde, ebenfalls fast wörtlich wiederholt werden kann. Wir beginnen mit der Orthogonalität von Eigenformen und mit der Darstellung der Eigenkreisfrequenzen durch Eigenformen[1].

Orthogonalität der Eigenformen

Seien $W_j(x)$ und $W_k(x)$ die normierten Eigenformen zu zwei Eigenwerten β_j bzw. β_k, und sei $0 \le x \le \ell$ ihr Gültigkeitsbereich, d.h. die Länge des Stabes. Jede Eigenform erfüllt die Differentialgleichung (4.81). Also ist z. B. $W_j^{(4)} - \beta_j^4 W_j = 0$. Man multipliziert diese Gleichung mit $W_k(x)$ und integriert über die gesamte Stablänge:

$$\int_0^\ell W_k(x) W_j^{(4)}(x)\,\mathrm{d}x - \beta_j^4 \int_0^\ell W_j(x) W_k(x)\,\mathrm{d}x = 0. \tag{4.86}$$

---

[1]Analoge Formulierungen sind für eine viel größere Klasse von partiellen Differentialgleichungen der Mechanik möglich. Zu den Beweisen und zu Anwendungen s. [26]

Auf das erste Integral wird zweimal partielle Integration angewandt. Das Ergebnis ist die Gleichung

$$\left[W_k W_j^{(3)} - W_k' W_j''\right]\Big|_0^\ell + \int_0^\ell W_j''(x) W_k''(x)\,\mathrm{d}x - \beta_j^4 \int_0^\ell W_j(x) W_k(x)\,\mathrm{d}x = 0. \quad (4.87)$$

Das erste Glied hängt nur von Randbedingungen ab. Es ist null, wenn an jedem Stabende entweder Durchbiegung × Querkraft oder Neigung × Biegemoment null ist. Freie Enden, Gelenklager und feste Einspannungen erfüllen diese Bedingung. Im folgenden wird der Ausdruck für den Fall entwickelt, daß bei $x = \ell$ eine dieser Situationen vorliegt, und daß bei $x = 0$ ein ungedämpfter Schwinger so an den Stab gekoppelt ist, wie in Abb. 4.12. Dann haben die Randbedingungen an dieser Stelle die Form von Gl. (4.71) und (4.74). An den starren Körper darf sogar ein ungedämpfter Schwinger mit weiteren $n - 2$ Freiheitsgraden angekoppelt sein. Dann gelten die Bemerkungen im Anschluß an Gl. (4.74). Die Randbedingungen haben dann die Form

$$\boldsymbol{M\ddot{q}} + \boldsymbol{Kq} \equiv -EI \begin{pmatrix} \partial^3 w/\partial x^3 \\ \partial^2 w/\partial x^2 \\ 0 \end{pmatrix}_{(0,t)}, \qquad \begin{array}{l} q_1(t) \equiv w(0,t), \\ q_2(t) \equiv -\frac{\partial w}{\partial x}\big|_{(0,t)}. \end{array} \quad (4.88)$$

Der Lösungsansatz für die $j$te Eigenform ist (vgl. (4.54))

$$\left. \begin{array}{l} w(x,t) = W_j(x)(A_j \cos\omega_j t + B_j \sin\omega_j t), \\ q(t) \quad = \phi_j(A_j \cos\omega_j t + B_j \sin\omega_j t). \end{array} \right\} \quad (4.89)$$

Er wird in die Randbedingungen (4.88) eingesetzt. Mit $\beta^4 = \omega_j^2 \varrho A/(EI)$ ergeben sich die Gleichungen

$$(\beta_j^4 \tfrac{EI}{\varrho A} \boldsymbol{M} - \boldsymbol{K})\phi_j = EI \begin{pmatrix} W_j^{(3)}(0) \\ W_j''(0) \\ 0 \end{pmatrix}, \qquad \begin{array}{l} \phi_{j1} = W_j(0), \\ \phi_{j2} = -W_j'(0). \end{array} \quad (4.90)$$

Die Matrixgleichung wird von links mit ϕ_k^{T} multipliziert. Bei Beachtung von $\phi_{k1} = W_k(0)$ und $\phi_{k2} = -W_k'(0)$ ergibt sich die Gleichung

$$\phi_k^{\mathrm{T}}(\beta_j^4 \tfrac{EI}{\varrho A} \boldsymbol{M} - \boldsymbol{K})\phi_j = EI\left[W_k(0) W_j^{(3)}(0) - W_k'(0) W_j''(0) \right].$$

Mit diesem Ausdruck erhält Gl. (4.87) die Form

$$\phi_k^{\mathrm{T}} \left(\tfrac{\beta_j^4 EI}{\varrho A} \boldsymbol{M} - \boldsymbol{K} \right) \phi_j - EI \int_0^\ell W_k''(x) W_j''(x)\,\mathrm{d}x + \beta_j^4 EI \int_0^\ell W_j(x) W_k(x)\,\mathrm{d}x = 0.$$

$$(4.91)$$

Im folgenden wird vorausgesetzt, daß die beiden Eigenformen zu zwei verschiedenen Eigenwerten β_j und β_k gehören. Die Gleichung gilt dann auch nach Vertauschung der Indizes j und k. Man bildet die Differenz beider Gleichungen. Dabei fallen das Glied mit K und das erste Integral heraus. Der Rest erlaubt die Ausklammerung des Faktors $(\beta_j^4 - \beta_k^4) \neq 0$. Nach Multiplikation mit $\varrho A/(EI)$ erhält man die Gleichung

$$\phi_k^T M \phi_j + \varrho A \int_0^\ell W_j(x)W_k(x)\,dx = 0 \qquad (k \neq j). \tag{4.92}$$

Sie drückt die Orthogonalität der Eigenformen aus. Die Gleichung hat dieselbe Form, wie bei der Wellengleichung (s. Gl. (4.57)). Wie dort gilt, daß sinngemäß weitere Glieder addiert werden müssen, wenn weitere Systeme mit dem Stab gekoppelt sind.

Gl. (4.91) gilt auch im Fall identischer Eigenformen, d.h. im Fall $k = j$. Mit (4.81) schreibt man $\beta_j^4 EI = \omega_j^2 \varrho A$ und löst die Gleichung nach ω_j^2 auf:

$$\omega_j^2 = \left[\phi_j^T K \phi_j + EI \int_0^\ell W_j''^2(x)\,dx \right] \Big/ \left[\phi_j^T M \phi_j + \varrho A \int_0^\ell W_j^2(x)\,dx \right]. \tag{4.93}$$

Für diesen Ausdruck gelten alle Aussagen, die zu der entsprechenden Gl. (4.58) gemacht wurden.

Beispiel 4.9. Man berechne die Eigenschwingungen eines Stabes der Länge ℓ mit einer festen Einspannung bei $x = 0$ und mit einem Gelenklager bei $x = \ell$.
Lösung: Der Stab schwingt stabil, weil die beiden Integrale in (4.93) positiv definit sind, und weil kein anderes System angekoppelt ist.

Die Randbedingungen schreiben vor, daß bei $x = 0$ die Durchbiegung w und die Neigung $\partial w/\partial x$ identisch null sind, und daß bei $x = \ell$ die Durchbiegung und das Biegemoment und damit $\partial^2 w/\partial x^2$ identisch null sind. Man setzt den Bernoullischen Ansatz (4.78) ein und erhält die Gleichungen

$$W(0) = 0, \quad W'(0) = 0, \quad W(\ell) = 0, \quad W''(\ell) = 0$$

und daraus mit (4.82) für die Integrationskonstanten das homogene Gleichungssystem

$$a_1 + a_3 = 0, \qquad a_2 + a_4 = 0, \tag{4.94}$$
$$a_1 \cosh\beta\ell + a_2 \sinh\beta\ell + a_3 \cos\beta\ell + a_4 \sin\beta\ell = 0,$$
$$a_1 \cosh\beta\ell + a_2 \sinh\beta\ell - a_3 \cos\beta\ell - a_4 \sin\beta\ell = 0.$$

Die letzten beiden Gleichungen werden durch ihre Summe und ihre Differenz ersetzt:

$$a_1 \cosh\beta\ell + a_2 \sinh\beta\ell = 0, \qquad a_3 \cos\beta\ell + a_4 \sin\beta\ell = 0. \tag{4.95}$$

Die 4 Gln.(4.94) und (4.95) stellen das Eigenwertproblem dar. Die Eigenwertgleichung ,Koeffizientendeterminante = 0' lautet

$$\cosh\beta\ell \sin\beta\ell - \sinh\beta\ell \cos\beta\ell = 0 \quad \text{oder} \quad \tan\beta\ell = \tanh\beta\ell.$$

Die Funktionen $\tan\beta\ell$ und $\tanh\beta\ell$ sind in Abb. 4.13 dargestellt. Die Wurzel $\beta = 0$ ist kein Eigenwert, weil sich mit ihr aus (4.94) und (4.95) $a_1 = a_3 = 0$ und damit die triviale Lösung $W(x) \equiv 0$ ergibt. Für alle Wurzeln $\beta \neq 0$ gilt mit großer Genauigkeit $\tan\beta\ell \approx 1$, also $\beta_k \approx (k + \frac{1}{4})\pi/\ell$ $(k = 1, 2, \ldots)$. Damit berechnet man aus (4.81) die Eigenkreisfrequenzen

$$\omega_k = \beta_k^2\sqrt{\frac{EI}{\varrho A}} \approx (k + \tfrac{1}{4})^2\pi^2\sqrt{\frac{EI}{\varrho A\ell^4}} = (k + \tfrac{1}{4})^2\pi^2\sqrt{\frac{EI}{m\ell^3}} \tag{4.96}$$

$(k = 1, 2, \ldots)$. Darin ist $m = \varrho A\ell$ die Masse des Stabes. Die Größe EI/ℓ^3 ist eine aus der Festigkeitslehre bekannte Federkonstante. Statische Durchbiegungen eines Stabes unter einer Kraft F haben bekanntlich die Form const $\times F\ell^3/(EI)$. Mit $k = 1$ ergibt sich aus (4.96) $\omega_1^2 \approx 237,8EI/(m\ell^3)$.

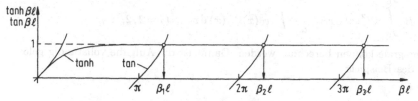

Abb. 4.13. Die Funktionen $\tan\beta\ell$ und $\tanh\beta\ell$

Um die Eigenformen zu finden, muß man den Ausdruck für β_k in (4.94) und (4.95) einsetzen. Von den vier Gleichungen ist eine linear abhängig und folglich zu streichen. Wir streichen die dritte. Die vierte hat mit dem oben gewonnenen Ergebnis $\tan\beta_k\ell \approx 1$ die Form $a_3 + a_4 \approx 0$. Als Normierung wird willkürlich $a_1 = 1$ gesetzt. Dann ergibt sich $a_2 \approx -1$, $a_3 = -1$, $a_4 \approx 1$. Wenn man das in (4.82) einsetzt, hat man die normierten Eigenformen des Stabes:

$$W_k(x) \approx \cosh\beta_k x - \sinh\beta_k x - \cos\beta_k x + \sin\beta_k x$$
$$= e^{-\beta_k x} - \cos\beta_k x + \sin\beta_k x \qquad (k = 1, 2, \ldots). \tag{4.97}$$

Abb. 4.14 zeigt die ersten drei Eigenformen. Die allgemeine Lösung (4.84) ist

$$w(x, t) \approx \sum_{k=1}^{\infty} \left(e^{-\beta_k x} - \cos\beta_k x + \sin\beta_k x\right)(A_k\cos\omega_k t + B_k\sin\omega_k t),$$
$$\beta_k = (k + \tfrac{1}{4})\pi/\ell, \quad \omega_k = \beta_k^2\sqrt{\frac{EI}{\varrho A}} \quad (k = 1, 2, \ldots). \tag{4.98}$$

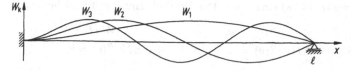

Abb. 4.14. Die ersten drei Eigenformen $W_k(x)$ $(k = 1, 2, 3)$ des links eingespannten und rechts gelenkig gelagerten Stabes

Die Konstanten A_k und B_k $(k = 1, 2, \ldots)$ werden durch Anfangswerte $w_0(x)$ der Durchbiegung und $v_0(x)$ der Schwinggeschwindigkeit bestimmt. Die Anfangsbedingungen sind die Gln. (4.85). Sie haben dieselbe Form wie bei der Wellengleichung (s. Gl. (4.51)). Die Auflösung wird mit Hilfe der Orthogonalitätsbeziehung (4.92) auch in derselben Weise erreicht. Diese hat die einfache Form

$$\int_0^\ell W_j(x)W_k(x)\,\mathrm{d}x = 0 \qquad (k \neq j).$$

Man multipliziert jede Gleichung (4.85) mit $W_j(x)$ und integriert über die gesamte Stablänge. Das liefert die expliziten Darstellungen

$$A_j \int_0^\ell W_j^2(x)\,\mathrm{d}x = \int_0^\ell w_0(x)W_j(x)\,\mathrm{d}x,$$

$$B_j \int_0^\ell W_j^2(x)\,\mathrm{d}x = \frac{1}{\omega_j} \int_0^\ell v_0(x)W_j(x)\,\mathrm{d}x \qquad (j = 1, 2, \ldots).$$

Die Integrale können berechnet werden. Damit ist die Aufgabe vollständig gelöst. Ende des Beispiels.

Abb. 4.14 zeigt an einem konkreten Beispiel die Eigenschaft der Eigenformen $W_k(x)$, daß mit der Ordnung k auch die Zahl der Wendepunkte zunimmt. Gl. (4.82) zeigt, daß dies für alle Eigenformen gilt. Je größer die Zahl der Wendepunkte ist, desto größer ist der Einfluß der Scherung von Stabelementen einerseits und der Drehträgheit andererseits. In der Euler-Bernoulli-Theorie werden beide Einflüsse vernachlässigt (s. den Kommentar zu Gl. (4.69)). Die Folge ist, daß Ergebnisse dieser Theorie für Eigenkreisfrequenzen und für Eigenformen mit steigender Ordnung zunehmend ungenauer werden. Genauer gesagt: Eigenkreisfrequenzen nach der Euler-Benoulli-Theorie sind zu groß. Für niedrige Ordnungen ist der Fehler so klein, daß er i. allg. keine praktische Bedeutung hat. Eine Theorie, die Scherung und Drehträgheit berücksicht, ist mit den Namen Bresse/Timoshenko verknüpft (s. [27]).

Beispiel 4.10. Man formuliere mit der Euler-Bernoulli-Theorie das Eigenwertproblem und die Orthogonalitätsbeziehung für das System von Abb. 4.12 im Fall $d = 0$. Lösung: Die Randbedingungen bei $x = \ell$ schreiben vor, daß Durchbiegung w und Neigung $\partial w/\partial x$ gleich null sind. Die Randbedingungen an der Stelle $x = 0$ sind in den Gln. (4.71) und (4.73) angegeben. In alle 6 Randbedingungen wird der Bernoullische Lösungsansatz (4.78) eingesetzt. Das Ergebnis sind die 4 Gleichungen

$$W(\ell) = 0, \qquad\qquad W'(\ell) = 0,$$

$$(-m\omega^2 + k)W(0) + EIW^{(3)}(0) = 0, \quad J\omega^2 W'(0) + EIW''(0) = 0.$$

Darin wird ω^2 mit (4.81) durch β^4 ausgedrückt. Außerdem definiert man wie üblich $\omega_0^2 = k/m$ und bildet mit (4.81) zu ω_0^2 formal eine Größe β_0^4. Dann ist $-m\omega^2 + k = (EI)/(\varrho A)\,m(\beta_0^4 - \beta^4)$. Auch dieser Ausdruck wird in die Randbedingungen eingesetzt. Dann wird für $W(x)$ der Ausdruck (4.82) eingesetzt. Das Ergebnis ist das gesuchte Eigenwertproblem:

$$\begin{pmatrix} \cosh\beta\ell & \sinh\beta\ell & \cos\beta\ell & \sin\beta\ell \\ \sinh\beta\ell & \cosh\beta\ell & -\sin\beta\ell & \cos\beta\ell \\ m(\beta_0^4 - \beta^4) & \varrho A\beta^3 & m(\beta_0^4 - \beta^4) & -\varrho A\beta^3 \\ \varrho A & J\beta^3 & -\varrho A & J\beta^3 \end{pmatrix} \begin{pmatrix} a_1 \\ a_2 \\ a_3 \\ a_4 \end{pmatrix} = 0. \qquad (4.99)$$

Die Orthogonalitätsbeziehung steht in Gl. (4.92). Zur Bedeutung der Matrix M und zum Zusammenhang zwischen der Eigenform ϕ_j des angekoppelten Schwingers und der Eigenform $W_j(x)$ des Stabes s. die Randbedingungen (4.71) und (4.74). M ist die 2×2-Diagonalmatrix mit den Diagonalelementen m und J, und $\phi = [W(0) \ -W'(0)]^T$. Wenn man darin Gl. (4.82) einsetzt, ergibt sich $\phi = [(a_1 + a_3) \ -\beta(a_2+a_4)]^T$. Damit nimmt die Orthogonalitätsbeziehung (4.92) die Form an:

$$m(a_{1j} + a_{3j})(a_{1k} + a_{3k})$$

$$+J\beta_j\beta_k(a_{2j} + a_{4j})(a_{2k} + a_{4k}) + \varrho A \int_0^\ell W_j(x)W_k(x)\,\mathrm{d}x = 0 \qquad (k \neq j).$$

Ende des Beispiels.

Die durchgerechneten Beispiele zeichnen sich dadurch aus, daß Randbedingungen nur an den beiden Enden vorgeschrieben sind. Wenn ein Stab durch Punkte mit Randbedingungen in mehrere Bereiche gegliedert ist, dann wird die Eigenform $W(x)$ für jeden Bereich in der Form (4.82) mit eigenen Konstanten $a_1, \ldots, a_4$ und mit gleichem β angesetzt. Die Randbedingungen erzeugen für die Konstanten immer ein homogenes Gleichungssystem, dessen Koeffizienten den Eigenwert ω bzw. β enthalten.

4.4.5 Der Rayleighquotient für Biegestäbe

In Abschnitt 2.3 wurde für n-Freiheitsgrad-Systeme aus der Beziehung (2.58) zwischen Eigenkreisfrequenz und zugehöriger Eigenform der Rayleighquotient (2.59) entwickelt. Darin ist Q eine beliebige Spaltenmatrix aus n Komponenten. Es wurde gezeigt, daß der Quotient eine obere Schranke für ω_1^2 darstellt (s. (2.62)). Für homogene Biegestäbe ergab sich die Ungleichung (2.70).

Gl. (4.93) ist eine Verallgemeinerung von (2.58) für Systeme mit Biegestäben. Die Vermutung liegt nahe, daß auch dieser Ausdruck eine obere Schranke für ω_1^2 darstellt, wenn man statt der 1. Eigenform ϕ_1, $W_1(x)$ eine Näherung Q, $w(x)$ einsetzt:

$$\omega_1^2 \leq \left[Q^T K Q + EI \int_0^\ell w''^2(x)\,\mathrm{d}x \right] \Big/ \left[Q^T M Q + \varrho A \int_0^\ell w^2(x)\,\mathrm{d}x \right]. (4.100)$$

Diese Vermutung trifft tatsächlich zu. Der Beweis erfordert aber Methoden, die über den Rahmen dieses Buches hinausgehen. Der Leser wird an [26] verwiesen. Die Schwierigkeit hat folgende Gründe. Während sich bei einem n-Freiheitsgrad-System jede beliebige Spaltenmatrix Q mit n Komponenten als Linearkombination der n Eigenformen $\phi_1, \ldots, \phi_n$ darstellen läßt, läßt sich nicht jede beliebige Funktion $w(x)$ als Linearkombination der Eigenformen $W_1(x)$, $W_2(x)$,... ausdrücken. Das ist sicher nur bei Funktionen $w(x)$ möglich, die alle Randbedingungen der Differentialgleichung erfüllen, u. U. aber nicht einmal bei allen diesen. Der hier fehlende Beweis zeigt, daß der Rayleighquotient selbst dann eine obere Schranke liefert, wenn man Funktionen einsetzt, die die Randbedingungen verletzen. In diesem Zusammenhang unterscheidet man *geometrische* oder *wesentliche* Randbedingungen und *dynamische* oder *restliche* Randbedingungen. Die geometrischen sind Bedingungen für Duchbiegung und Neigung, und die dynamischen sind Bedingungen für Biegemoment und Querkraft. Die Kennzeichnung der geometrischen Randbedingungen als wesentliche weist daraufhin, daß Verletzungen dieser Randbedingungen zu besonders schlechten Näherungen für ω_1^2 führen.

Das Integral im Zähler von (4.100) ist ursprünglich durch die Umformung von Gl. (4.86) in Gl. (4.87) entstanden. Daher ist (man setze in beiden Gleichungen $W_j = W_k = w$)

$$\int_0^\ell w''^2(x)\,\mathrm{d}x = \int_0^\ell w^{(4)}(x)w(x)\,\mathrm{d}x - \left[ww^{(3)} - w'w''\right]\Big|_0^\ell. \qquad (4.101)$$

Der Ausdruck auf der rechten Seite ist häufig einfacher auswertbar als der auf der linken Seite. Das gilt insbesondere dann, wenn das nur von Randbedingungen abhängige zweite Glied null ist, und wenn $w(x)$ ein Polynom 4. Grades ist. Dann ist die 4. Ableitung konstant, und der Integrand ist $w(x)$. Dieser besondere Fall lag bei der Herleitung von (2.70) vor. Damit ist diese auf anderem Wege gewonnene Ungleichung noch einmal begründet.

Beispiel 4.11. Man berechne den Rayleighquotienten für einen Biegestab der Länge ℓ, der bei $x = 0$ fest eingespannt ist und bei $x = \ell$ ein Gelenklager hat. Als Näherung $w(x)$ für die 1. Eigenform verwende man die Biegelinie des Stabes unter einer konstanten Streckenlast q.
Lösung: Dieselbe Aufgabe wurde bereits in Beisp. 2.11 mit derselben Ansatzfunktion $w(x)$ gerechnet. Folglich erhält man dasselbe Ergebnis $\omega_1^2 \leq 238{,}7EI/(m\ell^3)$. In Beisp. 4.9 wurde aus dem Eigenwertproblem die Lösung $\omega_1^2 \approx 237{,}8EI/(m\ell^3)$ berechnet. Ende des Beispiels.

4.4.6 Das Verfahren von Ritz

In Abschnitt 2.3 wurde die Näherung Q für die 1. Eigenform in Gl. (2.63) als Summe von mehreren sinnvoll gewählten Näherungen $Q_1, \ldots, Q_m$ mit unbestimmten Koeffizienten $c_1, \ldots, c_m$ dargestellt und in den Rayleighquotienten (2.62) eingesetzt. Dieser Ansatz führte nach dem Ritzschen Verfahren zu der Gleichung $Ac = 0$. Darin ist A nach Gl. (2.66) vom Rayleighquotienten R abhängig. Er ist der Eigenwert des Problems. Der kleinste Eigenwert der charakteristischen Gleichung $\mathrm{Det}\,A = 0$ bestimmt die beste mit dem Ansatz erreichbare Schranke für ω_1^2. Dieselbe Methode ist auf den Rayleighquotienten (4.100) anwendbar. Zusätzlich zu dem Ansatz für Q macht man mit denselben Koeffizienten $c_1, \ldots, c_m$ für die 1. Eigenform des Stabes den Ansatz $w(x) = c_1 w_1(x) + \ldots + c_m w_m(x)$. Darin sind $w_1, \ldots, w_m$ sinnvoll gewählte Ansatzfunktionen. Sie müssen wenigstens die geometrischen Randbedingungen erfüllen. Anstelle von Gl. (2.66) ergeben sich die Matrixelemente

$$A_{ij} = Q_i^T K Q_j + EI \int_0^\ell w''_i(x) w''_j(x) \, dx$$

$$- R \left(Q_i^T M Q_j + \varrho A \int_0^\ell w_i(x) w_j(x) \, dx \right) \quad (i, j = 1, \ldots, m). \quad (4.102)$$

Beispiel 4.12. Ein Stab der Länge ℓ ist an einem Ende fest eingespannt und am anderen frei. Man berechne obere Schranken für ω_1^2, und zwar aus (4.100) mit zwei verschiedenen Ansatzfunktionen $w_1(x)$ und $w_2(x)$ und mit Hilfe von (4.102) mit dem zweigliedrigen Ritzansatz $c_1 w_1(x) + c_2 w_2(x)$. Dabei sollen $w_1(x)$ und $w_2(x)$ die Biegelinien unter einem Einzelmoment $M = F\ell$ bzw. unter einer Einzelkraft F am freien Stabende sein. Man definiere $x = 0$ an der festen Einspannung.
Lösung: Rayleighquotienten bleiben unverändert, wenn man $w(x)$ mit beliebigen Konstanten multipliziert. Wir multiplizieren mit EI/F, verwenden also die dimensionsfalschen Funktionen (s. [17])

$$w_1(x) = \tfrac{-1}{2} x^2 \ell, \quad w''_1(x) = -\ell, \quad w_2(x) = \tfrac{1}{6}(3x^2\ell - x^3), \quad w''_2(x) = \ell - x.$$

Mit ihnen berechnet man die Matrixelemente von (4.102). Die Glieder mit Q sind null, weil an den Stab keine weiteren Systeme angeschlossen sind. In allen Matrixelementen wird der Faktor $\varrho A \ell^7$ ausgeklammert und weggelassen, weil gemeinsame Faktoren auf die weitere Rechnung keinen Einfluß haben. Führt man noch die Stabmasse $m = \varrho A \ell$ und die Abkürzung $R_0 = EI/(m\ell^3)$ ein, dann ergibt sich

$$A_{11} = R_0 - \tfrac{1}{20} R, \quad A_{12} = -\tfrac{1}{2} R_0 + \tfrac{13}{360} R, \quad A_{22} = \tfrac{1}{3} R_0 - \tfrac{11}{420} R.$$

Die beiden gesuchten Rayleighquotienten ergeben sich aus den Gleichungen $A_{11} = 0$ und $A_{22} = 0$ zu $\omega_1^2 \leq 20 R_0$ bzw. zu $\omega_1^2 \leq \tfrac{140}{11} R_0 \approx 12{,}7 R_0$. Der Ritzansatz führt zu der Gleichung $\text{Det } A = A_{11} A_{22} - A_{12}^2 = 0$. Sie ist die quadratische Gleichung $R^2 - 1224 R R_0 = -15120 R_0^2$. Mit der kleineren der beiden Wurzeln erhält man die Schranke $\omega_1^2 \leq 12{,}48 R_0$. Der Zahlenwert stimmt bis zur letzten Stelle mit dem exakten Wert überein, den man aus der Eigenwertgleichung bestimmt (das ist die Gleichung $\cos \beta\ell \cosh \beta\ell = -1$). Diese Genauigkeit ist bemerkenswert, weil die Biegelinie $w_1(x)$ die dynamische Randbedingung verletzt, daß das Biegemoment am freien Stabende null sein muß. Aus diesem Grund ist der 1. Rayleighquotient auch eine schlechte Näherung. Ende des Beispiels.

4.4.7 Erzwungene periodische Biegeschwingungen

Es genügt, erzwungene Schwingungen infolge harmonischer Erregung zu untersuchen, weil jede periodische Funktion in eine Fourierreihe entwickelt werden kann, und weil das Superpositionsprinzip gilt (hier gilt wieder die Einschränkung, die im Anschluß an Gl. (1.62) ausgesprochen wurde). Die Erregung kann eine harmonisch veränderliche Streckenlast $q(x,t) = \hat{q}(x) e^{i\Omega t}$

auf dem Stab sein. Darin ist Ω die Erregerkreisfrequenz, und $\hat{q}(x)$ ist die Amplitudenverteilung. Die Bewegungsgleichung des Stabes ist Gl. (4.70):

$$\frac{\varrho A}{EI}\frac{\partial^2 w}{\partial t^2} + \frac{\partial^4 w}{\partial x^4} = \frac{q(x,t)}{EI}. \qquad (4.103)$$

Wenn nur einzelne Punkte des Stabes erregt werden, dann ist $q(x,t) \equiv 0$, und die Erregung erscheint in der Form const $\times e^{i\Omega t}$ in Randbedingungen. Wie bisher kann der Stab mit anderen mechanischen Systemen gekoppelt sein. Diese Systeme dürfen gedämpft sein.

Die Lösungsmethode ist in allen Einzelheiten mit der von Abschnitt 4.3.2 für Saiten bei harmonischer Erregung identisch. Der Bernoullische Separationsansatz für die stationäre Lösung von Gl. (4.103) ist

$$w(x,t) = W(x)e^{i\Omega t}. \qquad (4.104)$$

Er wird in (4.103) eingesetzt. Das Ergebnis ist die Differentialgleichung (vgl. (4.81))

$$\frac{\partial^4 W}{\partial x^4} - \beta^4 W = \frac{\hat{q}(x)}{EI} \qquad \text{mit} \qquad \beta^4 = \Omega^2 \frac{\varrho A}{EI}. \qquad (4.105)$$

Die Lösung ist (vgl. (4.82))

$$W(x) = a_1 \cosh\beta x + a_2 \sinh\beta x + a_3 \cos\beta x + a_4 \sin\beta x + w_{\mathrm{p}}(x). (4.106)$$

Darin ist $w_{\mathrm{p}}(x)$ die partikuläre Lösung zu $\hat{q}(x)$. Die Lösung unterscheidet sich von (4.82) darin, daß β kein unbekannter Eigenwert, sondern eine gegebene Größe ist. Setzt man den Ansatz (4.104) auch in die Randbedingungen ein, dann erhält man ein inhomogenes Gleichungssystem für die Konstanten a_1, a_2, a_3, a_4. Seine Lösung bestimmt die Funktion $W(x)$ und mit ihr die Lösung (4.104). Eine eindeutige und beschränkte Lösung existiert nur dann nicht, wenn das System ungedämpft und in Resonanz ist, d.h. wenn die Erregerkreisfrequenz Ω mit einer der Eigenkreisfrequenzen ω_k ($k = 1, 2, \ldots$) übereinstimmt.

Beispiel 4.13. Man berechne die stationäre Biegeschwingung des Systems von Abb. 4.15. Es unterscheidet sich von dem System in Abb. 4.12a nur durch die Punktmasse m_{r} am Ende einer masselosen Stange der Länge r, die sich mit konstanter absoluter Winkelgeschwindigkeit Ω um den Schwerpunkt S der Masse m dreht. Die Punktmasse ist das Ersatzmodell für einen Rotor, dessen Schwerpunkt in der sehr kleinen Entfernung r von der Drehachse liegt. Die Masse m stellt das Rotorgehäuse dar. Sein Trägheitsmoment bezüglich S ist J.
Lösung: Die Randbedingungen an der Einspannung bei $x = \ell$ sind:

$$w(\ell,t) \equiv 0, \qquad [\partial w/\partial x]_{(\ell,t)} \equiv 0. \qquad (4.107)$$

Die Randbedingungen an der Stelle $x = 0$ unterscheiden sich von denen für das System in Abb. 4.12 nur durch Kräfte, die zusätzlich durch die rotierende Masse

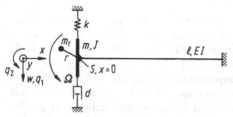

Abb. 4.15. Biegestab mit Unwuchterregung

ausgeübt werden. Seien also q_1 und q_2 wieder die translatorische Verschiebung von S bzw. der Drehwinkel der Masse m um die y-Achse. Dann sind die Gln. (4.71) und die zweite Gl. (4.72) weiterhin gültig. An die Stelle der ersten Gl. (4.72) tritt (vgl. die Herleitung von Gl. (1.58))

$$(m + m_\mathrm{r})\ddot{q} + d\dot{q} + kq = Q(0,t) + m_\mathrm{r}r\Omega^2 \mathrm{e}^{\mathrm{i}\Omega t}.$$

Die Masse m_r verursacht also zwei zusätzliche Ausdrücke. Zur Abkürzung wird $M = m + m_\mathrm{r}$ eingeführt. An die Stelle der Randbedingungen (4.71) und (4.73) treten damit die Gleichungen

$$q_1(t) \equiv w(0,t), \qquad M\ddot{q}_1 + d\dot{q}_1 + kq_1 \equiv -EI\big[\partial^3 w/\partial x^3\big]_{(0,t)} + m_\mathrm{r}r\Omega^2 \mathrm{e}^{\mathrm{i}\Omega t},$$
$$q_2(t) \equiv -\tfrac{\partial w}{\partial x}\big|_{(0,t)}, \qquad J\ddot{q}_2 \equiv -EI\big[\partial^2 w/\partial x^2\big]_{(0,t)}.$$

In diese 4 und in die beiden Randbedingungen (4.107) wird der Ansatz (4.104) eingesetzt. Das Ergebnis sind die 4 Gleichungen

$$\left.\begin{array}{l} W(\ell) = 0, \quad W'(\ell) = 0, \quad J\Omega^2 W'(0) + EIW''(0) = 0, \\[4pt] \big[-M\Omega^2 + \mathrm{i}d\Omega + k\big]W(0) + EIW^{(3)}(0) = m_\mathrm{r}r\Omega^2. \end{array}\right\} \qquad (4.108)$$

Für den Schwinger ohne Biegestab werden die üblichen Größen

$$\omega_0^2 = k/M, \quad D = d/(2\sqrt{Mk}) = d/(2M\omega_0)$$

eingeführt. Mit ihnen ist in der vierten Gl. (4.108)

$$-M\Omega^2 + \mathrm{i}d\Omega + k = M(-\Omega^2 + \mathrm{i}2D\Omega\omega_0 + \omega_0^2).$$

Aus (4.105) folgt $\Omega^2 = \beta^4 EI/(\varrho A)$. Die analoge Beziehung $\omega_0^2 = \beta_0^4 EI/(\varrho A)$ definiert die Größe β_0. Damit ist

$$-M\Omega^2 + \mathrm{i}d\Omega + k = \tfrac{EI}{\varrho A} M(\beta_0^4 + 2\mathrm{i}D\beta_0^2\beta^2 - \beta^4).$$

Das wird in (4.108) eingesetzt. Dann wird in alle 4 Gln. (4.108) für $W(x)$ der Ausdruck (4.106) eingesetzt. Darin ist $w_\mathrm{p}(x) = 0$, weil am Stab keine Streckenlast angreift. Das Ergebnis ist das lineare Gleichungssystem für die Konstanten a_1, a_2, a_3, a_4:

$$\begin{pmatrix} \cosh\beta\ell & \sinh\beta\ell & \cos\beta\ell & \sin\beta\ell \\ \sinh\beta\ell & \cosh\beta\ell & -\sin\beta\ell & \cos\beta\ell \\ M(\beta_0^4 + 2\mathrm{i}D\beta_0^2\beta^2 - \beta^4) & \varrho A\beta^3 & M(\beta_0^4 + 2\mathrm{i}D\beta_0^2\beta^2 - \beta^4) & -\varrho A\beta^3 \\ \varrho A & J\beta^3 & -\varrho A & J\beta^3 \end{pmatrix} \begin{pmatrix} a_1 \\ a_2 \\ a_3 \\ a_4 \end{pmatrix}$$
$$= \big[\, 0 \quad 0 \quad m_\mathrm{r}r\beta^4 \quad 0 \,\big]^\mathrm{T}.$$

Man vergleiche diese Gleichung mit der Gl. (4.99) im Fall $m = M$. Die Eigenwerte β dieser Gleichung bestimmen die Eigenkreisfrequenzen ω des ungedämpften Systems bei stillstehendem Rotor. In dieser Gleichung gilt nämlich die Definition $\beta^4 = \omega^2 \varrho A/(EI)$. In der inhomogenen Gleichung oben ist dagegen $\beta^4 = \Omega^2 \varrho A/(EI)$. Daraus folgt: Wenn im dämpfungsfreien Fall ($D = 0$) die Erregerkreisfrequenz Ω mit einer der Eigenkreisfrequenzen ω_k $(1, 2, \ldots)$ des Systems mit stillstehendem Rotor übereinstimmt, dann tritt Resonanz mit unbegrenzt großen Ausschlägen ein. In allen anderen Fällen existiert eine eindeutige und beschränkte Lösung für a_1, a_2, a_3, a_4. Sie wird in (4.106) und dann in (4.104) eingesetzt. Im Fall $D = 0$ sind die Koeffizienten von $W(x)$ reell. Dann ist $W(x)$ die Amplitude an der Stelle x. Im Fall $D > 0$ sind die Koeffizienten komplexe Zahlen der Form $a_i = b_i + i c_i$ $(i = 1, 2, 3, 4)$. Dann ist die reelle Amplitude an der Stelle x der Ausdruck

$$|W(x)| = \left[(b_1 \cosh \beta x + b_2 \sinh \beta x + b_3 \cos \beta x + b_4 \sin \beta x)^2 \right.$$
$$\left. + (c_1 \cosh \beta x + c_2 \sinh \beta x + c_3 \cos \beta x + c_4 \sin \beta x)^2 \right]^{-1/2}.$$

Ende des Beispiels.

Literaturverzeichnis

[1] J. G. Malkin, *Theorie der Stabilität einer Bewegung* (Oldenbourg, München 1959).

[2] W. Hahn, *Stability of Motion* (Springer, Berlin/Heidelberg/New York 1967).

[3] B. Lazan, *Damping of Materials and Members in Structural Mechanics* (Pergamon Press, Oxford 1968).

[4] A. Nashif, D. Jones und J. Henderson, *Vibration Damping* (John Wiley & Sons, New York 1985).

[5] H. Heuser, *Lehrbuch der Analysis [Bd. 2, 9. Aufl.]* (Teubner, Stuttgart 1995).

[6] I. N. Bronstein, K. A. Semendjajew, G. Musiol und H. Mühlig, *Taschenbuch der Mathematik* (Thun, Frankfurt am Main 1995).

[7] M. Abramowitz und I. A. Stegun, *Handbook of Mathematical Functions* (Dover Publications, New York 1965).

[8] R. Markert, Resonanzdurchfahrt unwuchtiger biegeelastischer Rotoren, Fortschr.-Ber. VDI-Z., 1980, Reihe 11 Nr. 34.

[9] V. O. Kononenko, *Vibrating Systems With a Limited Power Supply* (Iliffe, London 1969).

[10] H. Dresig, U. Fischer, F. Holzweißig und W. Stephan, *Arbeitsbuch Maschinendynamik/Schwingungslehre* (VEB Fachbuchverlag Leipzig, Leipzig 1987).

[11] F. R. Gantmacher, *Matrizenrechnung [Bd. 1]* (VEB Deutscher Verlag der Wissenschaften, Berlin 1958).

[12] R. Zurmühl und S. Falk, *Matrizen und ihre technischen Anwendungen [5. Aufl.]* (Springer, Berlin/Heidelberg 1964).

[13] J. Wittenburg, *Dynamics of Systems of Rigid Bodies* (B. G. Teubner, Stuttgart 1977).

[14] J. Wittenburg, Topological Description of Articulated Systems in *Computer-Aided Analysis of Rigid and Flexible Mechanical Systems*, herausgegeben von M. S. Pereira und J. Ambrosio (Kluwer Academic Publishers, Dordrecht/Boston/London 1994), p. 619.

[15] R. Bellman, *Introduction to Matrix Analysis* (McGraw-Hill Book Company, New York/Toronto/London 1960).

[16] F. R. Gantmacher und M. G. Krein, *Oszillationsmatrizen, Oszillationskerne und kleine Schwingungen mechanischer Systeme* (Akademie-Verlag, Berlin 1960).

[17] H. Czichos, *Hütte, Die Grundlagen der Ingenieurwissenschaften [30. Aufl.]* (Springer, Berlin/Heidelberg/New York 1996).

[18] H. Heuser, *Gewöhnliche Differentialgleichungen [3. Aufl.]* (Teubner, Stuttgart 1995).

[19] F. R. Gantmacher, *Matrizenrechnung [Bd. 2]* (VEB Deutscher Verlag der Wissenschaften, Berlin 1959).

[20] P. C. Müller, *Stabilität und Matrizen* (Springer, Berlin/Heidelberg/New York 1977).

[21] J. Wittenburg, Explizite Lösungen für lineare Gleichungssysteme mit tridiagonalen Koeffizientenmatrizen, Preprint Nr. 93/5, Institut für Wissenschaftliches Rechnen und Mathematische Modellbildung, Univ. Karlsruhe.

[22] R. Grammel, Über Schwingerketten, Ing.-Arch. **XIV**, 213 (1943).

[23] S. Otterbein, Stabilisierung des n-Pendels und der indische Seiltrick, Archive for Rational Mechanics and Analysis **78**, 381 (1982).

[24] E. Adams, H. Keppler und U. Schulte, On the Simulation of Vibrations of Industrial Gear Drives (Complex Interactions of Physics, Mathematics, Numerics, and Experiments), Archive of Applied Mathematics **65**, 142 (1995).

[25] V. A. Yakubovich und V. M. Starzhinskiĭ, *Linear Differential Equations with Periodic Coefficients [Bd. 1, 2]* (John Wiley & Sons, New York/Toronto 1975).

[26] L. Collatz, *Eigenwertaufgaben mit technischen Anwendungen* (Akad. Verlagsges. Geest & Portig, Leipzig 1963).

[27] P. Hagedorn, *Technische Schwingungslehre [Bd. 2]. Lineare Schwingungen kontinuierlicher mechanischer Systeme* (Springer, Berlin/Heidelberg/New York 1989).

Sachverzeichnis

Springer
Verlag
und
Umwelt

 Springer

Druck: Mercedesdruck, Berlin
Verarbeitung: Buchbinderei Lüderitz & Bauer, Berlin